●工程管理专业理论与实践教学指导系列教材

工程项目管理

主　编　孙　剑

副主编　佘健俊

U0382002

中国水利水电出版社
www.waterpub.com.cn

内 容 提 要

  本书系"工程管理专业理论与实践教学指导系列教材"之一。本书介绍了工程项目管理的基本理论和方法，主要内容包括工程项目管理基本概念、工程项目前期策划、工程项目组织、工程网络计划技术、工程项目计划、工程项目实施控制，工程项目风险管理和信息管理。内容新颖，编排合理，充分考虑教学需要，既有较强的理论性，又注重与实践相结合。

  本书可作为普通高等院校工程管理和土木类专业本科生教材，尤其适合于通过工程管理专业评估院校工程项目管理 I 课程的教学使用，也可作为工程技术和管理人员的学习和参考用书。

图书在版编目（CIP）数据

工程项目管理/孙剑主编 . —北京：中国水利水
电出版社，2011.1（2022.7 重印）
工程管理专业理论与实践教学指导系列教材
ISBN 978 - 7 - 5084 - 8322 - 1

Ⅰ.①工… Ⅱ.①孙… Ⅲ.①基本建设项目-项目管理-教材 Ⅳ.①F284

中国版本图书馆 CIP 数据核定（2011）第 007895 号

书　　名	工程管理专业理论与实践教学指导系列教材 **工程项目管理**	
作　　者	主编 孙剑　　副主编 佘健俊	
出版发行	中国水利水电出版社 （北京市海淀区玉渊潭南路 1 号 D 座　100038） 网址：www. waterpub. com. cn E - mail：sales@mwr. gov. cn 电话：(010) 68545888（营销中心）	
经　　售	北京科水图书销售有限公司 电话：(010) 68545874、63202643 全国各地新华书店和相关出版物销售网点	
排　　版	中国水利水电出版社微机排版中心	
印　　刷	清淞永业（天津）印刷有限公司	
规　　格	184mm×260mm　16 开本　17.5 印张　415 千字	
版　　次	2011 年 1 月第 1 版　2022 年 7 月第 7 次印刷	
印　　数	11101—14100 册	
定　　价	**49.00 元**	

前言

工程管理专业近些年来得到了快速发展，很多高等院校开设了这一专业。自 1999 年始，国家开展了对工程管理专业本科教学评估工作，通过"以评促建、以评促改、评建结合、重在建设"的指导思想，促进了工程管理专业的本科教学发展。南京工业大学是较早通过工程管理专业评估的高校之一，为了进一步提高教学质量和水平，我们与中国水利水电出版社联合推出了工程管理专业理论与实践教学指导系列教材，旨在通过这一系列教材的编写，更加满足专业教学的需要，使各专业课程的内容更加协调、合理，突出整个工程管理专业课程体系的完整性和科学性。

工程项目管理是工程管理专业的一门骨干课程，内容体系庞大，与很多其他专业课程存在较多的交叉。按照工程管理专业评估指导委员会的建议，我校工程项目管理课程分两个阶段安排在两个学期开设，工程项目管理 I 着重介绍项目管理的基础理论和基本方法，工程项目管理 II 着重介绍工程项目管理实务。本书的编写主要考虑工程项目管理 I 的教学需要，介绍工程项目管理的一般原理和方法。从工程项目管理的内容体系上来说，前期决策与评估、招标投标与合同管理、造价控制等内容不应忽略，都属于项目管理的范畴，但考虑到教学的实际情况，这些内容都是工程管理专业的一门专业课，所以在本书中将这些内容简化或者省略，避免与其他课程存在过多的重复和交叉。而对于施工项目管理，如施工组织设计的编制等内容则主要安排在工程项目管理 II 的教学之中，本书未作过多涉及。

本书在编写过程中，参考了很多文献资料，虽尽可能列于书后，但也难免有疏漏。在此，对前人所做的工作表示感谢，对所有给本书提供了帮助的人们表示深深的谢意！

本书除可作为工程管理专业教学使用之外，还可供其他工程类专业开设项目管理课程时选用，也可作为工程技术和管理人员的学习和参考用书。

本书由孙剑任主编，佘健俊任副主编，全书由孙剑统一修改、定稿。本书共八章，第一、二、三、四章由孙剑编写；第五、六章由佘健俊编写；第七、八章由陈永高和崔未合编写。

限于作者水平和经验，书中难免有不妥之处，衷心期待同行专家与广大读者提出宝贵意见，以便今后不断修订和完善。

编者

2010 年 10 月，于南京

目录

第一章 概 论

第一节 概 述

一、项目的概念和特征

(一) 项目的概念

"项目"一词已越来越广泛地被人们应用于社会经济和文化生活的各个方面,项目的类型也各种各样,如投资项目、科研项目、建设项目、软件项目等。但究竟什么是项目,至今未有一个公认和统一的定义。不同机构从不同的角度对项目进行概括和描述,出现了很多定义,比较典型的有以下几种:

(1) 美国项目管理协会 (Project Management Institute,PMI) 定义项目为:"项目是为完成某一独特的产品或服务所做的一次性努力"。

(2) 国际质量管理标准《项目管理质量指南》(ISO10006) 定义项目为:"具有独特的过程,有开始和结束日期,由一系列相互协调和受控的活动组成。过程的实施是为了达到规定的目标,包括满足时间、费用和资源等约束条件"。

(3) 德国国家标准 DIN69901 对项目的定义是:"项目是指在总体上符合以下条件的具有唯一性的任务:

1) 具有预定的目标;

2) 具有时间、财务、人力和其他限制条件;

3) 具有专门的组织。"

(4) 联合国工业发展组织《工业项目评估手册》对项目的定义是:"一个项目是对一项投资的一个提案,用来创建、扩建或发展某些工厂企业,以便在一定周期内增加货物的生产或社会服务。"

(5) 世界银行对项目的定义是:"所谓项目,一般系指同一性质的投资,或同一部门内一系列有关或相同的投资,或不同部门内的一系列投资。"

(6)《中国项目管理知识体系纲要》(2002 版) 中对项目的定义是:"项目是创造独特产品、服务或其他成果的一次性工作任务。"

以上定义都从不同的侧面对项目进行了描述和概括,归纳起来,可以给项目下一个简单通俗的定义:

"所谓项目就是指在一定约束条件下 (主要是限定资源、限定时间、限定质量),具有特定目标的一次性任务"。

理解项目的概念要把握项目的本质是一项任务,而完成任务是由很多活动组成的,诸多活动的先后顺序构成了项目过程。因此,要从活动、行动角度来理解项目的含义,而不是静态的可交付成果。例如,建造一栋办公楼是一个项目,而办公楼不是项目,只是项目的成果 (或者对象);同样,开发一套软件是一个项目,而软件只是项目成果。

此外，项目又不同于一般的活动，它是一次性的，具有特定的目标和相应的约束条件，这些都是理解项目概念的要点。

（二）项目的类型和特征

项目的定义是广义的，在现代社会生活中，符合上述定义的项目类型非常广泛，常见的有以下几类：

（1）各种建设工程项目，如工业与民用建筑工程、城市基础设施工程、道路桥梁工程、铁路工程、水利工程、机场工程、港口工程等。

（2）各类开发项目，如资源开发项目、地区经济开发项目、新产品开发项目等。

（3）各种科学研究项目，如基础科学研究项目、应用科学研究项目、科技攻关项目等。

（4）各种投资项目，如银行的贷款项目、政府及企业的各种投资和合资项目。

（5）各种国防项目，如新型武器研制、"两弹一星"工程、航空母舰制造、航天飞机计划、国防工程等。

（6）各种社会项目，如希望工程、人口普查、社会调查以及举办各种体育运动会、展览会、洽谈会、交流会、演唱会等。

如此等等，不胜枚举。

项目规模可大可小，如三峡工程是一个项目，举办一场婚礼、组织一场比赛也是一个项目。但无论对项目如何定义，也无论项目属于何种类型和规模大小，项目通常都具有以下一些共同特征。

1. 一次性和独特性

任何项目从总体上来说是一次性的，不重复的。项目有确定的起点和终点，通常经历项目意向、构思、策划和计划、实施和运行等过程，最后结束，表现出项目具有明确的生命期。一次性是项目工作与一般常规运作的最显著区别。项目的一次性决定了项目管理工作也是一次性的，这是项目管理区别于企业管理的最显著标志。企业管理工作，特别是企业职能管理工作，通常是循环的、无终了的，很多常规工作是重复的，具有继承性。而项目管理的一次性要求对任何项目都要有一个独立的管理过程，它的计划、组织和控制都是一次性的。工程项目的一次性特点对项目的组织和组织行为的影响尤为显著。

项目的一次性决定了每个项目都是独特的，没有完全相同的两个项目。即使在形式上极为相似的项目，如两个相同的产品、相同产量、相同生产工艺的生产流水线，两栋建筑造型和结构形式完全相同的房屋，也必然存在着差异和区别，如实施时间不同、内部和外部环境不同、项目组织不同、风险不同等。因此，项目总是独一无二的。

2. 有明确的目标

任何项目都有预定的目标。ISO10006规定，"项目过程的实施是为了达到规定的目标，包括满足时间、费用和资源约束条件"，项目目标应描述需达到的要求，能用时间、成本、产品特性来表示。项目的目标往往多种多样，但通常的项目目标有以下几种：

（1）成果（质量）目标，对提供产品、服务或者其他成果的特性、功能、质量等方面的要求。这是对预定的可交付成果的质的规定。

（2）时间目标，要求项目在一定的时间内完成，例如，某个新产品开发项目要在六个月内完成，某过江隧道工程要在三年内建成通车。任何项目不可能无限期延长，没有时间限制的项目是不存在的。项目的时间限制确定了项目的生命期，是项目管理的一个重要目标。

（3）费用目标，即以尽可能少的费用消耗完成预定项目。任何项目必然存在着与任务（目标、项目范围和质量标准）相关的（或者相匹配的）投资、费用或成本预算，没有费用限制的项目也是不存在的。

（4）其他目标，包括必须满足的要求和应尽量满足的要求，如法律、环境保护、资源和社会等方面的要求。

3. 有约束条件的限制

任何项目的实施都有一定的约束条件限制。如上述的项目目标同时也反映了项目的约束条件，即项目有时间限制、费用限制和质量标准限制等，项目必须在这些约束条件下进行，反过来，也正是这样的一些限制条件构成了相应的项目目标，项目管理就是在一定约束条件下完成项目任务，实现项目目标。因此，项目目标和项目约束条件存在着一定的对应关系。

此外，项目的约束条件还表现在资源的限制，包括人力资源、其他物质资源以及信息资源等，资源的消耗往往同费用的消耗紧密联系在一起。还有些项目，特别是工程项目，往往还存在自然条件、地理位置和空间大小等方面的制约。

4. 由一系列相互联系的活动构成

项目是由完成一定任务的活动构成的，由活动形成过程，所以项目管理又是过程管理。构成项目的所有活动之间不是孤立的，而是相互联系、相互影响的，具有整体性，共同组成项目的行为系统。

5. 项目组织的特殊性

项目的一次性决定了项目组织的临时性和开放性，在项目进展过程中，项目组织人数、成员、职责是不断变化的，与企业组织相比，项目组织是多变的，不稳定的。参与项目的单位有时往往有多个，他们通过合同以及其他一些社会关系结合到一起，建立起项目组织，以合同作为工作、划分责权利关系的依据，在项目的不同阶段以不同的程度介入项目活动。可以说，项目组织没有严格的边界，是临时的、开放的。

二、工程项目

（一）工程项目的概念

工程项目，又称为土木工程项目或建设工程项目，是最常见和最典型的项目类型，以建筑物或构筑物为目标产出物，有开工时间和竣工时间，由一系列相互关联的活动所组成的特定过程。该过程要达到的最终目标应符合预定的使用要求，并满足标准（或业主）要求的质量、工期、造价和资源等约束条件。

这里所说的"建筑物"，是指房屋建筑物，它占有建筑面积，满足人们的生产、居住、文化、体育、娱乐、办公和各种社会活动的要求。这里所说的"构筑物"，是指通过人们的劳动而得到的公路、铁路、桥梁、隧道、水坝、电站及线路、水塔、烟囱、构架等土木产出物，以其不具有建筑面积为主要特征而区别于建筑物。

"相互关联的活动"包括施工活动、生产活动、经济活动、经营活动、社交活动和管理活动等，是社会化大生产所需要的广义的人类集体活动；"有开工时间和竣工时间"，表明了工程项目的一次性；"特定过程"，表明了工程项目的特殊性。

（二）工程项目的特点

工程项目除具有一次性、明确的目标和约束条件等一般项目的共同特征外，还具有以下特点。

1. 可交付成果的固定性

每一个工程项目的最终产品均有特定的功能和用途，并且建设地点固定，项目建成后不可移动，这种可交付成果的固定性，决定了建筑生产的特点和工程项目管理的特点，如建设过程的不可逆性、设计的单一性、生产的单件性等。此外，由于建筑产品固定，工程项目的实施阶段主要是在露天进行的，因此受自然条件的影响大，活动条件艰难，变更很多，组织管理工作任务繁重且非常复杂，目标控制和协调活动难度大。

2. 建设周期的长期性

工程项目一般建设周期长，从项目构思和策划到项目结束，少为数月，多则数年，甚至十几年。而且工程项目的投资回收期长，使用寿命也很长，建设过程的质量对使用阶段的影响巨大。

3. 工程项目投资的风险性

由于工程项目建设周期长，投资巨大，建设过程中各种不确定因素多，因此工程项目的投资风险很大。特别是一些大型、特大型工程项目，工程量大，技术复杂，需要加强对项目的风险管理。

4. 工程项目管理的复杂性

工程项目组织复杂，一个项目中往往有数家、数十家甚至上百家不同单位的参与，通过合同进行分工与协作，项目组织之间沟通和协调的难度很大。新技术、新材料和新工艺的不断涌现，使得现代建筑的技术要求越来越高，技术难度越来越大，增加了项目的技术复杂性。加之工程项目的资源投入大、约束条件多、建设周期长、投资风险大等，使得工程项目管理工作非常复杂。

三、工程项目的分类

由于工程项目的种类繁多，为了便于科学管理，正确反映工程项目的性质、内容和规模，可从不同角度对工程项目进行分类。

（一）按建设性质划分

工程项目按建设性质分类，可分为基本建设项目和更新改造项目。

（1）基本建设项目，是指在一个总体设计或初步设计范围内，由一个或几个单位组成，在经济上进行统一核算，行政上有独立组织形式，实行统一管理的建设单位。基本建设项目是以扩大生产能力为主要目的，属外延式扩大再生产范畴。具体又可分为新建项目、扩建项目、迁建项目和恢复项目。

（2）更新改造项目，是指对企业、事业单位原有设施进行技术改造或固定资产更新的辅助性生产项目和生活福利设施项目。更新改造项目是以改进技术、增加产品品种、提高质量、治理"三废"、劳动安全、节约资源为主要目的，属内涵式扩大再生产范畴。更新改造项目包括技术改造项目、技术引进项目、设备更新项目等，按更新改造的对象又可分为挖潜工程、节能工程、安全工程和环境保护工程等。

（二）按投资建设用途划分

（1）生产性建设项目，是指直接用于物质资料生产或直接为物质资料生产服务的工程项目，如工业项目、农业项目、交通、邮电等基础设施项目。

（2）非生产性建设项目，是指用于满足人民物质和文化需求以及非物质资料生产部门的建设项目，主要包括各类办公用房、居住建筑以及科教、文化、卫生、福利、体育等公共建筑项目。

（三）按项目规模划分

为适应对工程建设项目分级管理的需要，国家规定基本建设项目按设计能力或投资总额的大小分为大型、中型、小型三类，更新改造项目只按投资额分为限额以上和限额以下两类。不同的行业和部门划分标准不同。

（1）工业项目凡生产单一产品的项目，按产品的设计生产能力划分；生产多种产品的项目，按其主要产品的设计生产能力划分；产品分类较多，不易分清主次、难以按新产品的设计能力划分时，可按投资总额划分。

（2）按投资总额划分的基本建设项目，属于生产性建设项目中的能源、交通、原材料部门的工程项目，投资额达到5000万元以上为大中型建设项目；其他部门和非工业建设项目，投资额达到3000万元以上为大中型建设项目。

（3）更新改造项目只按投资额标准划分，能源、交通、原材料部门投资额达到5000万元及其以上的工程项目和其他部门投资额达到3000万元及其以上的项目为限额以上项目，否则为限额以下项目。

（四）按专业和技术特点划分

工程项目按专业分类，可分为建筑工程项目、土木工程项目、线路管道设备安装工程项目和装饰装修工程项目。

（1）建筑工程项目，又称为房屋建筑工程项目，是以房屋建筑为主要产出物的项目。

（2）土木工程项目，是指产出物为公路、铁路、桥梁、隧道、水工、矿山、高耸构筑物等的工程项目。

（3）线路管道设备安装工程项目，是指产出物为安装完成的送变电、通信等线路，给排水、污水、化工等管道，机械、电气、交通设备等工程项目。

（4）装饰装修工程项目，是指构成装修产品的抹灰、贴面、油漆、木作等装饰及其相关活动构成的过程。

（五）按管理者划分

按管理者分类，工程项目可分为建设项目、工程设计项目、工程监理项目、工程施工项目、开发工程项目等，它们的管理者分别是建设单位、设计单位、监理单位、施工单位、开发单位。

（1）建设项目，又称为固定资本投资项目，是指需要一定量投资，按照一定程序，在一定时间内完成，应符合质量要求，以形成固定资产为明确目标的特定性任务。建设单位是建设项目的实施者和管理者，是建设项目的管理主体。

（2）工程施工项目，是指建筑业企业自施工承包开始，到保修期满为止全过程中完成的项目，是一个建设项目或一个单项工程或单位工程的施工任务。施工项目的实施者和管理者是施工企业；其生命期自投标开始，到保修期满为止；工程施工项目的范围是由工程施工合同界定的。

（3）工程设计项目，是指设计单位根据工程设计合同需要完成的设计任务。

（4）工程监理项目，是指监理单位根据委托监理合同需要完成的监理任务。

（5）开发工程项目，是指开发单位根据相关要求完成相应的开发任务。

四、项目生命期和工程项目建设程序

（一）项目生命期

项目具有一次性的特点，任何项目都有始有终，即具有明确的开始及结束日期。项目从开始到结束所经历的时间就是项目的生命期。虽然不同类型项目的生命期长短差异较大，有的几星期，有的几年，但归纳起来，大多数项目的生命期大致可以划分为概念阶段、规划设计阶段、实施阶段和结束阶段四个阶段。

项目生命期各阶段的持续时间和资源投入并不均衡，一般来说，实施阶段持续时间最长，投入的资源也最多，是项目进展的关键阶段。但这并不意味着概念阶段和规划设计阶段就不重要，恰恰相反，只有在概念阶段深入研究了项目可行性，做出正确决策，并在规划设计阶段提出了科学可行的方案，才能为项目的成功奠定基础。项目生命期的构成如图1-1所示。

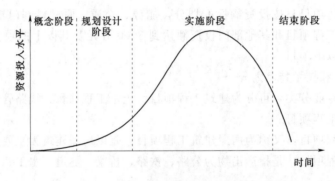

图 1-1　项目生命期的构成

1. 概念阶段

项目的提出或发起是为了满足某种需求或解决某种难题，如市场上出现新的投资机会，国家、区域或企业经济发展的需要，解决某地交通拥挤问题等，都可能提出和确立一个项目。项目生命期的概念阶段就涉及对这些需求、难题的识别、发现和确认，进而提出解决方案的过程。这一阶段的主要工作包括需求识别、项目论证、可行性分析与研究、解决方案建议书的准备、组建项目团队等。

2. 规划设计阶段

规划设计阶段就是在概念阶段可行性研究的基础上，提出满足需求、解决问题的具体方案，并详细估计所需的资源、时间和成本。这一阶段的主要工作包括项目目标和范围确定、工作分解排序和时间计划、成本估计、资源计划、质量保证、人员分工、风险识别等。

3. 实施阶段

实施阶段就是具体实施解决方案，包括执行项目计划、跟踪项目进展、控制项目变更等活动。这一阶段的主要工作包括实施计划、招标采购、跟踪进展、控制变更、解决问题、履行合同等。

4. 结束阶段

结束阶段是移交项目成果和评估项目绩效的过程，这一阶段的主要工作包括范围确认、质量验收、费用决算与审计、资料整理与归档、移交与评价。

（二）工程项目建设程序

同一般项目类似，工程项目的生命期也可分为上述四个阶段。如果针对工程项目的特点将四个阶段具体化，则可根据建设程序对其生命期划分阶段。

工程项目建设程序是指工程项目从策划、选择、评估、决策、设计、施工到竣工验收、投入生产或交付使用的整个建设过程中，各项工作必须遵循的先后工作次序。它是工程建设活动自然规律和经济规律的客观反映，也是人们在长期工程建设实践过程的技术和管理活动的总结。只有遵循建设程序，项目建设活动才能达到预期的目的和效果。

世界上各国和国际组织在工程项目建设程序上可能存在某些差异，但总体来说都要经过投资决策和建设实施两个发展时期。这两个发展时期又可分为若干个阶段，各阶段之间存在着严格的先后次序，可以进行合理的交叉，但不能任意颠倒。按照我国现行规定，工程项目的建设程序可以分为以下几个阶段，如图 1-2 所示。

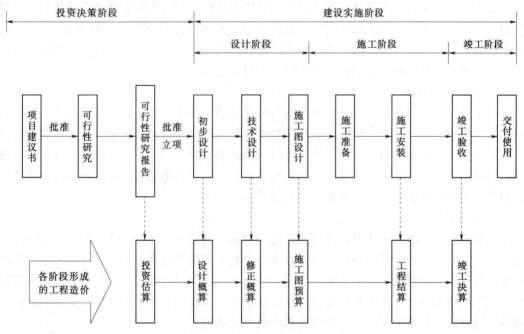

图 1-2　工程项目建设程序示意图

1. 项目建议书阶段

项目建议书是项目发起人向权力部门提出的要求建设某一工程项目的建议文件，是对建设项目的轮廓设想，是对拟建项目论证必要性、可行性以及兴建的目的、要求、计划等内容，写成报告，建议批准。目前，我国除利用外资的重大项目和特殊项目外，一般项目不做国外所做的初步可行性研究，项目建议书的深度大体上相当于国外的初步可行性研究。

2. 可行性研究阶段

可行性研究是对工程项目在技术上、经济上是否可行进行科学分析和论证工作，是技术经济的深入论证阶段，为项目决策提供依据。可行性研究的主要任务是通过多方案比较，提出评价意见，推荐最佳方案。可行性研究的内容可概括为市场研究、技术研究和经济研究三项，其中市场研究是前提，技术研究是基础，经济研究是核心。

可行性研究的最终成果是可行性研究报告。可行性研究报告被批准，标志着工程项目正式"立项"，同时作为初步设计的依据，不得随意修改或变更。

3. 设计阶段

可行性研究报告经批准后，建设单位可委托设计单位编制设计文件。设计文件是安排建设项目和组织工程施工的主要依据。一般建设项目分两阶段设计，即初步设计和施工图设计。技术上复杂而缺乏设计经验的项目，进行三阶段设计，即初步设计、技术设计和施工图设计。

初步设计是为了阐明在指定地点、时间和投产限额内，拟建项目在技术上的可行性、经济上的合理性，并对建设项目作出基本技术经济规定，编制建设项目总概算。

技术设计是进一步解决初步设计的重大技术问题，如工艺流程、建筑结构、设备选型、数量确定等，同时对初步设计进行补充和修正，然后编制修正概算。

施工图设计是在初步设计或技术设计的基础上进行，需完整地表现建筑物外形、内部空间尺寸、结构体系、构造状况以及建筑群的组成和周围环境的配合，还包括各种运输、通信、管道系统、建筑设备的设计。施工图设计完成后应编制施工图预算。国家规定，施工图设计文件应当经有关部门审查批准后，方可使用。

4. 施工准备阶段

为了保证施工的顺利进行，必须做好各项建设前的准备工作。建设前期准备工作主要包括办理报建手续，征地、拆迁，取得用地规划许可证和土地使用权证等依法建设的法律凭证；完成施工用水、电、路等工程，进行场地平整，即"三通一平"；组织项目所需设备、材料的采购和订货工作；准备必要的施工图纸；组织监理招标和施工招标，择优选择监理单位和施工单位；申请领取施工许可证等。

5. 施工阶段

工程项目经批准开工建设，便进入了施工阶段。这是一个实现决策意图、建成投产、发挥投资效益的关键环节。在整个建设程序中，施工阶段持续时间最长，资金和各类资源的投入量最大，项目管理工作也最为复杂。施工活动应按设计要求、合同条款、预算投资、施工程序和顺序、施工组织设计，在保证质量、工期、成本计划等目标实现的前提下进行，达到竣工标准要求，经过验收后移交给建设单位。

对于工业项目，在施工阶段后期还要进行生产准备。生产准备是衔接建设和生产的桥梁，是建设阶段转入生产经济的必要条件，一般包括组建管理机构，制定管理制度，招收并培训生产人员，组织设备的安装、调试和工程验收，签订原材料、燃料等供应和运输协议，进行工器具、备品、备件等的制造或订货等。

6. 竣工验收、交付使用阶段

竣工验收是建设过程的最后一个阶段，是全面考核建设成果，检查是否符合设计要求和工程质量的重要环节。施工单位按合同和设计文件的规定完成全部施工内容以后，可向建设单位提出工程竣工报告，建设单位组织竣工验收，并编制竣工决算。通过竣工验收，移交工程项目产品，总结经验，进行竣工结算，提交工程档案资料，结束工程建设活动过程。建设工程经验收合格的，方可交付使用。

此外，我国建设工程实行质量保修制度，国家规定了相应的最低保修期限，自竣工验收合格之日起，项目即开始进入工程质量保修期。

第二节　项目管理和工程项目管理

一、项目管理

（一）项目管理的概念及要点

所谓管理，是指人们为达到一定的目的，对管理对象所进行的决策、计划、组织、控制、协调等一系列工作。

项目管理最直观的解释就是"对项目进行管理"，这也是其最原始的含义，应从两个方面来理解项目管理：一方面，项目管理属于管理的大范畴；另一方面，项目管理的对象是项目。

随着项目及其管理实践的发展，项目管理的内涵得到了较大的充实和发展，当今的"项目管理"已是一种新的管理方式、一门新的管理学科的代名词。一方面，项目管理是指一种管理活动，即一种有意识地按照项目的特点和规律，对项目进行组织管理的活动；另一方面，项目管理又是一门管理学科，即以项目管理活动为研究对象的一门学科，探求项目活动科学组织管理的理论和方法。

基于以上观点，项目管理可以这样定义：以项目为对象的系统管理方法，通过一个临时性的专门的柔性组织，对项目进行高效率的计划、组织、指导和控制，以实现项目全过程的动态管理和项目目标的综合协调与优化。

为深入理解项目管理的概念，应注意以下几点：

（1）项目管理的对象（客体）是项目。项目管理是针对项目的特点而形成的一种管理方式，因而其适用对象是项目，特别是大型的、比较复杂的项目。越是大型、复杂的项目，项目管理的科学性和高效性就越能得到充分的体现。鉴于此，目前一些具有一定项目特征的复杂工作和任务，也可以当作项目来处理，如大型企业间的资产重组、企业集团内部的流程再造、系统或行业内深层次的体制改革或制度创新等，都可以不同程度地引入项目管理，采用项目管理的思想和方法解决问题。

（2）项目管理的主体是柔性化的组织。项目组织，是项目实施运作的核心实体，对项目管理有很大影响。项目管理组织，是承担项目管理活动的主体，以项目经理为核心。项目组织和项目一样有其生命期，经历建立、发展和解散的过程，因此项目组织是临时的，并且随着项目的进展变化，项目组织也处于不断更替变化之中。项目这种机动灵活的组织形式，可称之为柔性。

项目组织打破了传统的固定建制的组织形式，而是根据项目生命期各个阶段的具体需要适时地调整组织的配置，以保障组织的高效、经济运行。

项目组织的柔性还反映在项目的干系人之间的联系多是有条件的、松散的，它们是通过合同、协议、法规以及其他社会关系结合起来的，项目组织不像其他组织那样有明晰的组织边界。

（3）项目管理的最基本职能是计划、组织和控制。项目计划就是根据项目目标的要求，对项目范围内的各项活动作出合理安排。任何项目的管理都要从制定项目计划开始，项目计划是确定项目协调、控制方法和程序的基础及依据。项目管理的组织，是指为进行项目管理、实现组织职能而进行的项目组织机构的建立，组织运行与组织调整等组织活动。项目组织是实现项目计划、完成项目目标的基础条件。项目控制是指在项目实施过程中，根据计划要求评价项目进展情况，发现和识别偏差，并对偏差采取相应的纠正措施，以求实现项目目标的管理活动。计划、组织和控制是项目管理的最基本职能，其中计划是控制的前提和依据，组织是前提条件和保证，控制是实现项目目标的必要手段。计划、组织和控制的具体原理将在本章第三节作更为详细的阐述。

此外，项目管理还具有决策、激励、指挥、协调和教育等职能。

（4）项目管理的目的是实现项目目标。项目是一系列约束条件下的任务，这些约束条件同时也构成了项目的目标，而项目管理的目的就是在这些约束条件下完成任务，即实现项目目标。具体地说，项目管理的目的，就是通过计划、组织、指导和控制等管理职能，在预定的时间内，在预算的费用范围内，提交符合预期要求或达到预期质量标准的项目成果。这是项目管理的最终目的，也是根本任务。因此，项目管理采用目标管理的方式。

项目目标之间存在相互联系、相互制约的关系，在项目管理过程中，需要不断地协调与优化项目目标，综合考虑各目标之间的平衡和整个目标系统的最优。

（二）项目管理的内容

项目管理经历了从零散到系统，从凭个人直觉、经验的低级阶段，到凭借现代科学技术和管理工具的高级阶段的发展过程。现代项目管理已经形成了比较成熟的标准化流程和比较完善的知识体系。美国项目管理知识体系（PMBOK）将项目管理的内容概括为九个领域，即项目的范围管理、进度管理、成本管理、质量管理、人力资源管理、风险管理、沟通管理、采购及合同管理和综合管理，如图1-3所示。

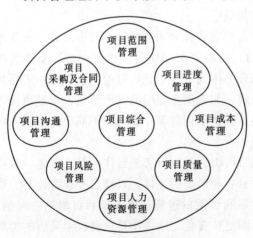

图1-3　项目管理的内容

1. 项目范围管理

项目范围管理是指要明确实施项目的业务目的，确定项目目标，分解出项目的主要交付成果，编写项目范围说明书，为项目的实施界定出一个边界，明确哪些是项目小组的工作，哪些例外。范围管理是项目管理内容中非常重要的一个方面，只有范围界定清楚了，项目所需要的时间、成本、人员及其他资源才能确定下来。否则，一切都无从谈起。

2. 项目进度管理

项目进度管理是指要根据项目活动之间的逻辑关系，决定这些活动的实施顺序，估计实施活动所需时间，明确项目的里程碑，并通过进度控制来使项目在规定的时间内完成。进度管理是项目管理中另一个关键内容，在范围管理的基础上，通过确定、调整任务的工序和工期，可以提高工作效率，优化资源配置。

3. 项目成本管理

项目成本管理是指要识别项目所需各种资源，估算这些资源的成本，有效分配项目预算，并通过成本控制来保证项目在批准的费用预算范围内完成任务。成本管理是提高项目经济性的重要指标手段。

4. 项目质量管理

项目质量管理是指要明确项目的质量要求及其测量标准，制定项目质量方针、质量保证与控制计划，确保项目交付成果满足或超越客户（业主）的期望，使客户能满意地接受项目的最终结果。质量管理是确保项目的交付成果得到最终接受的根本保证。

5. 项目人力资源管理

项目人力资源管理是指要根据项目的性质与特点，识别项目需要什么样的人力资源、需要多少、何时需要；明确项目团队成员的角色与职责，通过项目计划过程、团队建设实践与激励措施，使项目团队成员达成共识，有效实施项目各种活动；在项目实施过程中挖掘与开发项目经理及团队成员的潜力，为组织培养管理型人才。

6. 项目风险管理

项目风险管理是指要在实施项目之前，分析项目可能的不确定因素，做到规避威胁、利用机会。项目风险管理是一种主动管理，包括识别、评估与应对项目实施过程中的各种风险，以便化险为夷，减少由于风险而带来的损失。

7. 项目沟通管理

项目沟通管理是指要识别项目利益相关者在项目管理生命期内需要什么样的信息，什么时间需要，以什么方式需要，由谁发送，并及时与项目利益相关者沟通项目的执行状况。沟通管理往往被忽略，而恰恰又最容易出现问题，应引起项目管理人员的高度重视。

8. 项目采购及合同管理

项目采购及合同管理是指通过制定项目采购计划，来获取实施项目所需的、组织以外的产品或服务。项目的采购活动通常是用合同的方式来完成的。采购及合同管理要求项目管理人员掌握采购流程及不同的合同方式对项目的影响。

9. 项目综合管理

项目综合管理是指为确保项目各项工作能够有机地协调和配合所开展的综合性和全面性的项目管理工作。项目综合管理必须把握项目的系统性和动态性，努力提高各项管理对象和资源要素的交融度和协调度，以提高整个项目管理的效果和效率。

(三) 项目管理过程

最简单地理解，项目管理过程就是事先制订计划，然后按计划去执行，最后实现项目目标，从而使客户的需求得到满足的过程。目前在项目管理领域比较通用的流程大致可划分为项目启动、项目计划、项目执行、项目控制和项目收尾结束五个过程。

1. 项目启动过程

项目的发起是为了解决某种问题或者满足某种需求，项目的启动过程就是分析项目的需求、研究项目的可行性、获得客户或主管部门的审批、组建项目团队和任命项目经理的过程。项目的启动过程也是一个决策的过程，在项目启动阶段，项目发起人或项目客户对项目是否开始作出决策，对选择什么样的执行机构作出决策，对执行什么样的解决方案进行决策，从而确定了项目管理以后的工作过程是如何进行的。

项目启动过程要明确项目需求，并在此基础上确定项目的目标；进行调查研究、收集数据和资料，对项目进行可行性研究；组建项目团队，任命项目经理；分析项目的环境，存在哪些机会和风险；识别项目的客户和利益相关者。

2. 项目计划过程

事先制定详细的计划是项目得以成功的根本保证。在开始项目运作之前，项目团队必须花费足够的时间，投入足够的精力，对项目的进度、成本、资源、人员分工等方面进行周密地考虑和安排，制订切实可行的行动方案。项目计划要确定需要做什么、谁去做、花多长时间做、花多少费用去做、做完后提交的结果是什么等方面。项目计划是实施项目的蓝图，它表明了项目需要解决的问题和需要达到的目标，提出了解决项目问题的方案、实现项目目标的步骤和方法，项目计划也是项目经理控制项目的准则，是项目团队成员实施项目的指南。

项目计划过程需要确定项目范围，编制项目进度表，确定项目预算，制订项目质量保证计划，配置项目人力资源，制订项目风险管理计划，制订项目沟通管理计划，制订项目采购计划等。

3. 项目执行过程

项目执行就是将项目计划的宏伟蓝图变成实际结果的过程。为了有效实现计划的目标，需要建立适合于项目特点的组织结构，通过团队建设活动调动项目团队的积极性，使大家都能全心投入项目的执行中；获取定购的物品及服务；制定执行项目的规章制度和作业程序，做到有章可循，保证项目质量；跟踪项目范围、进度、预算质量执行情况，报告项目进展状态，评估项目的阶段性成果及绩效；处理项目执行过程中的冲突、解决问题；控制项目变更，确保项目沿着计划的轨道运行。

4. 项目控制过程

项目控制是指在项目执行过程中，项目管理者根据项目跟踪提供的信息，对比项目计划目标，找出偏差，分析成因，研究纠偏对策，实施纠偏措施的全过程。项目内外环境的变化影响着项目的正常运行，项目管理必须对各种变化进行有效的控制。

项目控制的前提是项目的变更，是项目实际情况与计划的偏差，因此，必须找到项目变更的原因，找到偏差对项目目标实现的影响。项目的控制主要包括整体变更的控制、范围变更控制、进度控制、费用控制、质量控制、合同控制、风险控制。

5. 项目收尾结束过程

项目的特点是有始有终，当项目所有工作都已经完成，项目管理者应当做好项目的收尾工作，需要将项目的最终成果移交，以便项目的所有活动都能圆满结束。

项目结束过程可以是有计划地、有序地进行，也可以是简单地立即执行。总体来说，项目收尾结束过程的主要工作是确认项目成果，完成项目移交评审；做好项目合同收尾，核查工作、付款、成本等情况，逐项完成项目合同；收集、整理项目文件，发布项目信息，重新安排项目人员，庆祝项目结束；总结项目经验，进行项目后评价。

上述项目管理过程的五个步骤如图 1-4 所示。

值得指出的是，项目管理过程的五个步骤只是为了方便而人为划分的，实际的项目

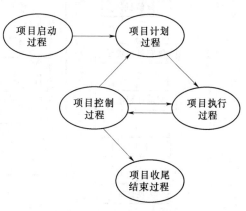

图 1-4 项目管理过程

管理过程各步骤之间的界限往往不是很明显。例如，在启动项目时可能就包含计划项目的内容。此外，有时在实施与控制过程中，由于环境的变化，往往需要修改或完善前期的计划。因此，项目管理过程的启动、计划、执行、控制和结束是密切联系、交叉进行的。

二、工程项目管理

（一）工程项目管理的概念和特点

1. 工程项目管理的概念

工程项目管理是项目管理的一大类，是指为了使工程项目在一定的约束条件下取得成功，对工程项目的所有活动实施决策与计划、组织与指挥、控制与协调等一系列工作的总称。工程项目管理的对象是各类工程项目，既可以是建设项目管理，又可以是设计项目管理和施工项目管理。

2. 工程项目管理的特点

（1）工程项目管理强调目标管理方法。工程项目是具有明确目标的一次性任务，项目目标虽然可能多种多样，但最基本、最重要的目标是质量目标、投资目标和进度目标，称为工程项目的三大目标。评价工程项目管理成效主要是看三大目标是否实现或实现的程度如何。因此，控制项目目标是工程项目管理的中心任务，在项目管理工作中具有非常重要的地位。

工程项目管理最主要的方法是"目标管理"。目标管理方法（MBO），其核心内容是以目标指导行动。目标管理的基本过程是：确定总目标，自上而下地分解目标，落实目标责任，责任者制订计划和措施，实施责任制，完成个人承担的任务，从而自下而上地实现项目的总目标。目标管理的过程如图 1-5 所示。

（2）工程项目管理必须按照工程建设规律进行规范化的管理。工程建设规律首先体现在建设程序上。任何项目都要经过可行性研究、勘察设计、招投标、施工等阶段，工程项目管理既受建设程序的制约，又贯穿于整个建设程序之中。项目各阶段既有明显的界限，

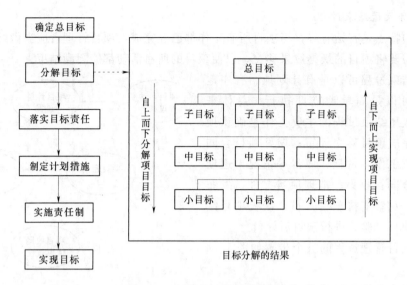

图 1-5 目标管理的基本过程

又相互有机衔接，不可间断。这决定了工程项目管理是对项目生命期的管理，在每个阶段又包含进度、质量、费用、安全的管理，因此，工程项目管理应是系统的、全过程的综合管理。

工程建设规律还体现于工程项目的工艺规律和各种技术规范、标准。工程项目种类繁多，技术复杂，项目管理要依托于工程技术规律，遵守各种标准、定额和规范。从这个意义上说，工程项目管理具有很强的技术特征，很难想象一个不懂工程技术、不懂施工工艺和施工方法的人，能够做好工程项目管理。

（3）工程建设组织模式决定了工程项目管理模式。工程建设组织形式越来越多样化，除传统模式外，目前又出现了诸如 CM、EPC、PMC、BOT 等多种建设组织模式，不同的组织模式决定了项目管理模式的不同，因此，项目管理必须结合工程项目的建设组织方式。具体的建设组织模式和项目管理模式详见本书第三章第一节相关内容。

（4）工程项目管理有一套适用的方法体系。项目管理除了目标管理方法外，其他专业管理方法有很多，各种方法有很强的专业适宜性。质量管理的适用方法是全面质量管理；进度管理的适用方法是网络计划方法；费用管理的适用方法是预算法和挣值法；范围管理的主要方法是计划方法和 WBS 方法；人力资源管理的主要方法是组织结构图和责任分配矩阵；风险管理的主要方法是 SWOT 分析法和风险评估矩阵；采购管理的主要方法是计划方法和库存计算法；合同管理的主要方法是合同选型与谈判；沟通管理的主要方法是信息技术；综合管理的主要方法是计划方法和协调方法。在工程项目管理中，所有方法的应用都体现了鲜明的专业特点。

（二）工程项目管理的类型

一个工程项目往往由很多具有不同经营目标的主体实施，各个主体都有自己的项目管理目标和项目管理组织，从不同的方面对项目进行管理。按照工程项目管理主体的不同，可将工程项目管理分为业主方的项目管理、设计方的项目管理、施工方的项目管理、工程总承包方的项目管理和咨询/监理方的项目管理五种类型。

1. 业主方的项目管理

业主是项目的投资者和所有者，我国原来称之为建设单位。业主提出项目，对项目进行投资和决策，并对项目的结果负责，因此业主方的项目管理是最根本的，对整个项目的建设具有决定性的影响。业主是建设项目的管理主体，主要工作是投资控制、质量控制、进度控制、合同管理、信息管理和组织协调，简称为"三控制、二管理、一协调"。业主方的项目管理涉及工程项目建设的全过程，包括决策阶段和实施阶段的各个环节，项目管理工作具有战略性、全局性和系统性的特点，而且持续时间长，工作范围广，需要协调的工作量很大，必须予以充分重视。

在市场经济条件下，为了充分利用社会分工与协作条件，提高工程项目管理效率，业主可以把部分任务和管理权力委托给咨询公司、监理公司、工程项目管理公司，由这些单位实施对工程项目的管理。由于这些单位具有很强的专业技术力量和工程项目管理经验，可以对工程项目实施有效的管理，有利于实现工程项目目标。

2. 设计方的项目管理

设计方的项目管理是指设计单位在接受业主的委托，签订工程设计合同后，以设计合同约定的工作目标以及责任义务作为管理对象、内容和条件所实施的管理活动。设计项目管理从设计方的角度看，是以履行工程设计合同和实现设计单位经营目标为目的，它在地位、作用和利益追求上与业主不同，但它是设计阶段项目管理的主要内容。项目业主通过与设计方签订合同，通过协调和监督（或委托监理实施），依靠设计方的设计项目管理贯彻业主的建设意图和实施设计阶段的投资、质量和进度控制。设计方通过有效的项目管理，实现以最低的成本完成业主满意的设计任务，以实现自己的经营目标。设计方的项目管理主要发生在项目设计阶段，但不局限于此，施工阶段的设计交底、工程变更、质量事故分析、竣工验收等工作也需要设计单位的参加。

3. 施工方的项目管理

施工方的项目管理也称为施工项目管理，是指建筑施工企业以施工合同界定的工程范围和要求为内容和条件所进行的项目管理。施工项目管理主要发生在施工阶段（含施工准备阶段）和竣工验收阶段，包括施工准备、施工、竣工验收和保修等施工全过程。施工过程包括土建施工和设备安装工程施工，最终形成具有使用功能的建筑产品。施工项目管理的总目标是实现企业的经营目标和履行施工合同，具体的目标是施工质量、成本、进度、施工安全和现场标准化。这一目标体系既是企业经营目标的体现，也和工程项目的总目标密切联系。

施工项目管理当然是工程项目管理的重要类型，因为工程建设的最直观体现是在施工阶段，而且施工阶段持续时间长，投入资源多，组织关系也比较复杂。但从系统的观点来看，施工项目管理毕竟只是工程项目生命期中的一部分，具有相当的局限性。现代工程项目管理越来越重视全过程管理，即项目的全生命期管理，而且强调系统的集成。这是工程项目管理发展的重要趋势。

4. 工程总承包方的项目管理

工程总承包方的项目管理是指当工程项目采用设计—施工一体化承包模式时，由工程总承包单位根据承包合同的工作范围和要求对工程的设计、施工进行一体化管理。总承包方的项目管理贯穿于项目的实施全过程，包括设计阶段和施工阶段。工程总承包方的项目管理在性质上和设计方、施工方的项目管理相同，但是总承包可以依据自身的技术和管理优势，通过对设计和施工的协调优化以及实施中的集成管理来提高项目管理效率。

5. 咨询/监理方的项目管理

咨询/监理方的项目管理是指由咨询/监理单位根据与业主签订的咨询/监理合同约定的服务范围和要求为内容和条件所进行的项目管理。咨询/监理方的项目管理不同于以上各种类型，它属于第三方的项目管理，它是依据自身的管理技术和经验按委托合同约定为业主提供相应的项目管理服务，从而实现自己的经营目标。但如果业主委托咨询/监理单位全权代表业主方利益，行使业主职责对项目进行管理，此时的项目管理应属于业主方项目管理。

需要指出的是，虽然各种类型的项目管理，其管理主体不同，管理任务和目标也有差异，但都是针对一个工程项目进行的管理，有着密切的联系，是整个工程项目管理系统的有机构成。并且，都是采用项目管理的基本原理、思想和方法，都是项目管理理论在工程实践中的具体应用。因此，本书介绍工程项目管理相关知识，并不局限于某一方管理主体。

(三) 工程项目管理的任务

工程项目管理种类不同，具体的工作内容也不一样，但是从总的方面归纳，工程项目管理的任务主要有以下几项。

1. 目标控制

目标控制是工程项目管理的中心任务，也是项目管理的重要职能，包括对工程项目质量目标、进度目标和费用目标的控制。它是指项目管理人员在不断变化的动态环境中为保证既定计划目标的实现而进行的一系列检查和调整活动。工程项目目标控制的主要任务就是在项目前期策划、勘察设计、施工、竣工交付等各个阶段采用规划、组织、协调等手段，从组织、技术、经济、合同等方面采取措施，确保项目总目标的顺利实现。

2. 合同管理

工程合同是业主和参与项目实施各主体之间明确责任、权利关系的具有法律效力的协议文件，也是运用市场经济体制、组织项目实施的基本手段。从某种意义上讲，项目的实施过程就是各类建设工程合同订立和履行的过程。工程合同管理，主要是指对各类合同的依法订立过程和履行过程的管理，包括合同文本的选择、合同条件的协商、谈判，合同书的签署；合同履行、检查、变更和违约、纠纷的处理；总结评价等。

3. 信息管理

信息管理是工程项目管理的基础工作，是实现项目目标控制的保证。工程项目信息管理主要是指对有关工程项目的各类信息的收集、储存、加工整理、传递与使用等一系列工作的总称。信息管理的主要任务是及时、准确地向项目管理各级领导、各参加单位及各类人员提供所需的综合程度不同的信息，以便在项目进展的全过程中，动态地进行项目规划，迅速正确地进行各种决策，并及时检查决策执行结果，反映工程实施中暴露的各类问题，为项目总目标服务。

4. 组织协调

协调就是"联结、联合、调和所有的活动及力量"。组织协调是管理技能和艺术，也是实现项目目标必不可少的方法和手段。在项目实施过程，各个项目参与单位需要处理和调整众多复杂的业务组织关系。组织协调包括外部环境协调、项目参与单位之间的协调以及项目参与单位内部的协调三个层次。

5. 风险管理

随着工程项目规模越来越大和技术越来越复杂，工程项目也面临越来越大的风险，项目管理者必须给予足够的重视。工程项目风险管理是一个确定和度量项目风险，以及制定、选择和管理风险处理方案的过程。其目的是通过风险分析减少项目决策的不确定性，以便决策更加科学，以及在项目实施阶段，保证目标控制的顺利进行，更好地实现项目质量、进度和费用目标。

6. 职业健康安全与环境管理

随着世界经济增长和科学技术的飞速发展，市场竞争加剧，导致人们往往专注于追求低成本、高利润，而忽视了劳动者的劳动条件和环境的改善，生产事故和劳动疾病有增无减，环境破坏和环境污染愈来愈严重，人类面临着新的挑战。为此，英国标准化协会（BSI）、爱尔兰国家标准局、南非标准局、挪威船级社（DNV）等 13 个组织联合在 1999 年和 2000 年分别发布了《职业健康安全管理体系——规范》（OHSAS18001：1999）和《职业健康安全管理体系——指南》（OHSAS18002：1999）。我国于 2001 年发布了《职业健康安全管理体系——规范》（GB/T28001—2001），该体系标准覆盖了《职业健康安全管理体系——规范》（HOSAS180001：1999）的所有技术内容，并考虑了国际上有关职业健康安全管理体系的现有文件的技术内容。国际标准化组织（ISO）1993 年 6 月正式成立环境管理技术委员会，其宗旨是："通过制定和实施一套环境管理的国际标准，规范企业和社会团体等所有组织的环境表现，使之与社会经济发展相适应，改善生态质量，减少人类各项活动所造成的环境污染，节约能源，促进经济的可持续发展"。经过三年的努力，到 1996 年推出了 ISO14000 环境管理体系的系列标准。同年，我国将其等同转换为国家标准 GB/T24000 系列标准。

工程项目职业健康安全与环境管理是指建筑生产组织（企业）为达到建筑工程的职业健康安全与环境管理的目的指挥和控制组织的协调活动，包括制定、实施、实现、评审和保持职业健康安全与环境方针所需的组织机构、计划活动、职责、惯例、程序、过程和资源。

工程项目职业健康安全管理的目的是保护产品生产者和使用者的健康与安全，控制影响工作场所内员工、临时工作人员、合同方人员、访问者和其他有关部门人员健康和安全的条件和因素，考虑和避免因使用不当对使用者造成的健康和安全的危害。

工程项目环境管理的目的是保护生态环境，使社会的经济发展与人类的生存环境相协调。控制作业现场的各种粉尘、废水、废气、固体废弃物以及噪声、振动对环境的污染和危害，考虑能源节约和避免资源的浪费。

第三节　工程项目管理基本原理

一、系统原理

系统原理就是指项目管理者必须树立起系统的观念，并运用系统的观念认识、分析和管理工程项目。系统观念强调全局，即考虑工程项目的整体性，需要进行整体管理，如把项目目标作为系统，在整体目标优化的前提下进行系统地目标管理，而不是强调单一目标；再如要考虑工程项目各个组成部分的相互联系和制约关系，在此基础上运行和实施项目。任何工程项目都是一个系统，具有鲜明的系统特征。工程项目系统主要包括：工程系统、目标系统、组织系统和行为系统。

（一）工程系统

工程项目是要完成一定功能、规模和质量要求的工程，这个工程是由许多分部、许多功能面组合起来的综合体，有自身的系统结构形式。这些组成部分互相联系、互相影响、互相依赖，共同构成项目的工程系统。它通常是实体系统形式，可以进行实体的分解，得到工程结构。

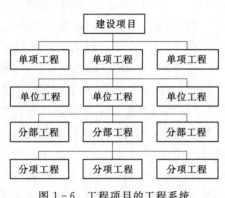

图 1-6　工程项目的工程系统

一般情况，工程项目的工程系统可以分解为单项工程、单位工程、分部工程和分项工程四个层次，如图 1-6 所示。

1. 单项工程

单项工程是指具有独立设计文件，可独立组织施工和竣工验收，建成后可独立形成生产能力或发挥效益的一组配套齐全的工程项目。从施工的角度看，单项工程是一个独立的交工系统。一个建设项目通常由多个单项工程组成，但也有时仅含一个单项工程。单项工程一般由一个或若干个单位工程组成。

2. 单位工程

单位工程是单项工程的组成部分，是指具有独立的设计文件，可独立组织施工和竣工验收，但建成后不能单独形成生产能力或发挥效益的工程。一般情况下，单位工程是一个单体的建筑物或构筑物，需要在几个有机联系、互为配套的单位工程全部建成竣工后，才能提供生产或使用。如建筑物单位工程由建筑工程和建筑设备安装工程组成；住宅小区或工业厂区的室外单位工程有室外建筑工程（小区道路、围墙、花坛等）、室外电气工程、室外采暖卫生和煤气工程；民用建筑物单位工程与室外各单位工程构成一个单项工程；工业厂房与工业设备安装工程以及配套的室外各单位工程形成一个单项工程。

3. 分部工程

分部工程是单位工程的组成部分，亦即单位工程的进一步分解。一般工业与民用建筑工程划分的分部工程包括地基与基础、主体结构、地面与楼面、门窗、屋面、建筑装饰装修、建筑给水排水及采暖、建筑电气、智能建筑、通风与空调、电梯。

４. 分项工程

分项工程是分部工程的组成部分，是形成工程项目产品的基本部件或构件的施工过程。一般建筑工程中分项工程是按主要工种划分的，如砌砖工程、钢筋工程、模板工程等，但也可按施工程序的先后和使用不同的材料划分，如水泥地面，水磨石地面等。分项工程是施工活动的基础，也是工程用工用料和机械台班消耗计量的基本单元，是工程质量形成的直接过程。

（二）项目目标系统

工程项目的目标可能包括很多方面，但最基本的目标主要是质量目标、进度目标和费用目标，这三大目标构成工程项目的目标系统。

工程项目的质量、进度和费用目标是一个相互关联的整体，三大目标之间互相联系、互相制约，两两之间既存在着对立的方面，又存在着统一的方面。

（1）三大目标之间的对立关系。在通常情况下，如果要抢时间、争进度，势必会增加费用或者使工程质量下降；如果对工程质量有较高的要求，就需要投入较多的费用和花费较长的建设时间；如果要节约费用，势必会考虑降低项目的功能要求和质量标准。所有这些表明，工程项目三大目标之间存在矛盾和对立的一面。

（2）三大目标之间的统一关系。在通常情况下，为保证质量目标，虽然造成一次性费用的增加，但能够降低使用阶段的经常费和维修费，全生命期经济性反而更好，同时，质量得到保证，减少了返工；适当增加投资，加快了进度，虽然短期内费用增加，但缩短了建设工期，可使项目提前投入使用，更早地收回项目投资，从而获得更好的投资经济效益；制订可行优化的计划，使工程进展具有连续性和均衡性，则有可能既获得了较快的进度和较低的费用，也同时保证了质量。所有这一切表明，工程项目三大目标之间存在着统一的一面。

项目管理者要充分认识到三大目标之间的这种关系，注意统筹兼顾，合理确定三大目标，防止发生盲目追求单一目标而冲击或干扰其他目标的现象。这就要求工程项目管理者在目标管理中，一方面，要注意考虑三大目标的均衡，尽可能做到整体最优；另一方面，要尽可能发挥某个目标对其他目标的积极作用。

（三）项目组织系统

项目组织是由项目行为主体构成的系统。由于社会化大生产和专业化分工，一个项目的参加单位可能有几个、几十个甚至成百上千个，常见的有业主、承包商、设计单位、监理单位、分包商和供应商等。他们之间通过行政的或合同的关系连接形成一个庞大的组织体系，为了实现共同的项目目标承担着各自的项目任务。项目组织是一个目标明确、开放的、动态的、自然形成的组织系统。

（四）项目行为系统

工程项目的行为系统是由实现项目目标，完成任务所有必需的工程活动构成的。这些活动之间存在各种各样的逻辑关系，构成一个有序的动态的工作过程。项目行为系统应包括实现项目目标系统必需的所有工作，应保证项目实施过程程序化、合理化，均衡地利用资源，使各分部实施和各专业之间相互协调。项目行为系统是抽象系统，由项目结构图、网络计划、实施计划、资源计划等表示。

二、计划原理

计划是项目管理的重要职能，是目标控制的前提和依据。没有有效的计划，项目失败的概率将大大增加。工程项目计划是为实现工程项目的既定目标，对工程项目的实施进行计划与安排的过程，是对项目实施过程的设计。通过计划活动，预先确定要做什么，如何做，何时做，由谁做。计划的具体内容包括工程项目目标的确定和项目目标实现方法及具体措施，它在工程项目管理中具有十分重要的地位。

1. 目标是计划的前提，计划是对目标的进一步论证

项目目标是预期的结果，而计划是对如何实现目标，达到预期结果而进行的安排和部署，因此计划是以目标为前提和依据的。计划需要针对目标，计划的过程也是目标分解的过程，计划的结果是许多更细、更具体的目标的组合，有哪一层次的目标，就存在相应层次的计划，计划与目标之间是一种对应的关系。反过来，在计划的过程中，又可以对项目目标能否实现、费用、进度、质量目标之间是否平衡进行分析和论证。有时项目目标的确定可能不科学，带有随意性，通过计划可以解决项目目标不明确、矛盾或不完备等问题。因此，计划既是对目标实现方法、措施和过程的安排，又是对目标的分解、分析和论证的过程。

2. 计划是实施的指南和控制的依据

计划文件经批准后作为项目的工作指南，必须在项目实施中贯彻执行，以计划作为对实施过程进行监督、跟踪和诊断的依据；之后，它又作为评价和检验实施成果的尺度，作为对实施者业绩评价和奖励的依据。因此，没有计划，任何控制工作都是没有意义的。

3. 各种不同的计划构成工程项目的计划系统

计划系统是工程项目管理系统的一个子系统，由不同阶段、不同内容和不同主体的计划所构成。

在项目过程中，计划随着项目的进展不断细化、具体化，同时又不断地修改和调整，它们之间有一个过程上的联系，有先后的顺序。如在工程项目的目标设计和项目定义时就包括一个总体的计划，可行性研究既是对计划的论证，又是一套较细和较全面的项目计划，项目批准后，设计和计划是平行进行的，计划随着技术设计不断细化、具体化，项目实施中每一阶段（一月、一周）也都有不同的计划。因此，项目的计划是一个持续的、渐近的过程。

项目计划的内容也十分广泛，包括许多具体的计划工作，如资源计划、进度计划、费用计划、质量计划、采购计划和后勤保障计划等。

此外，工程项目不同参与单位都有各自的计划体系，如建设单位的计划体系、设计单位的计划体系、施工单位的计划体系、监理单位的计划体系等。

工程项目计划系统是一个计划阶段、计划内容和计划主体构成的三维结构，如图1-7所示，图中P点表示建设单位在设计阶段的进度计划。

三、组织原理

(一) 组织及其职能

1. 组织的基本概念

组织有两种含义。一种是指组织机构，即按一定的领导体制、部门设置、层次划分、

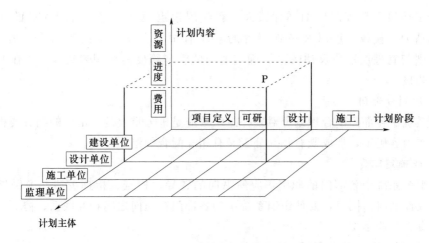

图1-7 工程项目计划系统结构图

职责分工、规章制度和信息系统等构成的人的结合体；另一种是指组织行为，即通过一定权力和影响力，对所需资源进行合理配置，以实现一定的目标。由此可见，组织的必要条件是：①目标是组织存在的前提；②没有分工与协作就不是组织；③没有不同层次的权力和责任制度，就不可能进行组织活动并实现组织目标。

2. 组织的基本内容

组织是工程项目管理的基本职能之一，其基本内容包括以下几方面：

（1）组织设计，是指选定一个合理的组织系统，划分各部门的权限和职责，制定各种基本的规章制度。

（2）组织联系，是指规定组织机构中各部门的相互关系，明确信息流通和信息反馈渠道以及各部门之间的协调原则和方法。

（3）组织运行，是指规定各组织体的工作顺序和业务管理活动的运行过程，按分担的责任完成各自的任务。组织运行应解决好三个关键性问题：一是人员配置，二是业务明确，三是信息反馈。

（4）组织调整，是指根据工作需要及环境的变化，分析现有组织系统的缺陷、适应性和有效性，对现有组织系统进行调整或重新组合。其中包括组织形式的变化、人员的变动、规章制度的修订或废止、责任系统及信息系统的调整等。

（二）组织构成要素

组织构成的要素一般包括管理层次、管理跨度、管理部门和管理职责四个方面。各要素之间密切相关、相互制约，在组织结构设计时，必须考虑各要素间的平衡与衔接。

1. 合理的管理层次

管理层次是指从最高管理者到实际工作人员之间的等级层次的数量。管理层次由高到低通常分为决策层、协调层和执行、操作层。这三个层次的职能和要求不同，标志着不同的职责和权限，同时也反映出组织系统中的人数变化规律。它犹如一个三角形，从上至下权责递减，人数递增。

2. 合理的管理跨度

管理跨度是指一名上级管理人员所直接领导的下级人数。管理跨度的大小取决于需要协调的工作量。管理跨度的弹性很大，影响因素也很多，它与管理人员的性格、才能、个人精力、授权程度以及被管理者的素质有很大关系。当组织工作内容一定时，管理跨度则与管理层次成反比关系。确定适当的管理跨度需要积累经验，并在实践中进行必要的调整。

3. 合理划分部门

组织系统中各部门的合理划分对发挥组织效应是十分重要的。部门的划分要根据组织目标与工作内容确定，形成既有相互分工又有相互配合的组织系统。

4. 合理确定职责

确定组织系统中各部门的职责，应使纵向的领导、检查、指挥灵活，确保指令传递快、信息反馈及时。同时，要使组织系统中的各部门在横向之间相互联系、协调一致，能够有职有责、尽职尽责。

（三）组织活动的基本原理

组织活动的基本原理包括以下四方面。

1. 要素有用性原理

一个组织系统中的基本要素有人力、物力、财力、信息和时间等，这些要素在组织活动过程中都是有用的，项目管理人员要具体分析各要素的特殊性，根据各要素作用的大小、主次、好坏进行合理安排、组合和使用，充分发挥各要素的作用，做到人尽其才、物尽其用、财尽其利，尽最大可能提高各要素的有用率。

2. 动态相关性原理

组织系统内部各要素之间，既相互联系又相互制约，既相互依存又相互排斥，这种相互作用推动组织活动的进步与发展。动态相关性原理是指事物在组合过程中，由于各要素之间的作用，可能会使整体效应不等于各局部效应的简单相加。如果系统内部各要素之间发生内耗，其作用相互抵消，则会使整体效应小于局部效应之和；而如果系统内部各要素之间的作用是积极的，则会使整体效应大于局部效应之和。认识和掌握组织的动态相关性原理，就是要积极创造和发挥各要素之间积极作用的条件，使整体效应大于局部效应之和。

3. 主观能动性原理

人是有生命、有思想、有感情、有创造力的。人是生产力中最活跃的因素，组织管理者的重要任务就是要把人的主观能动性发挥出来。如果能够充分发挥人的主观能动性，就能取得很好的组织管理效果。

4. 规律效应性原理

规律是指客观事物内部本质必然的联系。组织管理者在管理过程中，要掌握规律，按规律办事，以达到预期的目标，取得良好的效应。规律与效应的关系非常密切，组织管理者只有努力揭示规律，才有取得效应的可能。而要取得良好的效应，就要主动研究规律，坚决按规律办事。

四、控制原理

控制是工程项目管理的重要职能之一。控制通常是指管理人员按照事先制定的计划和标准，检查和衡量被控对象在实施过程中所取得的成果，并采取有效措施纠正所发生的偏差，以保证计划目标得以实现的管理活动。控制的基本程序如图1-8所示。

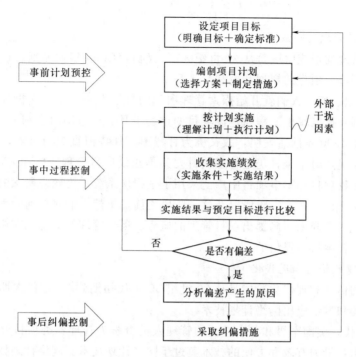

图 1-8 控制的基本程序

根据控制的基本程序，实施控制的前提是确定合理的目标和科学的计划，继而进行组织设置和人员配备，并实施有效的领导。计划一旦开始执行，就必须进行控制，以检查计划的实施情况。当发现实施过程有偏离时，应分析偏离计划的原因，确定应采取的纠正措施，并采取纠正行动。在纠正偏差的行动中，继续进行实施情况的检查，如此循环，直至工程项目目标实现为止，从而形成一个反复循环的动态控制过程。

第四节　项目管理知识体系和人员资格认证

一、项目管理科学的发展

项目管理从经验走向科学经历了漫长的历程，原始潜意识的项目管理萌芽经过大量的项目实践之后才逐渐形成了现代项目管理的理念，这一过程大致经历了以下四个阶段。

1. 潜意识的项目管理

潜意识的项目管理阶段是从远古到 20 世纪 30 年代以前。这一阶段人们是无意地按照项目的形式运作。人类早期的项目可以追溯到数千年以前，如古埃及的金字塔、古罗马的尼姆水道以及中国的都江堰和万里长城。这些前人的杰作至今向人们展示着人类智慧的光辉。

有项目，就有项目管理问题。因此西方人提出，人类最早的项目管理是埃及的金字塔和中国的长城。但是应该看到，直至 20 世纪初，项目管理还没有形成行之有效的计划和方法，也没有科学的管理手段和明确的操作技术标准。因而，对项目的管理还只是凭借个别人的经验、智慧和直觉，依靠个别人的天赋和才能，根本谈不上科学性。

2. 传统项目管理的形成

传统项目管理的形成阶段是从 20 世纪 30 年代初期到 50 年代初期。这一阶段的重要特征是用横道图进行项目的规划和控制。

早在 20 世纪初期，人们就开始探索管理项目的科学方法。第二次世界大战以前，横道图已成为计划和控制军事工程与建设项目的重要工具。横道图由亨利·L. 甘特（Henry. L. Gantt）于 1900 年前后发明，故又称为甘特图。甘特图直观而有效，便于监督和控制项目的进展状况，时至今日仍是管理项目尤其是建设项目管理的常用方法。与此同时，在规模较大的工程项目和军事项目中广泛采用了里程碑系统，为网络概念的产生充当了重要的媒介。应该指出，在这一阶段以及这一阶段之前，虽然人们对如何管理项目进行了广泛的研究和实践，但尚未明确提出项目管理的概念。项目管理的概念是在第二次世界大战的后期实施曼哈顿项目时提出的。

3. 项目管理的传播和现代化

项目管理的传播和现代化阶段是从 20 世纪 50 年代初期到 70 年代末期。这一阶段的重要特征是开发和推广应用网络计划技术。

进入 50 年代，美国军界和各大企业的管理人员纷纷为管理各类项目寻求更为有效的计划和控制技术，最为有效和方便的技术莫过于网络计划技术。网络计划技术的开端是关键线路法和计划评审技术的产生和推广应用。始创于 1956 年的关键线路法（Critical Path Method，CPM）在次年应用于杜邦公司的一个千万美元的化工项目，结果大大缩短了建设周期，节约了 10% 左右的投资，取得了显著的经济效益。该方法由凯利（Kelly）和 Walker 于 1959 年公诸于世，计划评审技术（Program Evaluation & Review Techniques，PERT）出现于 1958 年，是美国海军在研究开发北极星号潜水舰艇所采用的远程导弹 F. B. M 的项目中开发出来的，此后，美国三军和航空航天局在各自的管辖范围内全面推广了这一技术。美国国防部甚至在 1962 年发文规定，凡承包有关工程的单位都需要采用这种方法来安排计划。美国政府也明确规定所有承包商若要赢得政府的一项合同，就必须提交一份详尽的 PERT 网络计划，以保证工程的进度和质量。因此，这一技术很快就在世界范围内得到了重视，成为管理项目的一种先进手段。20 世纪 60 年代，耗资 400 亿美元，涉及两万多企业的阿波罗载人登月计划，也是采用 PERT 进行计划和管理的。

早在 20 世纪 60 年代初期，我国就引进和推广了网络计划技术。华罗庚教授结合我国"统筹兼顾，全面安排"的指导思想，将这一技术称为"统筹法"，并组织小分队深入重点工程进行推广应用，取得了良好的经济效益。

随后的 1966 年，普利茨克尔（Priskre）等提出的图示评审技术（Graphical Evaluation & Review Techniques，GERT）扩展了的网络模型，增加了随机适应性，这是一个重大突破。1970 年，美国陆军研制出名为 MATHNET、RISCA、STATNET 及 SOLVNET 的计算机程序模拟技术；1972 年莫勒尔（Moeller）开发出风险评审技术 VERT（Venture Evaluation & Review Techniques）；1979 年依据 VERT 和 TRACENET 完成了 VERT-2；在此基础上，莫勒尔和迪格曼又于 1981 年研制成一种全新的网络计划技术 VERT-3。

网络方法的出现，给管理科学的发展注入了活力。它不仅促进了 1957 年出现的系统工程，而且使在第二次世界大战中发展起来的运筹学也得以充实。网络技术也由此而成为一门独立的学科，项目管理因之更加充实，并逐渐发展和完善起来。此时，项目管理有了科学的系统方法，但当时主要应用于国防和建筑业，项目管理的任务主要是强调项目的执行。

4. 现代项目管理的发展

现代项目管理的发展阶段是从 20 世纪 70 年代末到现在。这一阶段的重要特征表现为项目管理范围的扩大，以及与其他学科的交叉渗透和相互促进。进入 20 世纪 70 年代以后，项目管理的应用范围由最初的航空、航天、国防、化工、建筑等部门，到广泛普及医药、矿山、石油等领域。计算机技术、价值工程和行为科学在项目管理中的应用，极大地丰富和推动了项目管理的发展。在这一阶段，项目管理在理论和方法上得到了更加全面深入的探讨，逐步把最初的计划和控制技术与系统论、组织理论、经济学、管理学、行为科学、心理学、价值工程、计算机技术等以及项目管理的实际结合起来，并吸收了控制论、信息论及其他学科的研究成果，发展成为一门较完整的独立学科体系。

当前，项目管理的发展有了新的突破，其特点是：面向市场，迎接竞争，除了计划和协调外，对采购、合同、进度、费用、质量、风险等都给予了更多的重视，并形成了现代项目管理的框架。为了在迅猛变化、剧烈竞争的市场中，迎接经济全球一体化的挑战，项目管理更加注重人的因素，注重顾客，注重柔性管理，力求在变革中生存和发展。在这个阶段，应用进一步扩大，尤其在新兴产业中得到了迅速发展，譬如电信、软件、信息、金融、医药等。现代项目管理的任务也不仅仅是执行项目，还要开发项目，经营项目和项目完成后形成的设施或其他成果。

二、项目管理知识体系

（一）项目管理知识体系的提出

项目管理是管理科学的一个分支，同时又与项目相关的专业技术领域密不可分，项目管理专业领域所涉及的知识极为广泛。目前国际项目管理界普遍认为，项目管理知识体系的知识范畴主要包括三大部分，即项目管理所特有的知识、一般管理的知识及项目相关应用领域的知识，项目管理学科的知识体系与其他学科的知识体系在内容上有所交叉。

项目管理知识体系（Project Management Body of Knowledge，PMBOK）的概念是在项目管理学科和专业发展进程中由美国项目管理学会（Project Management Institute，PMI）首先提出来的，这一专门术语是指项目管理专业领域中知识的总和。

美国项目管理学会创建于 1969 年，由企业、大学和研究机构的专家组成。20 世纪 60～70 年代，从事项目管理的人们都是在实践基础上进行总结。1976 年的一次会议上，有人大胆地提出了一个设想，能否把这些具有共性的实践经验进行总结，并形成"标准"。作为一个议题，会后人们进行了深入的研究、思考。1981 年，PMI 组委会批准了这个项目，组成了以 Matthew H. Parry 为主席的十人小组进行开发。1983 年该小组发表了第一份报告。在这个报告中，项目管理的基本内容划分为六个领域，即范围管理、成本管理、时间管理、质量管理、人力资源管理和沟通管理。这些后来成为了 PMI 的项目管理专业化基础内容。

1984 年，PMI 组委会批准了第二个关于进一步开发项目管理标准的项目，组成了以 R. Max Wideman 为主席的 20 人小组进行再开发。在标准的内容方面，提出要增加项目管理的框架、风险管理、合同/采购管理三个部分。1987 年该小组发表了研究报告，题目是"项目管理知识体系"。此后的几年，广泛地讨论和征求了关于 PMI 的主要标准文件的形式、内容和结构的意见，有 10000 多个 PMI 的成员和 20 多个其他的专业组织作出了贡献，1991 年提出了修订版。1996 年及 2000 年又分别进行了修订，成为现在的项目管理知识体系，简称为 PMBOK。

PMBOK 将项目管理科学地划分为需求确定、项目选择、项目计划、项目执行、项目控制、项目评价和项目收尾七个阶段，根据各个阶段的特点和所面临的主要问题，系统归纳了项目管理的九大知识领域，并分别对各领域的知识、技能、工具和技术作了全面总结。实践证明，PMBOK 已经真正成为项目管理专业人士的指南。目前，PMBOK 已经被世界项目管理界公认为一个全球性标准，国际标准化组织（ISO）以该指南为框架，制定了 ISO 10006 标准。

（二）中国项目管理知识体系

在美国项目管理学会（PMI）提出项目管理知识体系（PMBOK）的过程中，国际项目管理协会（International Project Management Association，IPMA）在项目管理知识体系方面也作出了卓有成效的工作。IPMA 从 1987 年就着手进行"项目管理人员能力基准"的开发，在 1997 年推出了 ICB，即 IPMA Competence Baseline，在这个能力基准中，IPMA 把个人能力划分为 42 个要素，其中 28 个核心要素，14 个附加要素，当然还有关于个人素质的八大特征及总体印象的十个方面。

基于以上两个方面的发展，建立适合我国国情的"中国项目管理知识体系"（Chinese Project Management Body of Knowledge，C‐PMBOK），形成我国项目管理学科和专业的基础；引进"国际项目管理专业资质认证标准"，推动我国项目管理向专业化、职业化方向发展，使我国项目管理专业人员的资质水平能够得到国际上的认可，已成为我国项目管理学科和专业发展的当务之急。

中国项目管理知识体系（C‐PMBOK）的研究工作开始于 1993 年，是由中国优选法、统筹法与经济数学研究会项目管理研究委员会（PMRC）发起并组织实施的，并于 2001 年 5 月正式推出了中国的项目管理知识体系文件——《中国项目管理知识体系》（C‐PMBOK）。

中国项目管理知识 C‐PMBOK 的编写主要是以项目生命周期为基本线索展开，从项目及项目管理的概念入手，按照项目开发的四个阶段分别阐述了每一阶段的主要工作及其相应的知识内容，同时还考虑了项目管理过程中所需要的共性知识及其所涉及的方法工具。基于这一编写思路，C‐PMBOK 将项目管理的知识领域共分为 88 个模块，其框架如表1‐1所示。

由于 C‐PMBOK 模块化的特点，在项目管理知识体系的构架上，C‐PMBOK 完全适应了按其他线索组织项目管理知识体系的可能性，特别是对于结合行业领域和特殊项目管理领域知识体系的构架非常实用。各应用领域只需根据自身项目管理的特点加入相应的特色模块，就可形成行业领域的项目管理知识体系。

表 1-1　　　　　　　　　　　中国项目管理知识体系框架

2　项目与项目管理			
2.1　项目	2.2　项目管理		
3　概念阶段	4　规划阶段	5　实施阶段	6　收尾阶段
3.1　一般机会研究	4.1　项目背景描述	5.1　采购规划	6.1　范围确认
3.2　特定项目机会研究	4.2　目标确定	5.2　招标采购的实施	6.2　质量验收
3.3　方案策划	4.3　范围规划	5.3　合同管理基础	6.3　费用决算与审计
3.4　初步可行性研究	4.4　范围定义	5.4　合同履行和收尾	6.4　项目资料与验收
3.5　详细可行性研究	4.5　工作分解	5.5　实施计划	6.5　项目交接与清算
3.6　项目评估	4.6　工作排序	5.6　安全计划	6.6　项目审计
3.7　商业计划书的编写	4.7　工作延续时间估计	5.7　项目进展报告	6.7　项目后评价
	4.8　进度安排	5.8　进度控制	
	4.9　资源计划	5.9　费用控制	
	4.10　费用估计	5.10　质量控制	
	4.11　费用预算	5.11　安全控制	
	4.12　质量计划	5.12　范围变更控制	
	4.13　质量保证	5.13　生产要素管理	
		5.14　现场管理与环境保护	
7　共性知识			
7.1　项目管理组织形式	7.7　企业项目管理	7.13　信息分发	7.19　风险监控
7.2　项目办公室	7.8　企业项目管理组织设计	7.14　风险管理规划	7.20　信息管理
7.3　项目经理	7.9　组织规划	7.15　风险识别	7.21　项目监理
7.4　多项目管理	7.10　团队建设	7.16　风险评估	7.22　行政监督
7.5　目标管理与业务过程	7.11　冲突管理	7.17　风险量化	7.23　新经济项目管理
7.6　绩效评价与人员激励	7.12　沟通规划	7.18　风险应对计划	7.24　法律法规
8　方法和工具			
8.1　要素分层法	8.7　不确定性分析	8.12　工作分解结构	8.17　质量技术文件
8.2　方案比较法	8.8　环境影响评价	8.13　责任矩阵	8.18　并行工程
8.3　资金的时间价值	8.9　项目融资	8.14　网络计划技术	8.19　质量控制的数理
8.4　评价指标体系	8.10　模拟技术	8.15　甘特图	统计方法
8.5　项目财务评价	8.11　里程碑计划	8.16　资源费用曲线	8.20　挣值法
8.6　国民经济评价方法			8.21　有无比较法

　　根据 C-PMBOK，项目管理涉及多方面的内容，这些内容可以按照不同的线索进行组织，常见的组织形式主要有 2 个层次、4 个阶段、5 个过程、9 个领域、42 个要素及多个主体：

　　（1）2 个层次主要表现在：①企业层次；②项目层次。

　　（2）从项目生命周期的角度看，项目管理分 4 个阶段：①概念阶段；②规划阶段；③实施阶段；④收尾阶段。

　　（3）从项目管理的基本过程看，共有 5 个过程：①启动过程；②计划过程；③执行过程；④控制过程；⑤结束过程。

　　（4）从项目管理的职能领域看，共有 9 个领域：①范围管理；②时间管理；③费用管理；④质量管理；⑤人力资源管理；⑥风险管理；⑦沟通管理；⑧采购管理；⑨综合管理。

(5) 从项目管理的知识要素看，共有 42 个要素：①项目与项目管理；②项目管理的运行；③通过项目进行管理；④系统方法与综合；⑤项目背景；⑥项目阶段与生命周期；⑦项目开发与评估；⑧项目目标与策略；⑨项目成功与失败的标准；⑩项目启动；⑪项目收尾；⑫项目的结构；⑬内容、范围；⑭时间进度；⑮资源；⑯项目费用和财务；⑰状态与变化；⑱项目风险；⑲效果衡量；⑳项目控制；㉑信息、文档与报告；㉒项目组织；㉓协作（团队工作）；㉔领导；㉕沟通；㉖冲突与危机；㉗采购、合同；㉘项目质量；㉙项目信息学；㉚标准与规则；㉛问题解决；㉜会谈与磋商；㉝固定的组织；㉞业务过程；㉟人力开发；㊱组织学习；㊲变化管理；㊳行销、产品管理；㊴系统管理；㊵安全、健康与环境；㊶法律方面；㊷财务与会计。

三、国际项目管理专业资质认证简介

项目管理知识体系的发展与演化逐渐变成了项目管理应用的标准，基于标准项目管理的教育进而也得到了发展，为了证明项目管理从业人员的能力及资质，项目管理专业证书便随之产生了。项目管理证书体系的发展是伴随着项目管理科学体系的发展和应用的需要而产生的，为项目管理专业人员提高和发展专业水平指明了方向。项目管理人员资质认证制度已成为国际惯例，对规范项目管理秩序和促进项目管理发展具有积极的意义。

国际上，最早是在 1984 年由美国项目管理学会（PMI）提出的项目管理专业人员 PMP（Project Management Professional）认证，随后英国、法国、德国等国家也纷纷提出了相应的证书体系。国际项目管理协会（IPMA）于 1996 年在各个国家证书发展的基础上提出了国际项目管理专业资质能力基准（IPMA Competence Baseline，ICB），世界各国开展的国际项目管理专业资质认证 IPMP（International Project Management Professional）就是基于这一能力基准进行的。由此可以看出，美国 PMP 认证是以 PMBOK 为基础，是针对项目而言的，它强调的是进行项目管理所必须掌握的知识，是人们按项目管理的方法基础；而国际项目管理协会的 IPMP 认证是以 ICB 为基础，是针对人而建立的，它强调的是对从事项目管理人员所应具备的能力要素，是一个对人的能力进行综合考核的评判体系。

（一）PMI 的 PMP 认证

PMI 在 1984 年设立了项目管理资质认证制度（PMP），1991 年正式推广，现在每年有上万人申请参加认证。PMP 认证的基准是美国的 PMBOK，其将项目管理的知识领域分为九大知识模块，即范围管理、时间管理、质量管理、人力资源管理、风险管理、沟通管理、采购管理、合同管理及综合管理。

PMP 申请者必须通过下述考核：

(1) 项目管理经历的审查。要求参加 PMP 认证考试者必须具有一定的教育背景和专业经历，报考者需具有学士学位或同等的大学学力，并且必须有 3 年以上、4500 小时以上的项目管理经历；报考者如不具备学士学位或同等学力，但持有中学文凭或同等中学学历证书，并且至少具有 7500 小时的项目管理经历。

(2) 要求申请者必须经过笔试考核。主要是针对 PMI 的 PMBOK 中的 9 大知识模块进行考核，要求申请者参加并通过包括 200 道选择题的考试，申请者必须答对其中的 136

道选择题。

（二）IPMA 的 IPMP 认证

1. IPMA 简介

国际项目管理协会（International Project Management Association，IPMA）是一个在瑞士注册的非营利性组织，它是项目管理国际化的主要促进者。

IPMA 创建于 1965 年，开始称为 INTERNET，是国际上成立最早的项目管理专业组织，目的是促进国际间项目管理的交流，为国际项目领域的项目经理之间提供一个交流各自经验的论坛。

IPMA 的成员主要是各个国家的项目管理协会，目前有英国、法国、德国、中国、澳大利亚等 30 多个成员国组织，这些国家的组织用他们自己的语言服务于本国项目管理的专业需求，IPMA 则以广泛接受的英语作为工作语言提供有关需求的国际层次的服务。为了达到这一目的，IPMA 开发了大量的产品和服务，包括研究与发展、教育与培训、标准化和证书制以及有广泛的出版物支撑的会议、讲习班和研讨会等。

此外，一些其他国家的学会组织与 IPMA 一起促进项目管理的国际化，对于那些已经成为 IPMA 成员的各国项目管理组织，他们的个人会员或团体会员已自动成为 IPMA 的会员。那些没有项目管理组织或本国项目管理组织尚未加入 IPMA 的国家的个人或团体，可以直接加入 IPMA 作为国际会员。

2. IPMP 认证

IPMP 是 IPMA 在全球推广的四级证书体系的总称，它是 IPMA 于 1996 年开始提出的一套综合性资质认证体系，1999 年正式推出其认证标准 ICB，目前已经有 30 多个国家开展了 IPMP 的认证推广工作。

IPMP 的运作是由加入 IPMA 会员国的项目管理组织进行推广，在会员国推广的两个前提条件如下：

（1）建立本国的 PMBOK。由于文化背景的不同，世界各国在项目管理知识的应用方面具有一定的差异性，因此，IPMA 要求推广 IPMP 的成员国必须建立适应本国项目管理背景的项目管理知识体系。

（2）将 ICB 转化为 NCB。ICB 是国际项目管理专业资质认证的评判基准，但由于各国项目管理发展情况不同，各有各的特点，因此，IPMA 要求推广 IPMP 的各国应该按照 ICB 的转换规则建立本国的国际项目管理专业资质认证国家标准（National Competence Baseline，NCB）。

建立 PMBOK 及 NCB 都通过 IPMA 的认可，才可由本国的项目管理学术组织开展 IPMP 的认证工作。各国通过 IPMP 认证的人员每年年底由各国统一向 IPMA 进行注册，并且公布在每年 IPMA 的认证年报上。

3. IPMP 四级证书体系和认证特点

IPMP 依据国际项目管理专业资质标准（ICB），针对项目管理人员专业水平的不同将项目管理专业人员资质认证划分为 4 级，即 A 级、B 级、C 级、D 级，各级分别授予不同等级的证书。

（1）A 级（Level A）证书是认证的高级项目经理。获得这一级认证的项目管理专业人员有能力指导一个公司（或一个分支机构）的包括有诸多项目的复杂规划，有能力管理该组织的所有项目，或者管理一项国际合作的复杂项目。这类等级称为 CPD（Certificated Projects Director——认证的高级项目经理）。

（2）B 级（Level B）证书是认证的项目经理。获得这一级认证的项目管理专业人员可以管理大型复杂项目。这类等级称为 CPM（Certificated Projects Manager——认证的项目经理）。

（3）C 级（Level C）证书是认证的项目管理专家。获得这一级认证的项目管理专业人员能够管理一般复杂项目，也可以在所有项目中辅助项目经理进行管理。这类等级称为 PMP（Certificated Project Management Professional——认证的项目管理专家）。

（4）D 级（Level D）证书是认证的项目管理专业人员。获得这一级认证的项目管理人员具有项目管理从业的基本知识，并可以将其应用于某些领域。这类等级称为 PMF（Certificated Project Management Practitioner——认证的项目管理专业人员）。

由于 IPMP 是一种能力考核，因此，其考核方式除了知识考核外，对申请者的资质能力要进行全面考核，IPMP C 级以上考核需要经过笔试、案例讨论或案例报告及面试，主要考核解决实际问题的能力和申请者的综合素质。能力＝知识＋经验＋个人素质是 IPMP 对能力的基本定义。

4．IPMP 与 PMRC

1991 年 6 月，我国唯一的、跨行业的、全国性的、非营利的项目管理专业组织——项目管理研究委员会（Project Management Research Committee，PMRC）正式成立，其上级组织是由我国著名数学家华罗庚教授组建的中国优选法统筹法与经济数学研究会。PMRC 成立至今，做了大量开创性工作，为推进我国项目管理事业的发展，促进我国项目管理与国际项目管理专业领域的沟通与交流起了积极的作用，特别是在推进我国项目管理专业化与国际化发展方面，起着越来越重要的作用。

PMRC 代表中国加入 IPMA 成为其会员国组织，IPMA 已授权 PMRC 在中国进行 IPMP 的认证工作。PMRC 已根据 IPMA 的要求建立了"中国项目管理知识体系"（C－PMBOK）及"国际项目管理专业资质认证中国标准"（C－NCB），这些均已得到 IPMA 的支持和认可。PMRC 作为 IPMA 在中国的授权机构于 2001 年 7 月开始全面在中国推行国际项目管理专业资质认证工作。

复 习 思 考 题

1．什么是项目？项目的基本特征有哪些？举一些你周围的项目。

2．工程项目的特点和类型有哪些？

3．什么是工程项目建设程序？各阶段主要工作内容有哪些？

4．根据美国项目管理知识体系（PMBOK），项目管理的内容包括哪些？

5．项目管理过程分哪几个阶段？各阶段主要内容如何？

6．从不同主体角度来看，工程项目管理的类型有哪些？

7．工程项目管理的任务有哪些？

8．工程项目的系统性体现在哪些方面？

9. 工程项目的目标系统有何特点？

10. 组织构成的要素有哪些？组织活动的基本原理是什么？

11. 简述项目目标控制的基本程序。

12. 什么是项目管理知识体系？其内容框架是什么？

13. 什么是 IPMP 认证？IPMP 认证有何特点？

第二章　工程项目前期策划

第一节　概　　述

一、工程项目策划和前期策划

（一）工程项目策划

1. 工程项目策划的概念

策划是围绕某个预期的目标，根据现实的情况与信息，判断事物变化的趋势，对所采取的方法、途径、程序等进行周密而系统的构思设计，选择合理可行的行动方式，从而形成正确决策和高效工作的活动过程。显然，策划是在现实所提供条件的基础上进行的、具有明确的目的性、按特定程序运作的系统活动，是一种超前性的人类特有的思维过程。它是针对未来发展及其发展结果所作的决策的重要保证，也是实现预期目标、提高工作效率的重要保证。

工程项目策划是把工程项目建设意图转换成定义明确、系统清晰，目标具体且富有策略性行动思路的高智力系统活动。工程项目策划以项目管理理论为指导并服务于管理的全过程，对整个项目的决策以及实施具有决定性的影响，项目管理者，特别是上层管理者（决策者）必须足够重视。

2. 工程项目策划的类型

（1）项目策划按策划的范围可分为项目总体策划和项目局部策划。

项目总体策划一般指在项目前期立项过程所进行的全面策划；局部策划可以是对全面策划任务进行分解后的一个单项性或专业性问题的策划。根据策划工作的对象和性质，策划的内容、依据和深度要求也不一样。

（2）项目策划按策划阶段可分为建设前期系统构思策划、建设期间项目实施策划和建成后的运营策划。

构思策划是项目决策的基础，主要内容包括以下几项：项目性质、用途、建设规模、建设水准的策划；项目在社会经济发展中的地位、作用和影响力的策划；项目系统的总体功能、系统内部各单项单位工程的构成及各自作用和相互联系，内部系统与外部系统的协调、协作和配套的策划，以及其他与项目构思有关的重要环节的策划等。

实施策划是指把体现建设意图的项目构思付诸实施，变成有实现可能性和可操作性的行动方案，提出带有策略性和指导性的设想，通常包括：项目组织策划、项目融资策划、项目目标策划、项目管理策划、项目控制策划等。

运营策划是指在项目建成后，在市场情况分析的基础上，制定出具有可能性和可操作性的项目生产经营运作的方案，提出策略性的设想。项目运营策划对项目经济效益和社会效益有很大影响，通常包括：项目产品的市场政策、销售目标、产品推广计划、市场调查计划、销售管理计划、财务损益估计等。

（二）工程项目前期策划

工程项目前期策划是指从项目构思产生到项目正式批准立项这一过程中对项目所进行的全面策划。工程项目前期策划的主要任务是根据建设意图进行工程项目的定位和定义，全面构思一个拟建的工程项目系统，并确定该系统的目标和组成结构，使其形成完整配套的能力，从而把工程项目的基本构思变为具有明确要求的行动方案。

工程项目前期策划是项目的孕育阶段，对项目的整个生命期，甚至对整个上层系统有决定性的影响。通过工程项目前期策划可以明确项目的发展纲要，构建项目的系统框架，并为项目的决策提供依据，为项目的实施提供指导，为项目的运营奠定基础。因此，要取得项目的成功，必须在项目前期策划阶段就进行严格的项目管理。

二、工程项目前期策划的过程和主要工作

项目的确立是一个极其复杂又十分重要的过程，因此，必须按照系统的方法有步骤地进行。

1．工程项目构思的产生和选择

任何工程项目都源于项目的构思。而项目构思则产生于为了解决上层系统（如国家、地方、企业、部门）问题的期望，或为了满足上层系统的需要，或为了实现上层系统的战略目标和计划等。这种构思可能很多，人们可以通过许多途径和方法（即项目或非项目手段）达到目的，那么必须在它们中间作出选择，并经权力部门批准，以作进一步的研究。

2．项目的目标设计和项目定义

这一阶段主要通过进一步研究上层系统情况和存在的问题，提出项目的目标因素，进而构成项目目标系统，通过对目标的书面说明形成项目定义。这一阶段主要工作包括以下几个方面：

（1）情况的分析和问题的研究，即针对上层系统状况进行调查，对其中的问题进行全面罗列、分析、研究，研究问题的原因。

（2）项目的目标设计，即针对情况和问题提出目标因素，对目标因素进行优化，建立目标系统。

（3）项目的定义，即划定项目的构成和界限，对项目的目标作出说明。

（4）项目的审查，包括对项目目标系统的评价、目标决策、提出项目建议书。

3．可行性研究

可行性研究就是提出实施方案，并对实施方案进行全面的技术经济研究，看能否实现目标。其结果作为项目决策的依据。

项目前期策划的过程如图2-1所示。

工程实践证明，不同性质的项目执行上述程序的情况不一样。对全新的高科技工程项目、大型或特大型项目，一定要采取循序渐进的方法；而对于那些技术已经成熟，市场风险、投资和时间风险都不大的工程项目，可加快前期工作进度，许多程序可以简化。

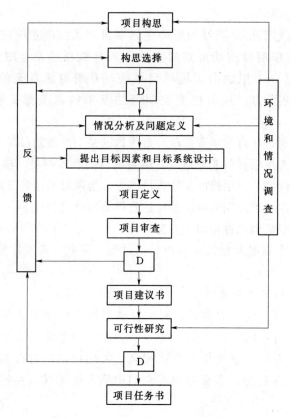

图 2-1　项目前期策划过程

第二节　工程项目构思、目标设计和项目定义

一、工程项目构思

（一）工程项目构思的产生

任何工程项目都从构思开始，项目构思常常出自项目的上层系统（如国家、地方、企业、部门）现存的需求、战略、问题和可能性。根据不同的项目和不同的项目参加者，项目构思的起因不同，通常包括以下几种。

（1）通过市场研究发现新的投资机会、有利的投资地点和投资领域。例如，通过市场调查发现某种产品有庞大的市场容量或潜在市场；出现了新技术、新工艺、新的专利产品；市场出现新的需求等。这些都是新的项目机会。项目应符合市场需求，应有市场的可行性和可能性。

（2）上层系统运行存在问题或困难。例如，某地方交通拥挤不堪；住房特别紧张；企业产品陈旧，销售市场萎缩，技术落后，生产成本增加；能源紧张，由于能源供应不足经常造成工农业生产停滞；环境污染严重等。这些问题都是对项目的需求，必须用项目解决。

（3）为了实现城市、区域和国家上层系统的发展战略。例如，为了解决国家、地方的社会发展问题，使经济腾飞。战略目标的计划常常都是通过项目实施的，因此，一个国家或地方的发展战略或发展规划经常包容许多新的项目。

（4）通过生产要素的合理组合，产生项目机会。许多投资者、项目策划者通过大范围的国际间生产要素的优化组合，策划新的项目。最常见的是通过引进外资，引进先进的设备、生产工艺与当地的廉价劳动力、原材料、已有的厂房组合，生产符合市场需求的产品，产生高效益的工程项目。

项目构思的产生是十分重要的。它在初期可能仅仅是一个"点子"，但却是一个项目的种子，投资者、企业家及项目策划者对它要有敏锐的感觉，要有远见和洞察力。

（二）工程项目构思的选择

工程项目构思的过程是开放性的，其自由度决定了项目的构思是丰富多彩的。其中，有些可能是不切实际的，有些可能是无法实现的。因此，必须通过工程项目构思的选择来筛选已经形成的各种构思。工程项目构思的选择应考虑以下几方面的原则。

（1）要针对解决上层系统问题和需求的现实性，如果项目构思不能解决实际问题，不具有可操作性，则必须排除。

（2）要考虑到环境的制约和充分利用资源，利用外部条件，还要考虑是否符合法律法规的要求，不满足环境和资源要求的构思必须排除。

（3）要考虑项目背景，并结合自身的长处和优势来选择最佳的项目构思。

这样综合考虑构思—环境—能力之间的平衡，以求达到主观和客观的最佳组合。工程项目构思选择的结果可以是某个构思，也可以是几个不同构思的组合。当工程项目构思经过研究被认为是可行的，合理的，并经有关权力部门的认可，便可以在此基础上进行工程项目的目标设计。

二、工程项目目标设计

目标是对预期结果的描述。要取得项目的成功，必须有明确的目标。工程项目采用严格的目标管理方法。项目目标系统实质上是工程项目所要达到的最终状态的描述系统，由一系列的目标构成。按照性质不同可分为投资目标、质量目标和进度目标；按层次不同可分为总目标和子目标。工程项目目标系统设计需要对不同性质、不同层次的目标进行定义，是工程项目前期策划的重要内容，也是项目实施的依据。项目目标设计的具体步骤包括情况分析、问题定义、提出目标因素和建立目标系统。

（一）情况的分析

工程项目情况的分析是目标设计的基础。它是在项目构思的基础上对环境和上层系统状况进行调查、分析、评价，作为目标系统设计的基础和前导性工作。工程项目的情况分析，首先要进行大量的调查研究工作，主要包括以下几个方面。

（1）拟建工程所提供的服务或产品的市场现状和趋向分析。

（2）上层系统的组织形式，企业的发展战略、状况和能力，上层系统运行存在的问题。对于拟解决上层系统问题的项目，应重点了解这些问题的范围、状况和影响。

（3）企业所有者或业主的状况分析。

（4）能够为项目提供合作的各个方面，如合资者、合作者、供应商、承包商的状况分析，上层系统中的其他子系统及其他项目的情况分析。

（5）自然环境及其制约因素情况分析。

（6）社会的经济、技术、文化环境，特别是市场问题的分析。

（7）政治环境和法律环境，特别是与投资、与项目实施和运行过程相关的法律和法规的分析。

工程项目情况分析要力求全面，对项目内部条件和外部环境形成系统的认识，从而在目标设计过程中掌握主动。当然，对于不同性质的工程项目也要有不同的侧重点。

（二）问题的定义

经过情况的分析可以从中认识和引导出上层系统的问题，并对问题进行界定和说明（定义）。项目构思所提出的主要问题和需求表现为上层系统的症状，而进一步的研究可以得到问题的原因、背景和界限。问题的定义是目标设计的诊断阶段，从问题的定义中研究项目的任务。

对问题的定义必须从上层系统全局的角度出发，并抓住问题的核心。问题定义的基本步骤如下：

（1）对上层系统问题进行罗列、结构化，即上层系统有几个大问题，一个大问题又可能由几个小问题构成。

（2）对原因进行分析，将症状与背景、起因联系在一起。

（3）分析这些问题将来发展的可能性和对上层系统的影响。有些问题会随着时间的推移逐渐减轻或消除，而有的却会逐渐严重。由于工程在建成后才有效用，因此，必须分析和预测工程投入运行后的状况。

（三）提出目标因素

1. 目标因素的来源

目标因素通常由以下几方面决定：

（1）问题的定义，按问题的结构，确定解决其中各个问题的程度，即为目标因素。

（2）有些边界条件的限制也形成项目的目标因素，如资源限制、法律限制、周边组织的要求等。

（3）对于为完成上层系统战略目标和计划的项目，则许多目标因素是由最高层设置的，上层战略目标和计划的分解可直接形成项目的目标因素。

2. 常见的目标因素

一个工程项目的目标因素通常有以下几类：

（1）问题解决的程度。这是项目建成后所实现的功能，所达到的运行状态。例如，项目产品的市场占有份额、年产量或年增加量；新产品开发达到的销售量、生产量、市场占有份额、产品竞争力；解决多少人的居住问题；解决多大的交通流量问题等。

（2）项目自身（与建设相关）的目标，包括工程规模目标、经济性目标、时间目标等。

工程规模是指项目所能达到的生产能力的规模，例如，建成一定产量的工厂、生产流水线；一定规模、等级、长度的公路；一定吞吐能力的港口；一定建设面积或居民容量的小区等。

经济性目标主要是指项目的投资规模、投资结构、运营成本、投产后的产值目标、利润目标、税收和该项目的投资收益率等。

时间目标包括短期（建设性）、中期（产品生命期、投资回收期）、长期（厂房设施的生命期）的目标。

（3）与工程项目相关的其他目标因素，例如，工程的技术标准、技术水平；提高劳动生产率；人均产值利润额；吸引外资数额；提高自动化、机械化水平；增加就业人数；对自然和生态环境的影响；节约能源程度、对企业形象的影响等。

3. 确定项目目标因素应注意的问题

（1）目标因素的确定要建立在情况分析和问题定义的基础上。

（2）目标因素的确定要反映客观实际，不能过于保守，也不能过于夸大。

（3）目标因素需要一定的弹性。

（4）目标因素是动态变化的，具备一定的时效性。

（四）建立目标系统

目标因素确定以后，将目标因素按照性质进行分类、归纳、排序和结构化，并对其进行分析、对比、评价，使项目的目标协调一致，即可形成工程项目目标系统。具体地说，工程项目目标系统是由各级目标按照一定从属关系和关联关系构成的。

1. 目标系统结构

项目目标系统至少有以下几个层次：

（1）系统目标。它是对项目总体概念上的确定，由项目的上层系统决定，具有普遍的适用性。系统目标通常可以分为功能目标、技术目标、经济目标、社会目标、生态目标等。

（2）子目标。系统目标需要由子目标来支持。子目标通常由系统目标导出或分解得到，或是自我成立的目标因素，或是对系统目标的补充，或是边界条件对系统目标的约束。它仅适用项目某一方面，对某一个子系统的限制。例如，生态目标可以分解为废水、废气、废渣的排放标准，环境的绿化标准，生态保护标准等。

（3）可执行目标。子目标可再分解为可执行的目标，其决定了项目的详细构成。可执行目标以及更细的目标因素的分解，一般在可行性研究以及技术设计和计划中形成、扩展、解释、量化，逐渐转变为与设计、实施相关的任务。例如，为达到废水排放标准所应具备的废水处理装置规模、标准、处理过程、技术等。可执行目标经常与解决方案相联系。

2. 目标因素的分类

（1）按性质，目标因素可以分为强制性目标和期望目标。必须满足的包括法律和法规的限制、政府的规定、政策及技术规范要求等的目标称为强制性目标；尽可能满足的，但有一定范围弹性的目标称为期望目标。

（2）按照目标因素的表达，它们又可以分为定量目标和定性目标。能用数字表达的、通常可以考核的目标称为定量目标；不能用数字表达的、通常不可考核的目标称为定性目标。

3. 目标因素之间的争执

诸多目标因素之间存在复杂的关系，可能有相容关系、相克关系、其他关系（如模糊关系、混合关系）。其中相克关系，即目标因素之间存在矛盾和争执，例如，环境保护要求和投资收益率、自动化水平和就业人数、技术标准与总投资等。

通常在确定目标因素时尚不能排除目标之间的争执，但在目标系统设计、可行性研究、技术设计和计划中，必须解决目标因素之间的相容性问题，必须对各目标因素进行分析、对比，逐步修改、联系、增删、优化，这是一个反复的过程。通常的处理方法有以下几种：

（1）强制性目标与期望目标发生争执时，必须首先满足强制性目标的要求。

（2）如果强制性目标因素之间存在争执，则说明项目存在自身的矛盾性，有两种处理方式：一是如果判定这个项目构思不可行，可以重新构思，或重新进行情况调查；二是可以消除某一个强制性目标，或将它降为期望目标。

（3）期望目标因素之间存在争执的情况包括：定量的目标因素之间存在争执，可以采用优化的办法，追求技术经济指标最有利的解决方案；定性目标因素的争执，可通过确定优先级，寻求其间的妥协和平衡。有时，也可以通过定义权重将定性的目标转化为定量的目标进行优化。

（4）在目标系统中，系统目标优先于子目标，子目标优先于可执行目标。

三、工程项目定义

（一）项目构成界定

工程项目构成界定，也就是确定项目的范围。工程项目本身是一个系统，系统应该是有边界的。工程项目范围是指工程项目各过程的活动总和，或指组织为了成功完成工程项目并实现项目目标所必须完成的各项活动。

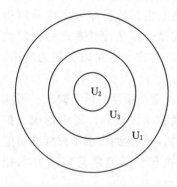

上层系统有许多问题，各个方面对项目都有许多需求，边界条件又有很多约束，因此目标因素众多，形成非常复杂的目标系统。但并不是所有的目标因素都可以纳入项目范围的，因为一个项目不可能解决所有问题。因此必须对项目范围作出决策。

目标因素按照性质可以划分为以下三个范围，如图 2-2 所示。

（1）最大需求范围（U_1），即包括前面提出的所有目标因素的结合。

（2）最小需求范围（U_2），由必须的强制性目标因素

图 2-2　目标因素的三个范围

构成，是项目必须解决的问题和必须满足的目标因素的结合。

（3）优化的范围（U_3），是基于目标优化基础上确定的目标因素的结合。

通常由 U_3 所确定的项目目标决定了项目的系统范围。

项目目标系统必须具有完备性和协调性，有最佳的结构。目标的遗漏常常会造成项目系统的缺陷，如缺少某子项目。同时，在确定项目构成时，目标因素应有重点，数目又不能太多，否则容易造成协调和优化的困难；应避免将不经济的又非必需的附加约束条件引入项目而造成不经济、项目膨胀和不切实际，不能有效地利用资源的结果。因此，合理地界定工程项目范围既保证了项目的可管理性，提高费用、时间和资源估算的准确性，有助

于确定进度测量和控制的基准，有助于清楚地分派责任，也可作为评价项目成败的依据。

（二）项目的定义

在确定项目构成及系统界定以后即可进行项目定义。项目定义是指以书面形式描述项目目标系统，并初步提出完成方式。它是将原直觉的项目构思和期望引导到经过分析、选择得到的有根据的项目建议，是项目目标设计的里程碑。

项目定义以一个报告的形式提出，即项目说明。它是至今对项目研究成果的总结，是作为项目目标设计结果的检查和阶段决策的基础，包括以下内容：

（1）提出问题，说明问题的范围和问题的定义。

（2）项目拟解决的问题，以及对上层系统的影响和意义。

（3）项目构成和界定，说明项目与上层系统其他方面的界面，确定对项目有重大影响的环境因素。

（4）系统目标和最重要的子目标，近期、中期、远期目标，对近期目标应定量说明。

（5）边界条件，如市场分析、所需资源和必要的辅助措施、风险因素等。

（6）提出可能的解决方案和实施过程的总体建议，包括方针或总体策略、组织安排和实施时间总安排。

（7）关于项目总投资、质量标准、建设周期和运营费用等经济性说明。

工程项目的定义是对项目构思和目标设计的总结和深化，也是项目建议书的前导。

（三）项目定义的评价与审查

经过定义的项目必须经过评价与审查才能被最终确定。这里的评价与审查主要是风险评价、目标决策、目标价值评价，以及对目标设计过程的审查。而财务评价和详细的方案论证则要在可行性研究中和设计过程中进行。

一般情况下，项目定义的评价与审查应包括以下内容：

（1）项目范围与拟解决的问题是否一致。

（2）项目目标系统是否合理。

（3）项目环境与各影响因素的分析是否客观。

（4）解决问题的方案和实施过程的建议是否具有可操作性。

当项目定义的评价与审查过程中不符合要求时，要重新进行项目定义，然后再进行评价和审查。经过反复确认后，才能据此提出项目建议书。

（四）提出项目建议书，准备可行性研究

项目建议书是对项目目标系统和项目定义的说明和细化，同时作为后续的可行性研究、技术设计和计划的依据，将目标转变为具体实在的项目任务。项目建议书要提出项目的总体方案或总的开发计划，同时对项目经济、安全、高效率运行的条件和运行过程作出说明。

项目建议书主要包括以下内容：

（1）项目的名称、承办单位、项目负责人。

（2）项目提出的目的、必要和依据。

（3）项目的产品方案、市场需求、拟建生产规模、建设地点的初步设想。

（4）资源情况、建设条件、协作关系和引进技术的可能性及引进方式。

（5）投资估算和资金筹措方案及偿还能力预计。

（6）项目建设进度计划的初步安排。

（7）项目投资的经济效益和社会效益的初步估计。

项目建议书的提出表示项目目标设计结束，提交并经批准后可进一步作可行性研究。

第三节　工程项目可行性研究

一、工程项目可行性研究的概念和作用

（一）可行性研究的概念

工程项目可行性研究是运用现代科学技术成果，对工程项目建设方案进行系统科学的技术经济论证的一门综合学科。它是保证工程项目以最少的投资耗费取得最佳经济效益的科学手段，也是实现工程项目在技术上先进、经济上合理和建设上可行的科学方法。

具体地说，工程项目可行性研究是在投资决策前，对项目有关社会、经济、环境和技术等方面的情况进行深入细致的调查研究，对各种可能拟定的建设方案和技术方案进行认真的技术经济分析与比较论证，并对项目建成后的经济效益进行科学的预测和评价。在此基础上，综合研究工程项目的技术先进性、经济合理性、建设可行性，并确定该项目是否投资和如何投资，为项目决策部门的最终决策提供科学的依据，作为下一步工作的基础。

（二）可行性研究的作用

对工程项目进行可行性研究的主要目的在于为投资决策从技术、经济等方面提供科学依据，以提高项目投资决策的水平，提高项目的投资经济效益。具体地说，项目的可行性研究具有以下作用。

（1）作为工程项目投资决策和编制设计任务书的依据。项目投资决策者主要根据可行性研究的评价结果决定一个项目是否应该投资和如何投资。因此，它是投资的主要依据。可行性研究中具体研究的技术经济数据，都要在设计任务书中明确规定，它是编制设计任务书的根据。

（2）作为筹集资金向银行申请贷款的依据。银行在接受项目建设贷款申请时，对贷款项目进行分析评估后，确认项目具有偿还能力、不承担过大风险，才能同意贷款。

（3）作为项目主管部门商谈合同、签订协议的依据。根据可行性研究报告和设计任务书，项目主管部门可同有关部门签订项目所需的原材料、能源资源和基础设施等方面协议和合同以及引进技术和设备的正式协议。

（4）作为建设的基础资料，即进行工程设计、设备订货、施工准备等建设前期的依据。按照可行性研究中对产品方案、建设规模、厂址、工艺流程、主要设备选型和总图布置等方案评选论证的结果，在设计任务书确认后，可作为初步设计、设备订货和施工准备工作的依据。

（5）作为项目采用新技术、新材料、新设备研制计划和补充地形、地质工作和工业性试验的依据。

（6）作为环保部门审查项目对环境影响的依据，并作为向项目所在地政府建设、规划等有关部门申请办理建设批准手续的依据。

（7）为项目组织管理、机构设置、劳动定员提供依据。在可行性研究报告中一般都需对项目组织机构的设置、组织管理、劳动定员以及工程技术及管理人员的素质和数量作出明确说明。

（8）作为项目考核的依据。项目正式投产后，应以可行性研究所制定的生产纲要、技术标准及经济社会指标作为项目考核的依据。

工程项目可行性研究工作是项目重要的前期工作之一，通过可行性研究，使项目的投资决策工作建立在科学、可靠的分析之上，从而实现项目投资决策的科学化，减少或避免决策失误，提高项目的经济效益和社会效益。

二、工程项目可行性研究的阶段和内容

（一）可行性研究的阶段划分

工程项目可行性研究是一个由粗到细的分析研究过程，一般根据可行性研究深度的不同把可行性研究分为三个阶段，即初步可行性研究、详细可行性研究和项目可行性研究报告的评估。

1. 初步可行性研究

项目建议书经国家计划部门批准后，对于那些投资规模较大、工艺技术复杂的大中型工程项目，在进行全面分析研究之前，往往需要先进行初步可行性研究。进行初步可行性研究的目的是对工程项目的初步评估和专题辅助研究，广泛分析、筛选建设方案，鉴定工程项目的选择依据和标准，确定工程项目的初步可行性，编制初步可行性研究报告。

2. 详细可行性研究

详细可行性研究又称为技术经济可行性研究，它为工程项目投资决策提供技术、经济、社会和环境方面的评价依据，是工程项目投资决策的基础。详细可行性研究的目的是对工程项目进行细致的技术、经济论证，重点对项目进行财务效益和经济效益的分析评价，经过多方案比较选择最佳方案，确定工程项目的最终可行性和选择依据标准，并提交可行性研究报告。

3. 项目可行性研究报告的评估

项目可行性研究报告的评估是投资决策部门组织或委托具有资质的工程咨询公司、有关专家对工程项目的可行性研究报告进行全面的审核和评估。它的任务是：通过分析和判断项目可行性研究报告的正确性、真实性、可靠性和客观性，对可行性报告进行全面的评价，提出项目是否可行，并确定最佳的投资方案，为项目投资的最后决策提供依据。其内容主要包括项目概况、评估意见及问题和建议三个方面。

（二）可行性研究的内容

由于工程项目建设要求和建设条件不同，项目可行性研究的内容也各有侧重。根据实践经验，一般情况下，工业项目可行性研究应包括以下几方面的内容。

（1）总论，综述项目概况包括项目提出的背景和依据、投资者概况、项目概况以及可行性研究报告编制依据和研究内容。背景包括宏观和微观两个方面；依据是指项目建议书及有关审批文件和协议。

（2）项目建设必要性分析从宏观和微观两个方面进行。宏观必要性分析包括：项目建设是否符合国民经济平衡发展和结构调整的需要，是否符合国家的产业政策；微观必要性分析是指项目产品是否符合市场要求，是否符合地区或部门的发展规划，是否符合企业战略发展的要求。

（3）产品市场和生产规模的分析与结论。市场分析是指项目产品供求关系分析，通过科学的方法分析项目产品在一定时期的需求量和供应量，对拟建项目的规模、产品方案和发展方向进行技术经济比较和分析。

（4）建设条件分析与结论。项目建设的条件主要有工程地质和水文条件，厂址条件和环境保护条件，自然资源条件、原材料和劳动力条件，交通运输条件等。

（5）技术条件分析与结论。技术条件包括拟建项目所使用的技术、工艺和设备条件。

（6）财务数据估算。财务数据是财务效益分析和国民经济效益分析的原始数据，是指在现行财税制度下，用现行价格计算的投资成本、产品成本费用、销售收入、销售税金及附加、利润及利润分配等。

（7）财务效益分析，就是根据财务数据估算的资料，编制一系列表格，计算一系列技术经济指标，对拟建项目的财务效益进行分析和评价。评价指标包括反映项目盈利能力和清偿能力的指标。

（8）不确定性分析，用来判断拟建项目风险的大小，或者用来考察拟建项目抗风险的能力。进行不确定性分析，一般采用盈亏平衡分析法和敏感性分析法，有时根据实际情况也用概率分析法。

（9）国民经济效益分析，是站在国民经济整体角度来考察和分析拟建项目的可行性。凡是影响国民经济宏观布局、产业政策实施，或生产有关国计民生产品的大中型投资项目，都要求进行国民经济效益分析。

（10）社会效益分析，是比国民经济效益分析更进一步的分析。它不但考虑经济增长因素，而且还考虑收入公平分配因素。它是站在整个社会的角度分析、评价拟建项目对实现社会目标的贡献。

（11）结论与建议，由两部分组成：一是拟建项目是否可行或选定投资方案的结论性意见；二是问题和建议，主要是在前述分析、评价基础上，针对项目所遇到的问题，提出一些建设性意见和建议。

其他行业建设项目的可行性研究内容，可以参照工业项目的要求，结合行业特点，由主管部门具体制定。

三、工程项目可行性研究报告的审查和批准

（一）业主对可行性研究报告进行审查

工程项目可行性研究报告是业主作出投资决策的依据，因此，业主要对报告进行详细的审查和评价，进而作出投资决策。在拟建项目可行的基础上，应对可行性研究报告进行修改、补充和完善，提出结论性意见并上报有关部门审批。

（二）可行性研究报告的报批

1. 项目投资决策审批制度

根据2004年7月颁布的《国务院关于投资体制改革的决定》（国发〔2004〕20号），对项目投资决策审批按资金来源不同分别实行不同的管理方式，政府投资项目实行审批制；非政府投资项目实行核准制或登记备案制。

（1）政府投资项目。对于采用直接投资和资本金注入方式的政府投资项目，政府需要从投资决策的角度审批项目建议书和可行性研究报告，除特殊情况外不再审批开工报告，同时还要严格审批其初步设计和概算，对于采用投资补助、转贷和贷款贴息方式的政府投资项目，则只审批资金申请报告。

（2）非政府投资项目。对于企业不使用政府资金投资建设的项目，政府不再进行投资决策性质的审批，区别不同情况实行核准制或登记备案制。

企业投资建设《政府核准的投资项目目录》中的项目时，实行核准制，仅需向政府提交项目申请报告，不再经过批准项目建议书、可行性研究报告和开工报告的程序。对于《政府核准的投资项目目录》以外的企业投资项目，实行备案制。除国家另有规定外，由企业按照属地原则向地方政府投资主管部门备案。

不需要政府审批可行性研究报告，并不意味着企业不需要编制可行性研究报告。在企业自主决策、自担风险的情况下，可行性研究是项目决策的重要依据，仍要十分重视。

2. 可行性研究报告的审批权限

（1）大中型和限额以上项目的可行性研究报告，按照项目隶属关系由行业主管部门或省、直辖市、自治区和计划单列市审查同意后，报国家发改委。国家发改委委托有资质的咨询公司对可行性研究报告进行评估，提出评估报告后，再由国家发改委审批。凡投资在2亿元人民币以上的项目由国家发改委审核后报国务院审批。

（2）地方投资安排的地方院校、医院及其他文教卫生事业的大中型基本建设项目，可行性研究报告由省、直辖市、自治区和计划单列市发改委审批，抄报国家发改委和有关部门备案。

复 习 思 考 题

1. 什么是工程项目策划？有哪些类型？
2. 工程项目前期策划的过程和主要工作包括哪些？
3. 工程项目构思的产生一般有哪些起因？
4. 工程项目目标设计有哪些工作？
5. 工程项目的目标因素是由什么决定的？常见的目标因素有哪些？
6. 工程项目目标分哪几个层次？
7. 目标因素之间存在哪些关系？目标因素出现争执时应如何处理？
8. 什么是项目定义？其主要内容有哪些？
9. 什么是工程项目可行性研究？其作用有哪些？
10. 工程项目可行性研究的基本内容有哪些？
11. 简述我国当前的项目投资决策审批制度。

第三章 工程项目组织

第一节 工程项目建设模式

工程项目建设模式，是指项目决策后，组织实施工程项目的设计、招标、施工安装及采购等各项建设活动的方式。随着市场经济的发展、社会分工和合作的多样化以及业主对工程项目建设的实际需求，工程项目的建设模式日益多样化。一个工程项目选择何种建设模式，对工程项目具有根本性的影响。首先，工程项目建设模式决定了工程项目的组织方式和组织行为，即组织模式；其次，工程项目建设模式决定了工程项目的承发包方式；再次，工程项目建设模式、组织模式和承发包模式决定了工程项目管理模式。因此，工程项目建设模式与组织模式、承发包模式和项目管理模式具有内在的统一性，只是描述的角度有所不同，如项目总承包既是一种建设组织模式和承发包模式，也是一种项目管理模式。

工程项目建设模式的发展从单一的传统模式发展到今天，越来越多的新型建设模式不断出现，它们适用于不同的情况和条件。项目业主可以根据工程项目的时间与进度要求、项目的复杂程度和风险、当地建筑市场情况、自身管理能力和合同经验、资金限制及法律限制等因素选择合适的建设模式。

一、传统模式

所谓传统模式是指工程项目的建设采用设计和施工相分离，按照设计、招标、施工的顺序进行，只有一个阶段结束后另一个阶段才能开始。采用这种模式时，业主先与设计单位签订设计合同，设计完成后，进行施工招标，然后施工。传统模式又称为设计—招标—建造方式（Design - Bid - Build Method，简称为 D＋B＋B 模式）。在施工过程中，业主通常委托工程师/监理进行项目管理，为业主提供项目管理服务。

传统模式的历史最悠久，并且是得到广泛认同的工程项目建设模式，无论是各国的国内项目，还是国际工程中，都得到广泛应用。世界银行、亚洲开发银行贷款项目和采用国际咨询工程师联合会（FIDIC）土木工程施工合同条件（红皮书）的项目均采用这种模式。

传统模式的优点是：应用广泛，管理方法成熟，参与各方都对有关的运作程序熟悉；业主可以自由选择咨询、设计单位，可以控制设计的要求；可自由选择监理单位对工程监理；设计完成后进行招标，有利于获得有竞争力的报价，并且评标及以后的合同签订、施工管理都有了准确可靠的依据；可选用标准化的合同条件，有利于合同管理和风险管理。

传统模式的缺点是：由于设计和施工相分离，容易造成设计方案与施工的实际条件脱节，忽视施工的可能性与经济性，使工程变更和索赔的费用较高；项目按顺序依次实施，整个项目的建设期较长；由于设计与施工单位分别与业主签订合同，他们之间相互独立，容易出现不协调，需要业主委托咨询工程师/监理进行组织协调和管理，业主管理费用较高。

长期以来，我国工程项目建设采用的主要方式就是传统模式。在实践中，根据业主发包合同数量的不同，传统模式又可分为平行承发包模式和设计/施工总分包模式。

（一）平行承发包模式

平行承发包模式是业主将工程项目的设计、施工和材料设备采购任务分解后分别发包给若干个设计单位、施工单位和材料设备供应单位，并分别与各方签订合同。各个承包商之间的相互关系是独立的、平行的。在委托监理的项目中，监理单位与业主是合同关系，与施工承包商及供应商是监理与被监理的关系。由于我国目前尚未开展设计阶段的监理，故监理与设计单位不存在监理关系。平行承发包模式组织关系如图3-1所示。

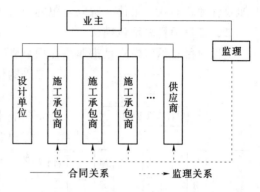

图3-1　平行承发包模式

采用这种模式首先应合理地分解工程建设任务，然后进行分类综合，确定每个合同的发包内容，以便选择适当的承建单位。在进行任务分解与确定合同数量、内容时应考虑建设工程的性质、规模、结构以及建筑市场等情况，并注意我国建筑法关于禁止将建筑工程肢解发包的规定，即不得将应当由一个承包单位完成的建筑工程肢解成若干部分发包给几个承包单位。

平行承发包模式的优点是：由于将工程建设任务分解后分别发包，各承建单位可以同时平行地开展建设活动，这对于规模较大的工程项目有利于缩短建设工期。同时，由于分解后的合同内容比较单一、合同价值小、风险小，无论大中小型承建单位都有机会参与竞争，有利于业主择优选择承建单位。

平行承发包模式的缺点是：合同数量多，合同关系复杂，又没有一个总承包单位，因此需要业主协调的工作量大，合同管理困难；工程招标任务量大，总合同价不易事先确定，需要控制多项合同价格，投资控制难度大。

（二）设计/施工总分包模式

所谓设计/施工总分包模式，是指业主将全部设计/施工任务发包给一个设计单位和施工单位作为总包单位，总包单位可以将其部分任务再分包给其他承包单位，形成一个设计总包合同或一个施工总包合同以及若干个分包合同的结构模式。设计/施工总分包模式的组织关系如图3-2所示。

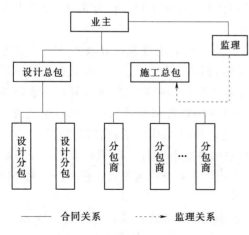

图3-2　设计/施工总分包模式

设计/施工总分包模式的优点是：由于业主只与一个设计总包单位或一个施工总包单位签订合同，工程合同数量比平行承发包模式要少很多，有利于业主的合同管理，也减少了业主的协调工作量，可发挥总监理工程师与总包单位多层次协调的积极性。

设计/施工总分包模式的缺点是：在设计

和施工均采用总分包模式时，由于设计图纸全部完成后才能进行施工总包的招标，所以建设周期较长。此外，对于规模较大的工程，通常只有大型承建单位才具有总包的资格和能力，竞争相对不甚激烈，而且对于分包出去的工程内容，总包单位都要在分包报价的基础上加收管理费向业主报价，所以总包的报价可能较高。

二、工程项目总承包模式

工程项目总承包模式是指业主在项目立项后，将工程项目的设计、施工、材料和设备采购任务一次性地发包给一个工程总承包单位，由其负责工程的设计、施工和采购的全部工作，最后向业主提交一个达到动用条件的工程项目。业主和工程总承包商签订一份承包合同，称为"交钥匙"或"一揽子"合同。按这种模式发包的工程又称为"交钥匙工程"，其合同关系如图3-3所示。

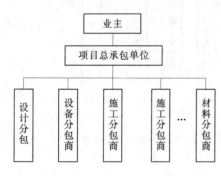

图3-3　工程项目总承包模式

在这种模式中，业主和项目总承包单位之间只有一份合同，合同关系单一，业主与总承包商之间的界面简单，相当一部分的项目协调与管理工作，由总承包商统一承担，从而减少了业主的协调和管理工作量。工程项目总承包模式的基本出发点是借鉴工业生产组织的经验，实现建设生产过程的组织集成化，以克服传统模式下由于设计与施工的分离致使投资增加，以及由于设计和施工的不协调而影响建设进度等弊病。所以，工程项目总承包模式的主要意义并不在于总价包干和"交钥匙"，其核心是通过设计与施工过程的组织集成，促进设计与施工的紧密结合，以达到为项目建设增值的目的。

项目总承包模式在国际建筑市场中应用非常广泛，是一种比较成熟的项目建设组织模式。承担项目总承包的企业可以既具有设计力量，又具有施工力量，由它独立地承担建设项目工程总承包的任务（在美国较为常用）；也可以由设计单位和施工单位为一个特定的项目组成联合体或合作体，以承担建设项目工程总承包的任务（在德国和一些其他欧洲国家较为常用）；还可以由施工单位承接项目总承包任务，而设计单位受施工单位委托承担其中的设计任务，或者由设计单位承接项目总承包任务，而施工单位作为其分包承担其中的施工任务。

我国对总承包模式的了解和认识较晚，工程实践中的应用也非常有限。1997年颁布的《中华人民共和国建筑法》，提出工程项目总承包模式，明确了总承包模式在建筑市场中的法律地位；2003年建设部发布《关于培育发展工程总承包和工程项目管理企业的指导意见》（建市［2003］30号），进一步明确提出在我国培育和发展工程总承包模式的重要意义和指导意见；2005年，作为国家标准的《建设项目工程总承包管理规范》（GB/T50358—2005）正式出台，对建设项目工程总承包的内容与程序、组织、策划以及各项管理活动做出了明确规定。随着我国市场经济的发展以及对总承包模式的进一步研究和探索，工程项目总承包模式也将拥有广泛的应用前景。

根据国际建筑市场的实践，项目总承包主要包括两种模式：设计—建造（Design - Build）模式和EPC（Engineering - Procurement - Construction）模式。

（一）设计—建造（Design‑Build）模式

设计—建造模式，又称为 D＋B 模式或者 D/B 模式，是指业主在提出拟建项目的原则和基本要求以后，将项目的全部设计和施工任务委托给设计—建造承包商，由其按照合同约定对承包工程的质量、工期和造价等全面负责。

在这种模式下，一般是业主方首先选择一家工程咨询公司为其研究拟定项目的基本要求，授权一个具有专业知识和管理能力的管理专家为业主代表（代替了咨询工程师），协调、督促和检查设计—建造总承包商按合同对工程的质量、工期、成本等要求来实施。在选择设计—建造总承包商时，如果是政府的公共项目，则必须采用资格预审，公开竞争性招标投标方式；如果是私营项目，业主还可以用邀请招标方式。除 FIDIC 外，英国土木工程师学会（ICE）、美国建筑师协会（AIA）等国际著名专业机构也都出版了设计—建造模式的标准合同范本，在合同价格方式上，虽然很多合同文本允许采用其他价格方式，但大多提倡采用总价方式。

采用设计—建造模式时，其基本的特点是单一的合同责任，即业主只需选定唯一的实体负责整个项目的设计与施工。设计—建造承包商对设计阶段的成本负责，并以竞争性招标的方式选择分包商或使用本公司的专业人员自行完成工程实施。这样在项目早期就预先考虑施工因素，避免了设计与施工的矛盾，减少设计变更，有利于降低项目的成本和缩短项目的施工工期，为采用快速路径（Fast‑Track）法提供了前提条件。其缺点是业主无法参与建筑师的选择；工程设计可能会受到施工者的利益影响；由于同一实体负责设计与施工，减弱了工程师与承包商之间检查和制衡的作用；在某些地区，可能会受到某些法律或规定的限制等。

（二）EPC（Engineering‑Procurement‑Construction）模式

EPC 模式于 20 世纪 80 年代首先在美国出现，FIDIC 于 1999 年编制了标准的 EPC 合同条件。我国有学者将 EPC 译为设计采购施工或者设计采购建造，容易与设计—建造模式混淆。为了弄清二者区别，有必要分析其英文词汇。在这两种模式中，Engineering 与 Design 相对应，Construction 与 Build 相对应。

Engineering 一词不能简单理解为"工程"或"设计"，其含义极其丰富，在 EPC 模式中不仅包括具体的设计工作（Design），而且可能包括整个建设工程内容的总体策划以及整个建设工程实施组织管理的策划和具体工作。由此可见，与 D＋B 模式相比，EPC 模式将承包（或服务）范围进一步向建设工程的前期延伸，业主只要大致说明一下投资意图和要求，其余工作均由 EPC 承包单位来完成。

Construction 与 Build 也有一些细微区别，Build 与 Building（建筑物，通常指房屋建筑物）密切相关，而 Construction 没有直接相关的工程对象词汇。D＋B 模式一般不特别说明其适用的工程范围，而 EPC 模式则特别强调适用于工厂、发电厂、石油开发和基础设施等建设工程。

Procurement 在 EPC 模式中主要是指材料和工程设备采购。虽然 D＋B 模式在名称上未出现采购一词，但并不意味着设计建造总承包商不参与采购工作。实际上，大多数材料和工程设备通常是由项目总承包单位采购的，但业主可能保留对部分重要工程设备和特殊材料的采购权。EPC 模式在名称上突出了 Procurement，表明在这种模式中，材料和设备的采购完全由 EPC 承包单位负责。

EPC 模式通常采用总价合同，而且接近于固定总价合同。由于 EPC 模式所适用的工程一般规模较大、工期较长，而且具有相当的技术复杂性，因此 EPC 总承包商要承担大部分风险。在 EPC 模式条件下，业主不聘请"工程师"（即我国的监理工程师）来管理工程，而是自己或委派业主代表来管理工程，且不太具体和深入，不能过分地干预承包商的工作，也不要审批大多数的施工图纸。但实践中业主和业主代表参与工程管理的深度并不统一。

三、CM 模式

CM 是英文 Construction Management 的缩写，若直译为中文是"施工管理"或"建设管理"，也有学者将其译为"建筑工程管理"，但都易与特定的中文概念相混淆，故通常只称其为 CM 模式。

CM 模式是一种与快速路径法相适应的工程建设组织管理模式。快速路径法（Fast - Track）的基本特征是将设计工作分为若干阶段（如基础工程、上部结构工程、装修工程、安装工程）完成，每一阶段设计工作完成后，就组织相应工程内容的施工招标，随后开始相应的施工。与此同时，下一阶段的设计工作继续进行。其建设实施过程如图 3 - 4 所示。

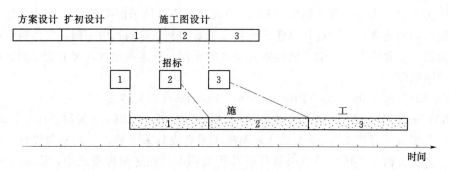

图 3 - 4 快速路径法示意图

由图 3 - 4 可以看出，采用快速路径法可以将设计工作和施工招标工作与施工搭接起来，形成有条件的"边设计、边施工"，从而缩短建设周期。

CM 模式就是在采用快速路径法时，从建设工程的设计阶段就委托具有施工经验的 CM 单位（或 CM 经理）参与到项目中来，以便为设计人员提供施工方面的建议并随后负责管理施工过程。这种安排的目的是将建设工程的实施作为一个完整的过程来对待，并同时考虑设计和施工的因素，更好地实现工程项目的建设目标。

需要注意的是，CM 模式虽然采用快速路径法，但这并不是 CM 模式的主要特征。快速路径法还可以在其他模式中使用，如平行承发包模式、设计—建造模式、EPC 模式等。CM 模式以使用 CM 单位为主要特征，通过 CM 经理来协调和影响设计工作，具有独特的合同关系和组织形式。

CM 单位受业主的委托，介入项目的时间较早，一般在初步设计阶段就可以为设计工作提出更有利于施工的合理化建议。CM 单位既有丰富的施工经验又具备较强的管理和协调能力，但 CM 单位不同于施工总承包和项目总承包单位，通常 CM 单位不从事具体的设计和施工工作，只是按合同约定为业主提供相应的 CM 服务（项目管理服务），因此 CM 承包总体上是一种管理型承包。美国建筑师学会（AIA）和美国总承包商联合会（AGC）于 20 世纪 90 年代初共同制定了 CM 标准合同条件。但 FIDIC 至今还没有 CM 标准合同条件。

根据 CM 单位合同关系的不同，CM 模式分为两种类型，即代理型 CM 模式和非代理型 CM 模式。

（一）代理型 CM 模式（CM/Agency）

代理型 CM 模式的组织关系如图 3-5 所示。采用代理型 CM 模式时，CM 单位仅与业主签订咨询服务合同，以业主的咨询和代理的身份进行工作。CM 合同价可以是固定费率或者固定数额的费用。业主分别与多个施工/供应单位签订所有的工程施工/供应合同。CM 单位与各施工/供应单位之间没有合同关系，但负责对他们进行施工阶段的管理和协调。CM 单位与设计单位也是相互协调的关系，但 CM 单位对设计单位没有指令权，只能向其提一些合理化建议。这一点也同样适用于非代理型 CM 模式。

代理型 CM 模式中的 CM 单位可以由具有施工经验的专业 CM 单位或者咨询单位担任。由于 CM 单位只是相当于业主的咨询和代理，不对项目的进度和成本作出保证，因此 CM 单位的风险很小。

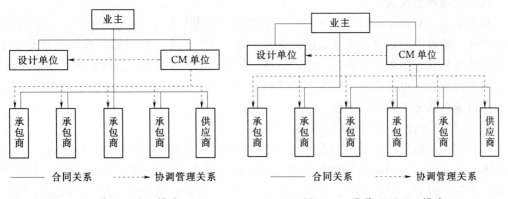

图 3-5　代理型 CM 模式　　　　　图 3-6　非代理型 CM 模式

（二）非代理型 CM 模式（CM/Non-Agency）

非代理型 CM 模式又称为风险型 CM 模式（At-Risk CM），其组织关系如图 3-6 所示。采用非代理型 CM 模式时，业主一般不与施工单位签订合同，但对某些专业性很强的工程内容和特殊材料设备，业主也可能会与少数施工单位和材料设备供应单位签订合同。业主与 CM 单位所签订的合同既包括 CM 服务的内容，也包括工程施工承包的内容；而 CM 单位则与施工单位和材料设备供应单位签订合同。采用这种模式时，CM 单位不再是业主的咨询和代理身份，而是以承包商身份直接进行分包和发包。一般情况 CM 单位不是自行施工而是分包，但有时也可以自行完成部分工程的施工任务。

在图 3-6 中，CM 单位与施工单位似乎是总包和分包的关系，但实际上 CM 模式与总分包模式有本质的不同：一是 CM 单位介入项目的时间较早，协调和影响设计，而施工总包单位是在设计完成后负责按图施工；二是 CM 单位与各个分包商签订的合同对业主都是公开的，并经过业主的确认才有效。各合同价之和就是工程本身的费用，这部分费用由业主承担。CM 单位只按合同约定获得 CM 费，不再另外收取分包的管理费。由此可见，CM 合同价由以上两部分组成，但在签订 CM 合同时，该合同价尚不是一个确定的数据，所以 CM 合同价格本质上属于成本加酬金的方式。

由于 CM 合同价采用成本加酬金的方式，这对业主的投资控制非常不利。为了促使 CM 单位加强费用控制工作，业主往往要求 CM 单位在投标时提出一个保证最大工程价格，包括总的工程费用和 CM 费，也即 CM 合同的最高价，简称为 GMP（Guaranteed Maximum Price）。同时通常规定，如果实际工程费用超过了 GMP，超出部分由 CM 单位承担；反之，节余部分归业主或者由业主和 CM 单位按一定比例分成。显然，由于有了 GMP，CM 单位要承担一定的风险。GMP 的数额越低，则 CM 单位的风险越大，反之，业主的风险较大。

非代理型 CM 模式中的 CM 单位通常是从过去的总承包商演化而来的专业 CM 单位或总承包商担任。

从实际应用的情况来看，CM 模式对于工期紧迫、项目范围和规模不确定、设计变更可能性较大、技术复杂的建设工程更能体现出其优势。而不论哪一种情况，应用 CM 模式都需要有具备丰富施工经验的高水平的 CM 单位，这是应用 CM 模式的关键和前提条件。

四、管理承包模式

管理承包（Management Contract），强调的不是设计或施工任务的承包，而是项目管理的承包。随着人们对项目管理认识的深入，社会化、专业化的项目管理公司日益增多，所提供的项目管理服务也越来越广泛，管理承包得到了快速发展。管理承包可以是项目全过程的管理承包，也可以是项目某一阶段的管理承包，由此管理承包主要有两种模式，即项目管理承包和施工管理总承包。

（一）项目管理承包（PMC）模式

项目管理承包模式是指业主委托具有相应资质、人才和经验的项目管理承包商（Project Management Contractor，PMC）作为业主代表或业主的延伸，帮助业主在项目前期策划、可行性研究、项目定义、计划、融资方案，以及设计、采购、施工、试运行等整个实施过程中控制工程质量、进度和费用，保证项目的成功实施。

项目管理承包作为一种新的项目建设和管理模式，不同于我国传统模式。我国传统模式是由业主组建指挥部或类似机构进行项目管理，而项目管理承包模式是由工程公司或项目管理公司接受业主委托，代表业主对原有的项目前期工作和项目实施工作进行一种管理、监督、指导，是工程公司或项目管理公司利用其管理经验、人才优势对项目管理领域的拓展。

PMC 的工作范围比较广泛，一般分项目决策、项目实施两个阶段。在项目决策阶段，PMC 代表业主对项目的前期阶段进行管理，负责项目建设方案的优化，代表业主或协助业主进行融资；对项目风险对策进行优化管理，分散或减少项目风险；负责组织或完成基础设计；确定所有技术方案、专业设计方案；确定设备、材料的规格与数量；做出相当准确的估算（±10%），并编制出工程设计、施工的招标书；最终确定工程中各个项目的总承包商（EPC）。在项目实施阶段，由中标的 EPC 总承包商负责执行详细设计、采购和建造工作，PMC 则代表业主全面负责全部项目的管理协调，直到项目完成。在各个阶段，

PMC应及时向业主报告工作，业主则派少量人员对PMC的工作进行监督和检查。

在合同计价方式上，PMC模式通常采用"成本加酬金"方式，把PMC的权益建立在业主的成功之上。能否在工期、费用、质量、安全上取得超出业主目标的成功，成为PMC有没有效益的关键。

PMC模式在我国的应用还比较少，根据国际上应用PMC的情况来看，其突出优势体现在三个方面：首先，PMC全过程、专业化的项目管理承包，使项目管理更符合系统化、集成化的要求，可以大大提高整个项目的管理水平；其次，PMC往往还协助业主完成有关的项目融资工作，使业主以项目为导向的融资工作更为顺利，从而也可以降低投资风险；再次，PMC合同通常采用成本加酬金的方式，并约定节约投资利益分成和超过投资责任承担的方式，建立约束激励机制，有利于节约投资。此外，采用PMC模式也有利于业主精简管理机构和人员，集中精力做好项目的战略管理工作。

PMC模式一般适用于以下项目：投资和规模巨大，工艺技术复杂的大型项目；利用银行和国际金融机构、财团贷款或出口信贷而建设的项目；业主方由很多公司组成，内部资源短缺，对工程的工艺技术不熟悉的项目。

（二）施工管理总承包模式

施工管理总承包又称为施工总承包管理，是针对施工阶段进行管理承包的一种模式，其内涵是：业主方委托一个施工单位或由多个施工单位组成的联合体或合作体作为施工管理总包单位，业主方另委托其他施工单位作为分包单位进行施工。施工管理总承包单位有责任对分包人的质量和进度进行控制，并负责审核和控制分包合同的费用支付，负责现场施工的总体管理和协调，负责各个分包合同的管理。由施工管理总承包单位负责对所有分包人的管理及组织协调，这样就大大减轻了业主方的工作。这是采用施工管理总承包模式的基本出发点。

一般情况下，施工管理总承包单位不参与具体工程的施工，但如果施工管理总包单位想承担部分工程的施工，也可以参加该部分工程的投标，通过竞争取得施工任务。

施工管理总承包模式的合同关系有两种可能，即业主与分包单位直接签订合同，或者由施工总承包管理单位与分包签订合同，分别如图3-7（a）、（b）所示。多数情况下，是由业主方与分包人直接签约，这使业主方的招标和合同管理工作量较大，且可能增加风险。

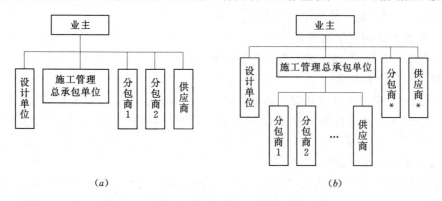

（a）　　　　　　　（b）

图3-7　施工管理总承包合同关系图

标＊者为业主自行采购和分包的部分

当分包合同由业主与分包单位直接签订时，每个分包人的选择和分包合同的签订都要经过施工管理总承包单位的认可，因为施工管理总承包单位要承担施工总体管理和目标控制的任务和责任。当由施工管理总承包单位与分包单位签订合同时，分包合同一般也需要业主的认可，并且合同价对业主是透明的。

施工管理总承包合同中一般只确定施工总承包管理费的费率（通常是按工程建筑安装工程造价的一定百分比计取），而不需要确定建筑安装工程造价，所以施工管理总承包的招标不需要等施工图设计全部完成之后，而是完成一部分施工图就可对其进行招标，这可以在很大程度上缩短建设周期。

五、BOT 模式

（一）BOT 模式的概念

BOT 是英文 Build－Operate－Transfer 的缩写，翻译成中文即建造—运营—移交。这种模式是 20 世纪 80 年代在国外兴起的一种依靠国外私人资本来进行基础设施建设的融资和建造的项目管理模式。BOT 模式一般是由一国财团或投资人作为发起人，从一个国家的政府获得某种基础设施项目的建设和运营特许权，然后由其组建项目公司负责项目的融资、计划、建造和运营，整个特许期内项目公司通过项目的运营获得利润。特许期满后项目公司将整个项目无偿或以象征性的价格移交给东道国政府。

除了标准的 BOT 之外，实践中还有多种由 BOT 演变而来的类似模式，例如，BOOT（Build－Own－Operate－Transfer）建造—拥有—运营—移交；BOO（Build－Own－Operate）建造—拥有—运营；BOS（Build－Own－Sell）建造—运营—出售；ROT（Rehabilitate－Operate－Transfer）修复—运营—移交等。这些模式的基本原则、思路和结构与 BOT 并无实质差别。

许多国家和地区，特别是发展中国家和地区在一些项目上尝试采用 BOT 模式，以解决本国基础设施建设资金不足的问题。最早的例子是 1972 年完工的香港第一海底隧道工程，其他如菲律宾和巴基斯坦的电厂项目，泰国和马来西亚的高速公路，英法海底隧道和澳大利亚的悉尼隧道等也都采用了 BOT 模式。我国第一个参照 BOT 模式建成运营的项目是深圳沙头角 B 电厂。此外，广西来宾电厂、湖南君山大桥和成都水处理厂等项目也开展了 BOT 模式的试点。

（二）BOT 模式的结构框架和运作程序

BOT 模式的结构框架如图 3-8 所示。

结合图 3-8，BOT 模式的运作程序介绍如下。

1. 项目的提出和招标

拟采用 BOT 模式建设的基础设施项目，一般由政府主管部门提出并审批，政府往往委托一家咨询公司对项目进行初步可行性研究，颁布特许意向，准备招标文件，公开招标。

2. 项目发起人组织投标

发起人往往是强有力的咨询公司和大型工程公司的联合体，他们申请并通过资格预审后进行投标。BOT 项目的投标显然要比一般项目的投标复杂得多，需要对项目进行深入的技术和财务可行性分析，才可向政府提出有关实施方案。在投标过程中，项目发起人常

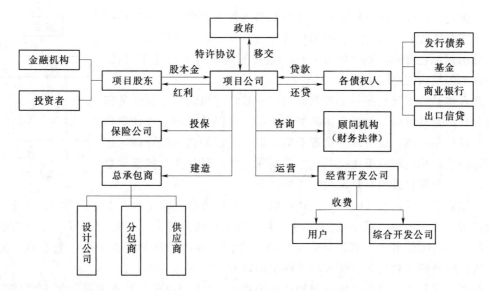

图 3-8 BOT 模式的结构框架图

常要聘用包括法律、金融、财务等各种咨询机构协助编制投标文件。

3. 成立项目公司，签署各种合同与协议

中标的项目发起人往往就是项目公司的组织者。项目公司参与各方包括项目发起人、大型承包商、设备材料供应商、东道国国有企业等。在国外，有时当地政府也入股。项目发起人一般要提供组织项目公司的可行性报告，经股东讨论，签订股东协议和公司章程，同时向当地政府工商管理部门和税收部门注册。项目发起人首先和政府谈判，草签特许协议，然后组建项目公司，完成融资交割，与政府正式签订特许协议。最后项目公司与各个参与方签订总承包合同、运营养护合同、保险合同、工程监理合同和各类专业咨询合同，有时需独立签订设备供货合同。

4. 项目建设和运营

这一阶段项目公司的主要任务是委托工程监理公司对总承包商的工作进行监理，保证项目建设顺利实施和资金支付。有的工程（如发电厂、高速公路等），在完成一部分之后，即可交由经营公司开始运营，以早日回收资金。同时还要组建综合性的开发公司，进行综合项目服务，以便从多方面赢利。在项目部分或全部投入运营后，即应按照原定协议优先向金融机构归还贷款和利息，同时也考虑向股东分红。

5. 项目移交

在特许期满之前，应做好必要的维修以及资产评估工作，以便按时将项目移交给政府运营。政府可以仍旧聘用原有的经营公司或另组建经营公司来运营项目。

六、其他模式

（一）联合体承包模式

当工程项目规模巨大或技术复杂，以及承包市场竞争激烈，由一家公司总承包有困难时，可以由几家公司联合起来成立联合体去竞争承揽工程建设任务，以发挥各公司的特长和优势。联合体通常由一家或几家公司发起，内部签订合同，明确各方的责任、权利和义务，并按各方的投入比重确定其经济利益和风险承担程度。联合体必须产生联合体代表，明确联合体的总负责人，并以联合体的名义与业主签订工程承包合同，联合体各方对承包合同的履行承担连带责任。联合体承包模式的合同关系如图3-9所示。

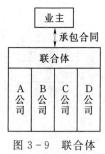

图3-9 联合体承包模式

联合体是为了承包某一工程而成立的一种临时组织，工程任务完成后联合体自动解散。就联合体的类型来说，可以是由若干设计单位组成的设计联合体，也可以是由若干施工单位组成的施工联合体，还可以是由设计单位和施工单位共同组成的联合体，可分别承担设计总承包、施工总承包或项目总承包的工程任务。

采用联合体承包模式时，联合体可以集中各成员单位的技术、设备、资金、管理等方面的优势，不仅增强了竞争能力，同时也增强了抗风险能力。对业主而言，合同关系简单，组织协调工作量小。通常联合体的成员之间往往有长期的合作关系，企业的信誉较好，所以这种模式在国际上受到许多业主的欢迎。

我国《建筑法》对联合体承包模式作出规定："大型建筑工程或者结构复杂的建筑工程，可以由两个以上的承包单位联合共同承包。共同承包的各方对承包合同的履行承担连带责任""两个以上不同资质等级的单位实行联合共同承包的，应当按照资质等级低的单位的业务许可范围承揽工程"。此外，《招标投标法》对联合体投标也作出了明确规定："两个以上法人或者其他组织可以组成一个联合体，以一个投标人的身份共同投标""由同一专业的单位组成的联合体，按照资质等级较低的单位确定资质等级""联合体各方应当签订共同投标协议，明确约定各方拟承担的工作和责任，并将共同投标协议连同投标文件一并提交给招标人。联合体中标的，联合体各方应当共同与招标人签订合同，就中标项目向招标人承担连带责任""招标人不得强制投标人组成联合体共同投标，不得限制投标人之间的竞争"。

（二）代建模式

代建模式，也称为代建制，是我国非经营性政府投资工程实行委托管理的一种特定模式和制度。多年来，我国政府投资工程的投资、建设、管理、使用多位一体，难以控制项目投资，管理水平和建设效率不高，而且缺乏有效的监督机制，容易滋生腐败现象。为解决这一问题代建模式应运而生，并成为政府投资工程建设管理的一项制度。代建制至今没有一个严格统一的定义，国发〔2004〕20号文《国务院关于投资体制改革的决定》中是这样描述的："通过招标等方式，选择专业化的项目管理单位负责建设实施，严格控制项目投资、质量和工期，竣工验收后移交使用单位"。简单地说，代建制就是委托代建单位（一般为专业项目管理单位）作为建设期的项目法人，负责项目建设全过程的组织管理，促使政府投资工程"投资、建设、管理、使用"的职能分离，通过专业化项目管理最终达到控制投资、提高投资效益和管理水平的目的。

代建制的主要特点：

（1）代建单位作为工程建设期间的项目法人，与业主之间相当于委托代理关系，代建单位不是承包商，而是"代业主"、"代甲方"，与各类承包商签订承包合同，负责工程项目的建设和组织管理。这一点使代建模式明显区别于其他模式，也是代建制最主要的特征。

（2）代建制只是一种项目建设管理方式，不是一种单独的建设模式，必须与其他模式结合起来应用。从实践来看，实行代建制的工程主要还是采用设计—招标—施工的传统模式来实施。

（3）代建制主要应用于非经营性政府投资项目。

代建制在我国的实施最早始于厦门，随后很多地方在不同类型的项目上进行尝试，取得了不少经验。应该说代建模式的实践走在了理论的前面，在实际应用中也存在一些问题没有根本解决，如代建单位的法律地位、市场准入、权利和义务以及代建费的确定等，需要进一步探索和研究。

第二节　工程项目管理组织

一、工程项目管理组织的概念和特点

（一）项目组织和项目管理组织

项目组织和项目管理组织是两个既不同又互相联系的概念。项目组织是负责完成项目各项工作的人、单位、部门组合起来的群体，有时还包括为项目提供服务的或与项目有某些关系的部门，如政府机关干部、鉴定部门等。项目管理组织是在整个项目中从事各种管理工作的人、单位、部门组成的群体。显然，项目管理组织是项目组织中的一个组织单元。广义的项目管理组织包括业主、承包商、设计单位、供应单位等各自的项目管理部门和人员，共同构成项目总体的管理组织系统。这个组织系统和项目组织有一致性，所以人们常常并不十分明确地区分项目组织和项目管理组织，而是将其统一起来。

系统的目标决定了系统的组织，组织是目标能否实现的决定性因素，这是组织论的一个重要结论。如果把工程项目管理视为一个系统，其目标决定了项目管理的组织，而项目管理组织是项目管理目标能否实现的决定性因素，由此可见项目管理组织的重要性。项目组织管理是项目管理的重要职能，其他各项管理职能都要依托组织机构去执行，管理的效果以组织为保障。此外，项目目标控制的主要措施包括组织措施、技术措施、经济措施、管理及合同措施等，其中组织措施是最重要的措施，是目标控制的前提和根本保证。

（二）工程项目组织的特点

项目组织不同于一般的企业组织、社团组织和军队组织，它具有自身的特殊性。这个特殊性是由项目的特点决定的。项目组织的特点决定了项目组织设置和运行的要求，在很大程度上决定了人们的组织行为，决定了项目沟通、协调和项目信息系统设计。

1. 项目组织是临时的、一次性组织

项目组织是临时的、一次性组织。这是由项目的一次性特点决定的，也是项目组织与企业组织的重要区别之一。项目组织随项目的产生而组建，当项目结束或相应项目任务完成后，项目组织就会解散或重新构成其他项目组织。

2. 项目组织具有高度的弹性和可变性

项目组织具有高度的弹性和可变性。这是项目组织与企业组织的另一重要区别。项目组织的这一特点不但表现在随工程项目实施阶段的进展和变化，许多项目参与单位进入或

退出项目组织，而且就同一个参与单位，在项目的不同阶段其任务也是不一样的，项目组织会随着项目不同的实施阶段而变化。此外，采用不同的项目组织策略，不同的项目实施计划，也会影响项目组织的变化和调整。

3. 项目组织的类型多、结构复杂

建立项目组织是为了完成项目任务，实现项目目标，项目任务和目标决定了项目组织结构和运行方式。由于工程项目规模大，参与单位多，任务复杂，决定了项目组织的复杂性。具体表现在三个方面：一是各不同参与单位都有不同的项目管理任务和目标，也就有不同类型的项目管理组织；二是同一组织可能由不同的组织形式构成一个复杂的组织结构体系，如某个项目的监理组织，总体上采用直线式组织形式，而在部分子项目中采用职能式组织形式；三是项目组织还要和项目参与者的企业组织形式相互适应，这也会增加项目组织的复杂性。

4. 项目组织与企业组织之间关系复杂

在很多情况下项目组织是企业组建的，它是企业组织的一部分。企业组织对项目组织影响很大，从企业的经营目标、企业文化到企业资源、利益的分配都影响项目组织效率。项目组织和企业的责权利关系、项目人员和其他资源分配、信息交流等方面有复杂的关系。

二、工程项目管理组织形式

组织结构形式是组织各要素相互联结的方式，反映组织中管理层次、跨度、部门和上下层组织之间的组织关系（指令关系），可用组织结构图来表示。

工程项目管理组织形式包括项目管理组织结构和项目管理组织与企业组织的联系方式两个方面。项目管理组织结构是指项目管理自身的组织形式，反映项目管理组织中各部门之间的组织关系，常见的形式有直线式、职能式、直线职能式和矩阵式。从项目管理组织与企业组织的联系方式上来看，常见的形式有职能式（部门控制式）、项目式（工作队式）、矩阵式等。

（一）直线式组织形式

直线式组织形式又称为线性组织结构，是从项目管理组织自身结构角度进行描述的。

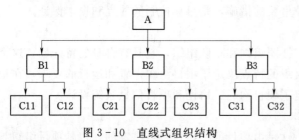

图 3 - 10　直线式组织结构

这种组织形式的特点是组织中各部门的指令自上而下线性排列，每一个部门只能对其直接的下属部门下达工作指令，每一个部门也只有一个直接的上级部门，每一个工作部门只有唯一一个指令源。直线式组织结构如图 3 - 10 所示，其中，A 可以对其直接下属部门 B1、B2、B3 下达指令，B2 可以对其直接下属部门 C21、C22、C23 下达指令，但不得对 B1 领导下的 C11、C12 及 B3 领导下的 C31、C32 下达指令。

1. 直线式组织的优点

（1）保证指令源的唯一，即单头领导，可以避免由于指令矛盾而影响组织的运行。

（2）组织结构简单，分工明确，职责清晰，有利于减少纠纷。

（3）权力集中，决策迅速，信息流通快，使项目容易控制。

2．直线式组织的缺点

（1）项目经理责任较大，要求他是能力强、知识全面、经验丰富的"全能型"人才。否则决策较难、较慢，容易出错。

（2）组织中缺乏横向信息交流，有时受资源限制会产生矛盾。

（3）当组织规模较大或专业化分工太细，会造成管理层次增加、指令路径过长。

3．直线式组织的适用范围

直线式组织形式适用范围广泛，既适用于小型项目，也可以用于可划分若干子项或者可划分若干阶段的大中型项目。直线式还可与职能式、矩阵式等组织形式同时应用于大型复杂项目，形成复合式项目组织结构。

（二）职能式组织形式

职能式组织形式又称为部门控制式组织结构，是按照职能原则建立的项目组织。职能式组织形式可以从项目管理组织自身结构和项目组织与企业组织的关系两个角度来描述。

1．从项目管理组织自身结构角度描述

职能式组织是项目管理者根据需要设置若干职能部门，每一个职能部门可根据管理职能对其直接和非直接的下属工作部门下达工作指令。职能式组织结构如图3-11所示，其中，A为项目经理或项目管理者，B1、B2、B3是职能部门，C1、C2、C3、C4是具体工作部门。B1、B2、B3可以在其管理的职能范围内对C1、C2、C3、C4下达指令。

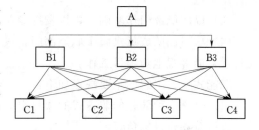

图3-11　职能式组织结构（一）

采用职能式组织的优点是：由于设置了职能部门，能够发挥各职能机构的专业管理作用，提高管理效率，减轻项目经理负担，有利于项目管理水平的提高。其缺点是：由于各工作部门接受的指令不唯一，而是有多个指令源，即所谓多头领导，所以当多个指令之间存在矛盾时，工作部门会无所适从，容易互相推诿，从而影响项目组织的运行。职能式组织形式一般适用于工程地理位置相对集中的项目。

2．从项目组织与企业组织的关系角度来描述

按照职能式建立项目组织，在职能型组织形式的企业内部经常采用，是指在不打乱企业现行建制的条件下，通过企业常设的不同职能部门组织来完成项目的任务，其组织形式如图3-12所示。

职能式项目管理组织形式是在企业负责人的领导下，由各职能部门负责人构成项目协调层，并具体安排落实本部门内人员完成项目相关任务。分配到项目团队中的成员在职能部门内可能暂时是专职，也可能是兼职，但总体上看，没有专职人员从事项目工作。项目经理可由某位企业领导担任，或某职能部门负责人担任。

有时对于一些小项目，在人力资源、专业等方面要求不宽的情况下，职能式还有另一种形式，就是根据项目专业特点，直接将项目安排在企业内某一职能部门内部进行，在这种情况下项目团队成员主要是由该职能部门人员组成。

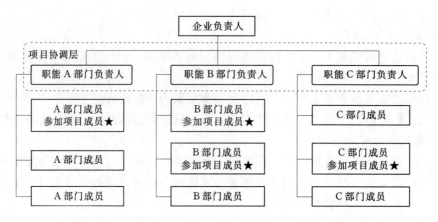

图 3-12　职能式组织结构（二）

职能式项目组织的主要优点如下：

（1）不需要建立新的组织机构，对企业原组织影响小，项目的启动较快。

（2）职能部门可以在部门工作与项目工作之间灵活安排，资源利用充分、平衡，项目管理成本低。

（3）以职能部门作基础，可以发挥专业人才优势，有利于项目专业技术问题的解决。

（4）项目团队成员隶属于职能部门，只是兼职于项目工作，不需要为项目结束时的去向担忧，能客观地为项目工作。

职能式项目组织的主要缺点如下：

（1）这是一种弱化的非正式的项目组织形式，项目经理对项目的组织和控制缺少权威性，难以对项目目标负责。

（2）不同职能部门之间协调困难，由于部门利益容易产生矛盾和冲突，也不利于项目的最佳利益和企业的总目标。

（3）项目成员团队意识差，习惯将项目工作视为额外工作，缺乏重视和热情，不易产生事业感与成就感，限制了人员的发展。

（4）不利于不同职能部门的团队成员之间的交流，项目的发展空间容易受到限制。

职能式项目组织形式一般适用于小型或单一的、专业性较强、不涉及许多部门的项目，不适用于大型复杂项目或涉及众多部门的项目。职能式组织目前在国内咨询公司的咨询项目中应用非常广泛。

（三）项目式组织形式

项目式组织形式是从企业组织角度来描述的项目组织形式。

项目式组织是指按对象原则建立，将项目管理组织独立于职能部门之外，在企业中成立专门的项目部门，独立负责项目的主要工作，对项目目标负责。项目式组织形式如图3-13所示。

在项目式组织中，项目团队成员完全进入项目，项目结束后，项目组织解散或重新构成其他项目组织。专职的项目经理专门承担项目管理职能，对项目组织拥有完全的权力，控制和分配项目资源，对项目目标负责。这种项目自身的组织形式一般为线性组织。

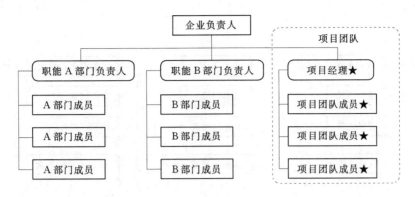

图 3-13 项目式组织结构

1. 项目式组织的优点

（1）完全将项目参加者的力量集中于项目实施上，项目成员能独立地为项目工作，职责明确，项目目标能得到重视和保证。

（2）项目经理权力集中，是真正意义上的项目负责人，加强领导，统一指挥，指令唯一，避免了多头领导。

（3）项目管理层次相对简单，独立的项目组织能迅速有效地对项目目标和顾客需要作出反应，使项目管理决策简单、迅速。

（4）项目管理相对简单，协调容易，内部冲突较少，可避免权力和资源分配的争执。

2. 项目式组织的缺点

（1）独立的项目组织效率低，成本高昂。如果企业有多个项目都按项目式进行管理组织，容易出现配置重复，资源浪费的问题。

（2）项目团队成员在项目后期没有归属感，要考虑项目结束后的去向，容易影响项目的后期工作及其组织行为。

（3）项目组织成为一个相对封闭的组织，容易出现与公司沟通不够，或公司的管理与决策不易在项目中贯彻等问题。

（4）由于每个项目都建立一个独立的组织，在该项目建立和结束时，都会对原企业组织产生冲击，所以组织的可变性和适应性不强。

项目式组织适用于企业进行规模特别大的、持续时间长的项目，或要求在短时间内完成且费用压力大、经济性要求高的项目。

（四）矩阵式组织形式

为了解决职能式与项目式组织结构的不足，发挥它们的长处，人们设计出了介于职能式与项目式之间的一个项目管理组织形式，即矩阵式组织。它把职能原则和对象原则结合起来，纵向按职能机构设置，横向按项目机构设置，形成纵横交叉的二维"矩阵"形式，如图 3-14 所示。

在矩阵式组织中，纵向的职能部门是永久的，横向的项目部门是临时的。参加项目的人员由各职能部门负责人安排，而这些人员的工作在项目工作期间，项目工作内容上服从项目团队的安排，人员不独立于职能部门之外，是一种暂时的、半松散的组织形式。项目

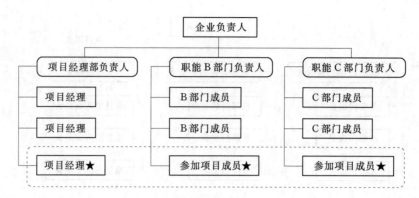

图 3-14　矩阵式组织结构

经理将参加本项目的各种专业人员按项目实施的要求有效地组织协调在一起，为实现项目目标共同配合工作，并对他们负有领导责任。矩阵式组织的每个成员，都应接受原职能部门负责人和项目经理的双重领导，他们参加项目从某种意义上说只是"借"到项目上，项目完成后每个团队成员仍回到原来的职能部门。

1. 矩阵式组织的形式

根据项目团队中的情况，矩阵式项目组织又可分为弱矩阵式、强矩阵式和平衡矩阵式三种形式。

（1）弱矩阵式项目组织，一般是指项目团队中没有一个明确的项目经理，只有一个协调员负责协调工作。团队各成员之间按照各自职能部门所对应的任务，相互协调进行工作。在这种情况下，相当多的项目经理职能由职能部门负责人分担了。显然，弱矩阵式项目组织强调发挥纵向的职能部门作用，而弱化横向的项目部门作用。当弱矩阵式达到顶点时，就成为了职能式项目组织形式。

（2）强矩阵式项目组织，这种模式与弱矩阵式刚好相反，强化项目部门作用的发挥，而弱化职能部门的作用。通常有一个专职的项目经理负责项目的管理与运行工作，项目团队成员主要在项目经理的领导下开展项目工作。项目经理与上级沟通往往通过其所在的项目管理部门负责人进行。当强矩阵式达到顶点时，就成为项目式项目组织形式。

（3）平衡矩阵式项目组织，这是介于强矩阵式和弱矩阵式之间的一种项目组织形式。主要特点是项目经理是由某一职能部门中的团队成员担任，其工作除项目的管理工作外，还可能负责本部门承担的相应的项目中的任务。此时的项目经理与上级沟通时不得不在其职能部门的负责人与公司领导之间做出平衡与调整。

2. 矩阵式组织的优点

（1）兼有职能式和项目式两种组织形式的优点。它把职能原则和对象原则有机地结合起来，既发挥了纵向职能部门的优势，又发挥了横向项目组织的优势，增强了企业长期例行性管理和项目一次性管理的统一性。

（2）各职能部门可根据部门资源与任务情况来节约、灵活地调整安排资源力量，能有效利用人力资源和其他资源。

（3）组织结构富有弹性和可变性，横向的项目组织可以根据需要和项目实际情况进行调整、新建或者取消，具有较强的适应性。

（4）项目团队成员无后顾之忧，项目结束后仍回原职能部门工作，保证了组织的稳定性和项目工作的稳定性，有利于专业人才的培养和发展。

3. 矩阵式组织的缺点

（1）双头领导。由于二维的组织管理形式，项目成员处于项目经理和职能部门负责人的双头领导之下，容易造成指令矛盾，行动无所适从的问题。

（2）项目管理权力平衡困难。项目管理权力需要在项目经理和职能部门之间平衡，这种平衡在实际工作中是不易实现的。

（3）协调难度大。项目进行过程中，需要不断地与职能部门协调。如果有多个项目，职能部门需要在多个项目之间协调。信息流程复杂，容易产生矛盾和扯皮。

矩阵式项目组织适用于企业同时承担许多项目的实施和管理，各个项目的起始时间不同，规模及复杂程度也有所不同，如工程承包公司。

需要说明的是，矩阵式项目组织形式还可以应用于项目组织的自身结构。当项目规模较大，持续时间长，结构复杂时，项目经理可以按照矩阵式设立项目管理组织。首先，在项目经理部下设投资控制、进度和质量控制、合同管理、信息管理、物资供应等若干职能部门，作为矩阵式的纵向一维；其次，按项目的构成和特点，将整个项目分为若干自成体系，能独立实施的子项目，并按每个子项目安排负责人和项目工作人员，形成矩阵式的横向一维，子项目组一维可随着工程进展和变化情况进行调整。这种形式的项目组织，具有一般矩阵式组织的基本特征。

三、工程项目管理组织的建立

项目管理组织的建立应遵循确定项目管理目标、确定项目管理工作内容、组织结构设计、制定工作流程和信息流程等步骤进行。项目管理组织建立的程序如图 3-15 所示。

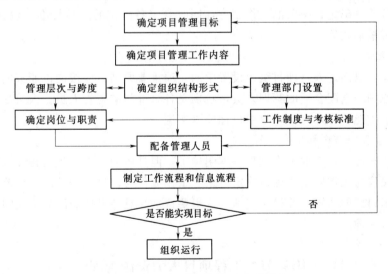

图 3-15　项目管理组织建立的程序

（一）确定项目管理目标

项目管理目标是项目管理组织设立的前提，明确组织目标是组织设计和组织运行的重要基础。项目管理目标取决于项目目标，主要是质量、进度、费用三大目标。这些目标应分阶段根据项目特点进行划分和分解。

（二）确定项目管理工作内容

根据管理目标确定完成目标所必须完成的工作，并对这些工作进行分类和组合，在进行分类和组合时，应以便于目标实现为目的，考虑项目的规模、性质、复杂程度以及组织人员的技术业务水平、组织管理水平等因素。

（三）组织结构设计

组织结构设计是建立项目管理组织的关键环节，决定了组织的基本特征和运行效率，具体包括以下内容。

1. 选择组织结构形式

选择组织结构形式要依据项目自身的特点，如项目的性质、规模、建设阶段等，考虑项目委托方的要求和项目的资源情况，并结合本企业的项目管理要求与管理水平等情况加以确定。组织形式的选择应有利于项目目标的实现，有利于决策的执行，有利于信息沟通。

2. 确定管理层次和跨度

管理层次与管理跨度成反比例关系。也就是说，管理跨度如果加大，管理层次就可以适当减少；反之，如果缩小管理跨度，那么管理层次就会增多。一般来说，应该全面考虑决定管理跨度的因素后，在实际运用中根据具体情况确定管理层次。

3. 合理划分部门和岗位职责

部门和岗位的确定应以事定位，要求部门和岗位能满足项目管理目标的要求。部门和岗位的划分要有相对的独立性，同时还要考虑合理性与完成的可能性，要遵循分工与协作统一的原则。岗位职责的确定要遵循权责一致的原则，在确定职责的同时确定其职权。

4. 明确工作制度和考核标准

根据岗位职责确定各岗位的工作制度，同时制定各岗位的考核标准，包括考核内容、考核时间、考核形式等。

5. 人员配备

以事设岗，以岗定人是项目组织设置中的一项重要原则，应按岗位职务的要求和才职相称的组织原则，选配合适的管理人员，特别是各级部门的主管人员。人员配备是否合理直接关系到组织能否有效运行，组织目标能否实现。

（四）制定工作流程和信息流程

组织形式确定后，大的工作流程基本明确了，但具体的工作流程与相互之间的信息流程要在工作岗位与工作职责明确后确定下来。工作流程与信息流程的确定应落实到书面文件，取得组织内部的认知，并得以实施。这里要特别注意各具体职能分工之间、各组织单元之间的接口问题。

第三节　工程项目人力资源管理

一、工程项目人力资源管理的概念和过程

（一）工程项目人力资源管理的概念

一个项目的实施需要多种资源，从资源属性角度来看，可包括人力资源、自然资源、资本资源和信息资源，其中人力资源是最基本、最重要、最具创造性的资源，是影响项目成效的决定因素。

工程项目人力资源管理是指为提高项目工作效率，科学合理地分配人力资源，实现人力资源与工作任务之间的优化配置，调动其积极性，更好地完成项目任务，对工程项目人力资源的获取、培训与开发、保持和利用等方面所进行的计划、组织、领导和控制的活动。

工程项目人力资源管理与一般人力资源管理有所不同，有自己的特点。首先，项目人力资源管理的对象专业相对集中于工程项目所涉及的有关专业，有时只是企业人力资源管理的一部分。其次，项目人力资源管理的内容与项目组织形式有关，例如在职能式组织形式下，人力资源管理的主要工作以人员的分工与协调为主；项目式组织形式下的人力资源管理则还要包括人员的获取等工作。再次，项目人力资源管理与工程项目的规模大小和周期长短密切相关，对于一个规模小、周期短的工程项目，人力资源管理的内容中可能不会考虑项目团队发展的问题；而对于一个规模较大、工作周期较长的项目来说，团队发展与调整则是必须进行的工作内容之一。

（二）工程项目人力资源管理的一般过程

工程项目人力资源管理的一般过程包括组织计划、人员获取、团队发展以及结束 4 个阶段，其中团队组织计划包括人员角色与职责分工、人员配备计划、制作组织图表等内容；人员获取包括人员来源分析、人员获取实施、团队成员确定等工作；团队发展包括使项目团队保持工作能力的各种途径与技巧，以及必须的激励、培训与开发等工作。

工程项目人力资源管理的上述 4 个阶段不是简单的顺序问题，在实际工作中往往是根据项目进展和项目执行情况循环进行、渐次深入开展的，一些工作之间也是相互联系，不可分割的。

工程项目人力资源管理基本过程如图 3-16 所示。

二、工程项目人力资源管理的基本内容

（一）项目组织计划

项目组织计划是指为保证项目工作的良好开展，项目有关人员的职位设置构架。项目组织计划通常包括四个方面：角色和职责安排、人员配备计划、组织关系图表和有关说明。

1. 角色和职责安排

角色是指在项目工作中谁来做某一事情，而职责则是回答谁决定某一事情。角色和职责安排是指对项目角色、职责和其相互关系等内容进行识别、文件化和安排。为此，需要对项目进行工作分析，即对每一工作的职责、任务、工作环境、任职条件等进行分析和审定，并对目前、近期及中远期的工作量进行预测分析。

角色和职责可能安排给某一个人，也可能是安排给某一组成员。项目角色和职责与项目范围的确定是紧密联系的，可用职责分配矩阵来表示，表 3-1 为某工程咨询项目职责分配矩阵示意表。

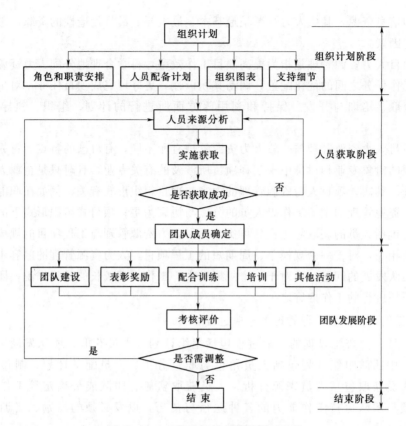

图 3-16　工程项目人力资源管理过程

表 3-1　　　　　　　　　　　　　某工程咨询项目职责分配矩阵

工作内容 ＼ 项目人员	项目经理	技经专家	技术专家A	技术专家B	风险专家	…
项目大纲设计	主持	参加				
项目调研	主持	参加	参加	参加	参加	
项目规模与方案确定	主持			负责	参加	
公用工程及配套研究	主持		负责			
⋮						
项目风险分析与社会评价	主持	参加	参加		负责	
项目经济评价	主持	负责				
项目结论与建议研究	主持					
咨询报告撰写与修改	负责	参加		参加		

2. 人员配备计划

人员配备就是根据已确定的组织中各个角色和职责的要求，以需配人，以岗定人。人员配备的前提是制订出人力资源需求计划，包括需求的人力资源的数量、种类、时间、专业方向与水平等。然后编制人员配备管理计划，描述人力资源何时加入项目工作及何时脱离项目工作，以及如何加入和离开项目团队。

3. 组织关系图表

组织关系图表就是通过某种图表形式来确定和形象体现项目组织内各组织单元或个人之间的相互工作关系。根据项目需要，它可以是正式或非正式的，详细的或粗线条的。

4. 有关说明

有关说明是对项目组织计划中的各个职位所进行的必要说明，项目组织计划说明的粗细程度根据项目应用领域和项目规模的不同而不同，其中一些信息也常常作为支持细节而提供，如组织的影响、工作描述等。

（二）人员获取

人员获取要根据人员配备管理计划，分析潜在的可获取人力资源的情况，并结合组织以往获取人员的惯例（包括政策、规定和程序等）来进行。项目团队的成员可以来自于企业内部，也可以从企业外部获取，因此要结合项目的人力资源需求进行人员来源分析。无论项目人员来自于企业内部还是外部，项目经理都应对其进行了解、考核，以满足项目的需要。人员获取的基本方法包括预先安排、商谈和招聘。项目人力资源的获取阶段可以获取两个成果：项目人员的安排和项目团队名录。

（三）人员培训与开发

人力资源培训与开发是指为提高员工技能和知识，增进员工工作能力，从而促进员工现在和未来工作业绩所做的努力。其中，培训集中于现在的工作，而开发则是对未来工作的准备。人力资源培训和开发要以组织需求分析、工作需求分析和个人需求分析为基础，在此基础上确定培训目标，选择培训对象和培训方法，培训完成后还要对培训效果进行评估。常见的培训方法有：在职培训、工作指导培训（JIT）、讲授培训和工作模拟培训。从培训的类型上看又可分为技术培训、取向培训和文化培训等。

（四）人员考核

对项目团队成员进行科学考核是加强团队管理，调动团队成员积极性、提高工作效率的重要方法之一。考核的内容主要包括工作效率、工作纪律、工作质量和工作成本。考核方式主要有任务跟踪、平时抽查、阶段总结报告、征求客户意见、问题征询和成员互评等。

三、项目经理

工程项目的项目经理是工程项目承担单位在该工程项目上的全权委托代理人，是负责项目组织、计划及实施过程，处理有关内外关系，保证项目目标实现的项目负责人，是项目的直接领导与组织者。严格意义上说，只负责沟通、传递指令而不能或无权对项目制订计划、进行组织实施的负责人不能称为项目经理，只能算作项目的协调人。

显然，项目经理是项目团队中最重要的角色，居于整个项目的核心地位。项目经理的素质和能力，很大程度上决定了项目管理的成效。实践证明，一个强的项目经理领导一个弱的项目团队，比一个弱的项目经理领导一个强的项目团队所取得的成就会更大。

（一）项目经理的素质和能力要求

1. 项目经理的素质

项目经理的素质主要表现在品格（道德要素、性格要素）与知识（知识要素、学习与思维要素）两大方面：

（1）道德素质。道德包括社会道德和职业道德。一方面，项目经理首先是社会的成员之一，其所完成的项目大都是以社会公众为最终消费对象，要求其具有高尚的社会道德；另一方面，项目经理应遵守法律法规，正直诚实，勇于挑战和承担责任，保持工作的热情、积极性和敬业精神，体现良好的职业道德。

（2）性格素质。项目经理所做的协调工作占相当大的比例，因此要求项目经理在性格上要胸襟豁达，性格开朗，具有合作精神，善于与各种人相处；既要自信、有主见，又不能刚愎自用；要坚毅，经得住失败和挫折。

（3）知识素质。项目经理必须具有工程某一方面的专业知识，同时要接受过项目管理的专门培训或再教育。项目经理应该具有广博的知识，项目经理的知识结构一般应包括工程专业知识、管理知识、经济知识和法律知识四个方面。国外在项目经理教育和培训方面建立了有效的途径和方法，比较成熟的有美国的项目管理知识体系（PMBOK）培训等。

（4）学习与思维素质。项目经理不可能对于项目所涉及的所有知识都有比较好的知识储备，相当一部分知识需要在项目工作中不断学习掌握，因此项目经理必须善于学习，包括从书本中学习，更包括从团队成员、从外部等各种渠道学习。此外，项目经理还应有一个正确的思维方法，对事物有自己的认识，这样才能把握事物的本质和主要矛盾，更好地找到解决问题的方法。

2. 项目经理的能力要求

如果说素质是内在修养，能力则是内在修养的外在表现。一个优秀的项目经理应该具有以下能力：

（1）决策能力。项目经理是项目团队的领导者和负责人，在工作中经常需要迅速作出决策。项目上大部分事情都已授权，不应频繁请示上级决策者，许多事情需要项目经理当机立断，作出正确的决策。

（2）领导能力。领导就是通过别人来完成工作，领导能力主要表现在组织、指挥、协调、监督、激励等几方面。项目经理是整个团队的负责人，要独立地领导团队完成项目任务。项目的计划、组织、实施、检查、调整等都由项目经理去领导完成，团队成员的积极性也需要项目经理的工作来调动。因此领导能力是项目经理必须具备的重要能力之一。

（3）社交与谈判能力。项目工作不可能完全封闭在项目团队内部，或多或少要与团队外部甚至是企业外部发生各种业务上的联系，包括接触、谈判、合作等。所以一定的社交与谈判能力也是项目经理应该具备的。只是不同项目对这一能力高低的要求有所不同。

（4）业务技术能力。项目经理要有一定的技术能力，但并不一定是技术权威。一般在项目团队内会有一些技术专家专门负责有关技术方面的问题，并不要求项目经理技术能力特别强，但有一定的技术能力是对项目经理的基本要求。

（5）处理压力，解决冲突的能力。项目经理经常面对各种压力和冲突，特别是当项目进展不够顺利时，企业领导、业主及项目团队内部等各个方面的矛盾都集中于项目经理。无论在什么压力面前，项目经理都要保持冷静头脑，带领团队成员设法应付不断变化的局势，化解各种压力和冲突。

（6）创新能力和应变能力。项目是一项创新的活动，具有很强的不确定性，项目运作中的情况是不断变化的，项目经理需要有创造性开展工作的能力。同时，对于突发事件，项目经理应能够迅速做出应变对策，具有较强的应变能力。

（二）项目经理的职责

项目经理是项目的负责人，是项目团队的核心和灵魂，对项目的成败起着关键作用。项目经理对项目负责，同时也要对企业的上级组织、对项目业主（客户）以及项目团队和政府、公众等项目相关的利益主体具有不同的职责。但其基本职责就是对项目实行全面管理，以实现项目目标。从管理职能分析，项目经理的职责包括计划、组织、指导和控制。

1. 计划职责

计划是项目管理的龙头，是项目控制的前提和依据。项目经理首先必须十分明确项目的目标，在此基础上与项目团队就如何实现这一目标进行充分的考虑和统一的安排：具体需要做哪些事情，什么时间去做，谁去做，需要什么样的材料、设备或工具，花多少钱去做，做这些事情会有哪些风险等，这些就是项目计划的内容。由于计划的角度有很多，项目所有计划互相联系、互相衔接构成项目的计划系统。

项目计划并非由项目经理一人负责编制，项目经理应与团队成员充分沟通和交流，组织领导项目团队一起制订项目的实施计划。这样做的好处是：一方面，由具体的实施者制订计划，可以使计划更切合实际，不至于使实施者感到无所适从；另一方面，也可以充分发挥集体的智慧，避免计划不当。而且，要求团队成员参与计划工作也是一种激励。

项目计划不是可有可无的，而是必不可少的，是项目经理的首要任务。

2. 组织职责

项目经理是责权利的主体，是项目的组织者。项目经理组织工作的核心就是组织建立精干的项目管理组织，确定其组织结构，配备人员，制定规章制度，明确划分工作范围，获取并配置相应资源，给团队成员分配职责，授予权力。

沟通和协调是项目组织工作的重要内容，为了建立项目内部、外部的沟通渠道，项目经理应建立一个完善的信息管理系统。

项目经理组织工作的成功标准是项目组织能够高效率运转和能够实现有效的领导。

3. 指导职责

项目经理需要时刻把握项目的方向，不断指引和领导项目团队成员有效开展工作，努力实现项目目标。

项目经理开展项目实施中的指导工作，要对项目团队中每个成员的工作提出具体要求，特别是要清晰地提出其工作成果在时间、费用和质量方面的标准；要对团队成员工作的方法进行指导；要解决团队工作中的困难与问题；要注重培养团队精神。

项目经理的指导工作可参照美国学者卡布兰佳提出的情境领导方法，即根据团队成员职业发展的不同阶段，实施有针对性的领导形态。项目经理的情境领导如图 3-17 所示。

例如，对于刚毕业的大学生，他有的是工作热情（意愿高），但没有经验，项目经理应采取 S1 的领导形式——指令，详细指导他该怎么做

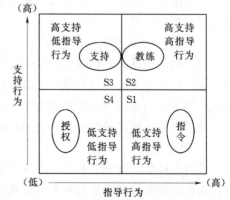

图 3-17 项目经理的情境领导

（高指导），而不用听他的、或者给他鼓励（低支持）；而对于具有丰富的工作经验（能力强）、又愿意干（意愿高）的员工，项目经理应采取 S4 的领导方式，只需提出要求，授权让他去干，而不必教他怎么做（低指导），也不用给他鼓励（低支持）；其余情况依此类推。

4．控制职责

项目实施过程中，项目经理必须对项目进行全过程、全方位的系统控制。建立和保持有效、畅通的信息渠道是实现有效控制的基础，项目经理需要建立项目实施跟踪控制系统，定期获得项目信息，分析存在的问题并采取行动。经常性的检查可以及时发现问题，了解项目的实际进展情况。对于项目目标的偏离，项目经理要认真分析原因，并及时采取措施纠正或者调整阶段目标。

（三）项目经理的选择

项目经理的选择，除了要考虑上述关于项目经理的能力与素质要求之外，还要注意以下几点：

（1）有一定类似项目的经验。工程项目管理实践性强，只会纸上谈兵的人是无法胜任项目经理工作的。有无类似项目的经验是选择项目经理的重要原则。

（2）有扎实的基础知识。项目经理要有扎实的基础知识，具有良好的业务能力，否则很难应付实际工作中遇到的各方面问题。当然，这并不是说项目经理必须是技术专家。

（3）有领导才能和敏感性。领导，既是学问也是艺术。项目经理的领导才能可以从决策能力、组织能力、协调和沟通能力以及人格魅力等多方面体现出来。项目经理的敏感性包括：对企业内部权力的敏感性——可以充分理解项目与企业之间的关系，保证其获得高层领导的必要支持；对冲突的敏感性——可以及时发现和解决问题；对危险的敏感性——可以及时规避项目风险。

（4）把握重点，不可求全责备。对项目经理的要求确实比较广泛，但并不意味着非全才不可。事实上，完全符合项目经理要求的全才是微乎其微的，甚至不存在。因此，对项目经理的要求要把握重点，根据项目的特点而有所侧重，不可求全责备。

四、项目团队

所谓团队就是一组项目个体成员为实现共同目标而按照一定的分工和工作程序协同工作而组成的有机整体。虽然很多因素会影响项目的成败，但人员——项目经理和项目团队是项目成功的关键！

（一）项目团队的发展阶段

项目团队不是将项目成员简单组合在一起就可以了，项目团队的形成必须经历一个过程，这个过程对有的项目来说可能时间很长，可能在项目工作结束时也没能形成一个真正意义上的团队，有的项目则可能在很短时间内就形成了一个团队。

项目团队从组建到发展起来主要经历形成、震荡、规范、表现与休整五个阶段。

1．形成阶段

形成阶段是团队发展的起始步骤，是个体成员转变为项目团队成员的过程。在形成阶段，成员大都有较高的热情和争取成功的愿望，但并不十分了解项目目标和他们在项目团队中的角色，因而工作效率停留在比较低的水平上。在人际关系方面，队员之间相互了解交往，彼此呈现出一定的新鲜感和兴奋，激动、希望、焦急、犹豫和怀疑是这一阶段团队成员的普遍心理特点。

在此阶段，项目经理团队建设的主要工作是进行团队的指导和构建团队工作。项目经理要向团队成员介绍项目的背景和项目目标，提出项目成功的美好前景；与团队成员一起讨论团队的组成，说明每位成员的岗位职责及承担的角色；构建团队工作框架，如操作规程、沟通渠道、审批和文件记录等工作制度，使成员在团队中明确自己的定位。

2. 震荡阶段

震荡阶段，项目的目标更加明确，每个团队成员的角色、职责和权限进一步明确，团队开始缓慢地推进工作。但随着项目的进展，各方面的问题逐渐显露出来，团队成员在执行分配到的任务时，可能发现现实与当初的期望发生较大的偏离。例如，项目任务比预计更艰难、更繁杂，队员之间难以紧密配合、和谐共处，队员的工作与项目经理或部门主管的要求有一定的差异。于是队员们可能会消极地对待项目工作和项目经理。这个时候，团队的工作气氛趋于紧张，问题逐渐暴露出来，冲突接连发生，团队士气比形成阶段明显低落。人们有时会有挫折感、愤怒或对立情绪。

在震荡阶段，项目经理要充分认识到震荡期是团队成长所必须经历的阶段，产生冲突不一定是坏事，它促成了潜在问题的暴露，为团队成长和尽早进入正规阶段创造了条件；同时，项目经理要针对产生矛盾、冲突和不协调的原因具体分析，对团队工作进行协调和指导。对待冲突的态度不应采取压制的方法，而应积极有效地引导大家力求在冲突与合作中寻找理想的平衡。例如，对每个人的职责及团队成员相互间的行为进行明确的分类，使成员都明白无误；让成员参与，一道解决问题，做出决策并授权；理解和容忍成员的不满，允许他们表达各自的观点，创造理解和支持的工作环境等。总之，项目经理要做好导向工作，致力于解决问题，防止问题集聚，导致团队功能震荡。

3. 规范阶段

团队经过震荡，目标变得更加清楚，成员们已经知道自己应如何行动，绝大部分个人矛盾解决，不满情绪减少。团队成员之间开始分享信息，接受不同观点，努力采取妥协的态度来谋求一致，彼此之间保持积极的态度，表现出相互之间的理解、关心和友爱，并再次把注意力转移到项目的工作和目标上来，队员关心的问题是彼此的合作和团队的发展，团队的凝聚力逐渐形成，士气高涨，项目工作进展快，效率有较大提高。

在此阶段项目经理可以适当减少指导工作，给予更多的支持工作。鼓励队员发挥个性和创造力，营造氛围来激励队员个人为团队的成长和目标的实现而尽职尽责、尽心尽力。

4. 表现阶段

经过前三个阶段，队员们的状态已经达到最高水平，并准备沿用到项目任务的完成。在表现阶段，团队各方面工作走上正轨，队员们积极工作，能进行真诚、及时、有效的沟通，并相互依赖。这是一个工作效率很高的阶段，每位队员都明确自己的职责，整个团队已熟练掌握了如何处理内部冲突的技巧，并能集中集体的智慧作出正确的决策、解决各种困难和问题。在项目的执行中，团队成员加深了相互之间的了解，增进了友谊，工作气氛和谐融洽，队员们以团队所取得的成绩为荣，有极强的归属感和集体荣誉感。

表现阶段，项目经理对这样一个成熟的团队已相当满意和放心，并授予团队成员充分的权力，以鼓励队员发挥主动性、积极性和创造性，这时项目经理的工作重点已转到对项目计划执行的控制上来，必要时对某些队员的工作任务进行指导。团队精神和集体的合力在这一阶段得到了充分的体现，每位队员在这一阶段的工作和学习中都取得了长足的进步和巨大的发展，这是一个团队整体力量充分展示，系统功能充分发挥的阶段。

5．休整阶段

休整阶段是指团队经过一段时期的工作，项目工作任务即将结束，团队将面临总结、表彰等工作。团队可能面临马上解散，或者也可能准备接受新的任务。

上述项目团队发展的各阶段及特点如图 3-18 所示。

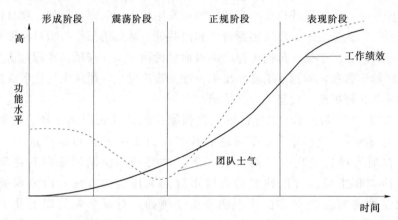

图 3-18　项目团队发展各阶段的功能水平

（二）项目团队的效率

项目团队绝不是若干人的简单组合，绝不仅仅指被分配到项目中去的一组人员，而是指相互依赖、彼此有分工、有合作的有机整体。配合默契、关系融洽、士气高昂的项目团队，是成功、高效完成项目目标的根本保证。

1．高效项目团队的特征

（1）明确的目标与共同的价值观是前提。项目经理及团队成员对于项目目标有着共同的认识与一致的理解，能够引发团队成员的激情。观念的统一，使队员很容易在行为上步调一致，并能自觉地运用团队精神和共同的价值观去规范自己的行为，去争取项目的成功。

（2）清晰的分工与精诚的协作是关键。团队成员分工清晰，责权对等，每个人都清楚自己在项目中的角色、职责及汇报关系。队员强烈地意识到个人和团队的力量，充分了解团队合作的重要性。团队规范、团队精神等价值观深入人心，团队精神的文化与舆论在团队氛围中占主导地位。

（3）融洽的关系及通畅的沟通是保证。团队成员之间高度信任、相互尊重，有一种强烈的凝聚力。团队致力于开放性的信息交流与沟通，具有开放坦诚的沟通气氛。

（4）高昂的士气与高效率的工作成果是标志。团队成员对项目工作有满腔的热情和高度的信心，队员在团队中有归属感和自豪感，工作效率高。

2. 团队有效工作的障碍

通常项目团队的成员都有潜力高效率地工作，也有通过团队的努力去争取成功的热情和愿望，但是，常常又会存在一些障碍，致使他们难以达到较高的绩效水平。项目经理要特别注意团队中经常存在的一些障碍，并加以解决。

（1）目标不明确，其结果是各行其是，甚至出现争论。项目经理团队建设的首要事情就是使每个队员都明确项目的目标，并不断地进行宣传和强化。

（2）角色和职责不清，这是导致混乱和冲突的主要原因，容易造成队员之间的矛盾和缺乏工作热情。项目经理必须帮助每一个队员认清自己的角色和职责，以及同其他人的关系。

（3）缺乏沟通，会导致团队成员对项目中发生的事情知之甚少，或者不知道。项目经理应通过会议、文件等方式加强队员间的信息交流。

（4）领导不力，强有力的领导，是项目团队成功的重要保证。项目经理要积极征求团队成员对他工作的反馈，不断改善领导。

第四节　工程项目组织协调与沟通管理

一、工程项目组织协调

（一）协调的概念

所谓协调是指联结、联合、调和所有的活动及力量，使各方配合得当，其目的是促使各方协同一致，以实现预定目标。协调作为一种管理方法已贯穿于整个项目和项目管理过程中。

协调是项目管理的一项重要工作，要取得一个项目的成功，协调具有重要作用。协调可以使矛盾各方居于统一体中，解决它们的界面问题，解决它们之间的不一致和矛盾，使系统结构均衡，使项目实施和运行过程顺利。

协调又称为"界面管理"，所谓界面，就是指事物之间的结合部。从系统的观点来看，工程项目系统是一个由人员、物质、信息等构成的人为组织系统，其界面可分为"人员/人员界面"、"系统/系统界面"、"系统/环境界面"三大类。相应地，协调也可分为人员/人员、系统/系统，系统/环境之间的协调。

在整个项目的目标设计、项目定义、设计和计划、实施控制中有着各式各样的协调工作，例如，项目目标因素之间的协调；项目各子系统内部、子系统之间、子系统与环境之间的协调；各专业技术方面的协调；项目实施过程的协调；各种管理方法、管理过程的协调；各种管理职能如成本、合同、工期、质量等的协调；项目参加者之间的组织协调等。

在各种协调中，组织协调最为重要，也最为困难，是其他协调有效性的保证，只有通过积极的组织协调才能实现整个系统全面协调的目的。

现代项目中参加单位非常多，常常有几十家、几百家甚至几千家，形成了非常复杂的项目组织系统，由于各单位有不同的任务、目标和利益，它们都企图指导、干预项目实施过程。项目中组织利益的冲突比企业中各部门的利益冲突更为激烈和不可调和，而项目管理者必须使各方面协调一致，齐心协力地工作，这就越发显示出组织协调的重要性。

（二）组织协调的范围和层次

从系统方法的角度看，项目管理组织协调的范围分为组织系统内部的协调和组织系统外部的协调，组织系统外部的协调又分为近外层协调和远外层协调。近外层协调是指项目直接参加者之间的协调，远外层协调是指项目组织与间接参与者及其他相关单位的协调。近外层和远外层的主要区别是：工程与近外层关联单位一般有合同关系，与远外层关联单位一般没有合同关系。图3-19表示承包商项目管理组织的协调范围。

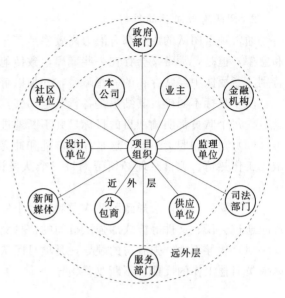

图3-19 组织协调范围示意图

二、工程项目沟通管理

（一）沟通的概念

沟通就是信息的交流，是人与人之间和组织之间传递、交流信息的过程。沟通是组织协调的手段，是解决组织成员间障碍的基本方法。组织协调的程度和效果常常依赖于各项目参加者之间沟通的程度。

沟通是工程项目管理的重要内容，有效的沟通对工程项目的成功极为重要。通过沟通，不但可以解决各种协调的问题（如技术、过程、逻辑、管理方法和程序中的矛盾、困难和不一致），而且还可以解决各参加者心理和行为的障碍和争执。在项目的实施过程中，不仅有项目的工作流、物资流、资金流，还有项目信息流。只有信息通畅、有效率，才能有通畅的工作流、物资流和资金流，才能顺利地、高效率地实现项目的目标。

（二）沟通的方式

1. 正式沟通和非正式沟通

正式沟通是组织内部明确的规章制度所规定的沟通方法，它和组织的结构息息相关，主要包括按组织系统正式发布的命令、指示、文件，组织召开的正式会议，组织正式颁布的法令规章、手册、简报、通知、公告，组织内部上下级之间和同事之间因工作需要而进行的正式接触。正式沟通的优点是沟通效果好，比较严肃而且约束力强，易于保密，可以使信息沟通保持权威性；缺点是沟通速度慢。

非正式沟通指在正式沟通渠道之外进行的信息传递和交流，如员工之间的私下交谈，小道消息等，是一类以社会关系为基础，与组织内部明确的规章制度无关的沟通方式。它的沟通对象、时间及内容等各方面都是未经计划和难辨别的。非正式沟通的优点是沟通方便，沟通速度快，且能提供一些正式沟通中难以获得的信息；缺点是容易失真，约束力不强。

2. 书面沟通和口头沟通

书面沟通要求精确，它通过文件、通知、报告、记录等书面形式进行信息传递和交流。其优点是信息可长期保存，有较强的约束力，沟通显得正式和严肃；缺点是沟通速度慢。

口头沟通是运用口头表达，如谈话、游说、演讲等进行信息交流活动。其优点是传递信息快，具有很大程度的灵活性，双方可以自由交换信息；缺点是缺乏约束力。

此外，沟通的方式还有单向沟通和双向沟通，上行沟通、下行沟通和平行沟通，言语沟通和体语沟通等。

（三）项目沟通管理

项目沟通管理是指为了确保项目信息及时适当的产生、收集、传播、保存和最终配置所必需的过程。沟通管理为项目成功所必需的因素——人、想法和信息之间提供了一个关键连接。涉及项目的任何人都应准备以项目"语言"发送和接收信息，并且必须理解他们以个人身份参与的沟通怎样影响整个项目。

在 PMI 的项目管理知识体系 2000 版中，项目沟通管理分为以下四个过程。

1. 项目沟通计划

沟通计划包括决定项目相关方的信息和沟通需求：谁需要什么信息；什么时候需要；怎么获得。虽然所有的项目都需要沟通项目信息，但信息需求和传播方式差别很大。确认相关方的信息需求和决定满足需求的适当方式是项目获得成功的重要因素。

对于大多数项目，沟通计划的大部分工作作为项目前期阶段的一部分来完成。然而本过程的结果在项目进行中应时常被复查和修订（如有需要），以确保持续的应用性。沟通计划常常与组织计划紧密联系在一起，因为项目的组织结构对项目沟通要求有重大影响。

2. 信息分发

信息分发包括及时、有效地把信息传递到项目相关方，信息分发的依据是项目沟通管理计划和实际的项目执行情况。这里采用很多通用的沟通技巧，也包括有关的信息管理平台。在 Internet 时代，有很多成熟的应用软件提供一个基于互联网的信息沟通解决方案，它们包括信息的发布、查询、收集和整理、传递和交互。

3. 项目执行情况报告

执行情况报告包括收集和发布执行信息，从而向项目相关方提供为达到项目目标如何使用资源的信息。这样的过程有：状况报告——描述项目当前的状况；进展报告——描述项目小组已完成的工作；预测——对未来项目的状况和进展作出预计。执行报告一般应提供范围、进度、成本、质量等信息，许多执行报告也要提供风险和采购的信息。

4. 项目行政总结

这个过程是在项目收尾时对项目文档进行整理，记录最终客户对项目产品的认可和接受，还包括进行经验教训总结，为下一个项目积累信息和数据等。

（四）主要的项目沟通方式

1. 项目计划

项目计划本身就是一个很好的沟通工具，一份目标明确、分工明确、可读性好的项目计划，本身就在向项目参与各方传递着丰富的信息。这里不仅要考虑如何编写高质量的项目计划、如何把项目计划中信息传递到需要它的人、如何便于归档和查询，还需要考虑项目计划发生变更后应该采取的措施，以保证变更后的信息及时有效地得以分发。

沟通与计划也是相辅相成的，在制定项目计划的时候，运用一些沟通技巧可以有效地促进制订计划和传达计划信息给执行人。如果沟通能够帮助计划执行人参与计划的制订，那么以上两件事就合二为一了。

2. 项目会议

在项目沟通中，会议是一个非常重要的沟通工具。为了提高会议沟通的效率，需要对项目会议进行事前计划和有效组织，例如，需要考虑：有哪些会议需要召开，会议的主要范围是什么，参加人是谁，会议规模，会议主持者，以及会议的议程等。

工程项目施工阶段主要包括以下一些会议：

（1）第一次工地会议。此会是在工程尚未全面展开前，项目参与各方相互认识、确定联络方式的会议，也是通报开工前准备工作情况的会议。会议由业主主持召开，监理单位、总承包单位参加，有时也包括分包商、供应商和设计单位等。

（2）工地例会。一般每周召开一次，由总监理工程师主持，按一定程序召开。会议内容主要是研究施工中出现的计划、进度、质量及工程款支付等问题，对上次会议纪要的执行情况进行检查，对后期工作做出安排。

（3）专项会议。根据项目进展具体情况不定期召开，围绕某一方面的问题进行研究、协调和沟通，如各种专业技术协调会、物资供应协调会等。

3. 项目报告

项目报告的作用是：通知有关各方项目的进展情况；比较项目实际执行情况与项目计划，为采取纠正措施做准备。通常，项目报告应包括项目状态信息、项目进度情况、质量情况、项目预测、相关统计数据等。项目报告需要分层次和类别，应对与项目有关的不同组织、部门和人员，提供广度、深度、内容的细节程度各不相同的项目报告，且报告的频率也不尽相同，避免"信息过量"和"报告泛滥"。

复 习 思 考 题

1. 工程项目建设模式有哪些？各有何特点？

2. 工程项目总承包模式有何优点？比较 DB 模式和 EPC 模式的主要特点。

3. 分析两种 CM 模式（CM/Agency 和 CM/Non - Agency）的主要差别。

4. 简述 PMC 模式的主要优点和适用范围。

5. 简述 BOT 模式的基本运作程序。

6. 与一般企业组织相比较，工程项目组织有何特点？

7. 常见的工程项目管理组织形式有哪些？各有何优缺点？

8. 简述项目管理组织建立的基本程序及主要工作内容。

9. 什么是项目人力资源管理？其过程如何？

10. 项目组织计划通常包括哪些方面的内容？

11. 项目经理的素质和能力要求有哪些？项目经理的主要职责是什么？

12. 项目团队的主要发展阶段包括哪些？各阶段有何特点？

13. 项目经理应如何提高项目团队的效率？

14. 什么是工程项目组织协调？它包括哪几个层次？

15. 什么是沟通和沟通管理？常用的项目沟通方式有哪些？

第四章 工程网络计划技术

网络计划技术是 20 世纪 50 年代后期发展起来的一种科学计划管理方法，是工程项目管理的重要工具。应用网络计划技术，可以科学地安排项目进程，编制项目计划，配置项目资源，对项目进度和资源进行优化，并据以实施项目的控制。

网络计划方法首先应用于美国军事工程项目的工期计划和控制，取得了很大成功。最重要的是美国 1957 年的北极星导弹研制和后来的登月计划。我国从 20 世纪 60 年代初期在华罗庚教授的倡导下，对网络计划方法进行了系统的研究。华罗庚教授把这种方法称为统筹法，并在工程实践中进行推广和运用。为了规范工程网络计划的应用，我国在 1991 年颁发了《工程网络计划技术》（JGJ/T1001—91），1999 年重新修订制定了《工程网络计划技术规程》（JGJ/T121—99）。随着计算机技术的发展，网络计划技术大部分的功能可以在计算机上实现，这使得工程网络计划技术有了更广阔的发展前景。

第一节 概　述

一、网络图和网络计划

（一）网络图

网络图是由箭线和节点组成，用来表示工作流程的有向、有序网状图形。一个网络图表示一项计划任务。

（二）网络计划

网络计划是用网络图表达任务构成、工作顺序并加注工作时间参数的进度计划。

网络计划方法可以明确表达各项工作之间的逻辑关系，通过网络计划时间参数的计算，可以判断出关键线路和关键工作，可以明确各项工作的机动时间，并可以利用计算机进行计算、优化和调整。

二、工作和虚工作

（一）工作

网络图中的工作是计划任务按需要粗细程度划分而成的、消耗时间或同时也消耗资源的一个子项目或子任务。工作可以是单位工程，也可以是分部工程、分项工程，一个施工过程也可以作为一项工作。在一般情况下，完成一项工作既需要消耗时间，也需要消耗劳动力、原材料、施工机具等资源。但也有一些工作只消耗时间而不消耗资源，如混凝土浇筑后的养护过程和门窗油漆后的干燥过程等。

根据工作在网络图中表示方法的不同，网络图分为双代号和单代号两种。双代号网络图中是以一条箭线和其两端节点表示一项工作；单代号网络图中是以一个节点表示一项工作，箭线表示工作之间的逻辑关系。

双代号网络图的节点一般只用圆圈表示，单代号网络图中的节点可用圆圈或者矩形框表示。网络图中的节点都必须编号,其编号严禁重复,并应使每一条箭线上箭尾节点编号小于箭头节点编号。网络图中工作的表示方法如图4-1和图4-2所示。

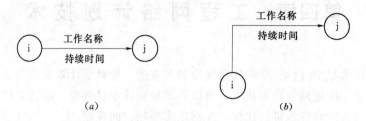

图4-1 双代号网络图中工作的表示方法

在双代号网络图中,一项工作必须有唯一的一条箭线和相应的一对不重复出现的箭尾、箭头节点编号。因此,一项工作的名称可以用其箭尾和箭头节点编号来表示。而在单代号网络图中,一项工作必须有唯一的一个节点及相应的一个代号,该工作的名称可以用其节点编号来表示。

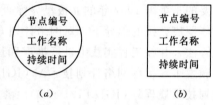

图4-2 单代号网络图中工作的表示方法

（二）虚工作

虚工作多用于双代号网络计划中,是指只表示前后相邻工作之间的逻辑关系,既不占用时间、也不耗用资源的虚拟工作。虚工作用虚箭线表示,主要用来使相邻两项工作之间的逻辑关系得到正确表达。但有时为了避免两项同时开始、同时进行的工作具有相同的开始节点和完成节点,也需要用虚工作加以区分,如图4-3所示。

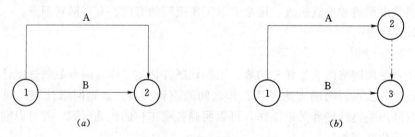

图4-3 虚工作的区分作用
（a）错误画法；（b）正确画法

在单代号网络图中也存在虚工作,但只能出现在网络图的起点节点或终点节点。这是为了便于计算,避免网络图有多个起点（或终点）而增设的虚拟起点（或终点）节点。

三、工艺关系、组织关系和逻辑关系

（一）工艺关系

生产性工作之间由工艺过程决定的、非生产性工作之间由工作程序决定的先后顺序关系称为工艺关系。工艺关系是客观规律的反映,一般不得任意改变,故又称为硬逻辑关系。如钢筋混凝土工程支模板→绑钢筋→浇混凝土的顺序就是工艺关系。

（二）组织关系

工作之间由于组织安排需要或资源（劳动力、原材料、施工机具等）调配需要而规定

的先后顺序关系称为组织关系。组织关系是为了组织管理的需要，有时可以进行适当的调整，故也称为软逻辑关系。如流水施工时的流水顺序就是组织关系。

（三）逻辑关系

逻辑关系是指各项工作之间的先后顺序关系，它是正确绘制网络图的前提条件。工艺关系和组织关系共同构成了工作之间的逻辑关系。

四、紧前工作、紧后工作和平行工作

（一）紧前工作

在网络图中，相对于某工作而言，紧排在该工作之前的工作称为该工作的紧前工作。在双代号网络图中，工作与紧前工作之间可能有虚工作存在。如图 4-4 所示某工程双代号网络计划中，工作 F 的紧前工作是工作 C、B；工作 G 的紧前工作是工作 B、C、D。

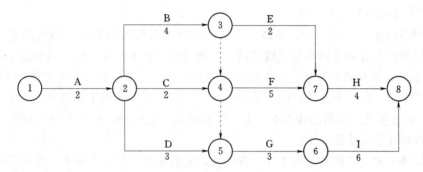

图 4-4 某工程双代号网络计划

（二）紧后工作

在网络图中，相对于某工作而言，紧排在该项工作之后的工作称为该工作的紧后工作。在双代号网络图中，工作与其紧后工作之间也可能有虚工作存在。在图 4-4 中，工作 C 的紧后工作是工作 F、G，工作 B 的紧后工作是工作 E、F、G。

由此可看出，工作的紧前和紧后关系是互相对应的，也就是说如果工作 A 是工作 B 的紧前工作，则工作 B 一定是工作 A 的紧后工作，反之亦然。

（三）平行工作

在网络图中，相对于某工作而言，可以与该工作同时进行的工作即为该工作的平行工作。在图 4-4 中，工作 B、C、D 互为平行工作；工作 E、F、G 也互为平行工作。

紧前工作、紧后工作及平行工作是工作之间逻辑关系的具体表现，只要能根据工作之间的工艺关系和组织关系明确其紧前或紧后关系，即可据此绘出网络图。

五、先行工作和后续工作

（一）先行工作

相对于某工作而言，从网络图的第一个节点（起始节点）开始，顺箭头方向经过一系列箭线与节点到达该工作为止的各条通路上的所有工作，都称为该工作的先行工作。如图 4-4 中，工作 A、B、C、D、G 均为工作 I 的先行工作。

（二）后续工作

相对于某工作而言，从该工作之后开始，顺箭头方向经过一系列箭线与节点到网络图

最后一个节点（终点节点）的各条通路上的所有工作，都称为该工作的后续工作。如图4-4中，工作 B 的后续工作有工作 E、F、G、H、I。

在工程网络计划的实施过程中，如果发现某项工作进度出现拖延，则受到影响的工作必然是该工作的后续工作。

六、线路、关键线路和关键工作

（一）线路

网络图中从起点节点开始，沿箭头方向顺序通过一系列箭线与节点，最后到达终点节点的通路称为线路。线路既可以依次用该线路上的节点编号来表示，也可依次用该线路上的工作名称来表示。如图4-4中，该网络图中有 6 条线路，其中一条可表示为①－②－③－⑦－⑧，也可以表示为工作 A→工作 B→工作 E→工作 H。

（二）关键线路和关键工作

在关键线路法（CPM）中，线路上所有工作持续时间的总和称为该线路的总持续时间。总持续时间最长的线路称为关键线路，关键线路的长度就是网络计划的总工期。如图4-4所示，关键线路共有两条：一条是线路①－②－③－④－⑦－⑧或工作 A→工作 B→工作 F→工作 H；另一条是线路①－②－③－④－⑤－⑥－⑧或工作 A→工作 B→工作 G→工作 I。由此可见，在网络计划中，关键线路可能不止一条，而且在网络计划执行过程中，关键线路还会发生改变。

关键线路上的工作称为关键工作。在网络计划的实施过程中，关键工作的实际进度提前或拖后，均会对总工期产生影响。因此，关键工作的实际进度是工程项目进度控制工作中的重点。

七、网络计划的类型

（一）确定型和非确定型网络计划

如果网络计划中各项工作及其持续时间和各项工作之间的相互关系都是确定的，就是确定型网络计划，否则就是非确定型网络计划。工程项目进度控制主要应用确定型网络计划，确定型网络计划有确定的计算总工期。

非确定型网络计划主要有计划评审技术（PERT）、图示评审技术（GERT）、风险评审技术（VERT）等几种类型。计划评审技术的特点是网络计划的工作及各工作的逻辑关系确定，但工作的持续时间不确定；图示评审技术应用于工作确定，但工作的逻辑关系和持续时间不确定的情况；风险评审技术是指工作、各工作的逻辑关系及持续时间均不确定的网络计划。

（二）单代号和双代号网络计划

单代号网络计划又称为节点式网络计划，它是以节点及其编号表示工作，箭线表示工作之间的逻辑关系。

双代号网络计划又称为箭线式网络计划，它是以箭线及其两端节点的编号表示工作，同时节点表示工作的开始或结束以及工作之间的连接状态。

（三）单目标和多目标网络计划

单目标网络计划是只有一个最终目标的网络计划。在这种网络图中，只有一个终点节点。

多目标网络计划是具有多个独立最终目标的网络计划。在这种网络图中，有两个或两个以上的终点节点。对于每个终点节点，都有与其相对应的关键线路。在每个工作上除了注明持续时间外，还要注明工作的目标属性。

（四）时标和非时标网络计划

时标网络计划是以时间坐标为尺度表示工作进度安排的网络计划。在这种网络计划中，每项工作箭线的水平投影长度，与其持续时间成正比例，因此其主要特点是计划时间直观明了。时标网络只适用于双代号网络计划，并多用于资源优化。

非时标网络计划不附有时间坐标，工作箭线长度与持续时间无关。

（五）普通网络和搭接网络计划

普通网络计划是按紧前工作结束后，本工作才能开始的方式编制的网络计划，它表示的工作之间是首尾衔接的关系。

搭接网络计划是按照各种搭接关系和搭接时距编制的网络计划，它表示的工作之间是各种搭接关系。常用的搭接网络计划是单代号搭接网络计划。

（六）群体、单项工程、局部工程网络计划

群体网络计划是以一个工程项目或项目群为对象编制的网络计划，它往往是多目标网络计划，如新建工业项目、住宅小区、分期分批完成的生产车间或生产系统等。单项工程网络计划是以一个建筑物或构筑物为对象编制的网络计划。局部工程网络计划是以一个单位工程或分部分项工程为对象而编制的网络计划。

以上是从不同角度对网络计划所作的分类，但总体上网络计划可分为确定型和非确定型两大类。本章主要对确定型网络计划进行介绍，具体包括双代号网络、双代号时标网络、单代号网络和单代号搭接网络，按此所作的分类如图4-5所示。

图4-5　网络计划分类

第二节　网络图的绘制

一、双代号网络图的绘制

（一）绘图规则

在绘制双代号网络图时，应遵循以下基本规则：

（1）网络图必须正确表达已定的逻辑关系。由于网络图是有向、有序网状图形，所以其必须严格按照工作之间的逻辑关系绘制。所谓正确表达工作间的逻辑关系，一方面是给定的逻辑关系在网络图上必须表达出来，另一方面是不存在的逻辑关系也不能任意添加。

例如，已知工作之间的逻辑关系如表4-1所示，若绘出网络图4-6（a）则是错误的，因为给定的逻辑关系中工作A不是D的紧前工作。此时，可用虚箭线将工作A和工作D的联系断开，如图4-6（b）所示。

表 4-1 逻 辑 关 系 表

工作	A	B	C	D
紧前工作	—	—	A、B	B

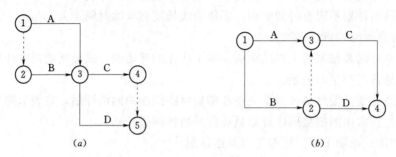

图4-6　按表4-1绘制的网络图
（a）错误画法；（b）正确画法

（2）网络图中严禁出现循环回路。所谓循环回路，是指从一个节点出发，顺箭头方向能回到原出发点而形成的通路。如果出现循环回路，会造成逻辑关系混乱，使工作无法按顺序进行。如图4-7所示，网络图中②—③—④—⑤—⑥—⑦就是一条循环回路，因此是错误的网络图并且此时节点编号也是错误的。

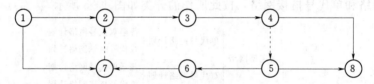

图4-7　存在循环回路的错误网络图

在网络图的绘制过程中，如果能使箭线（包括虚箭线，以下同）始终保持自左向右的方向，不出现箭头指向左方的水平箭线和箭头偏向左方的斜向箭线，就不会出现循环回路。

（3）网络图中严禁出现双向箭头和无箭头的连线。图4-8即为错误的工作箭线画法，因为工作进行的方向不明确，因而不能达到网络图有向的要求。

图4-8　错误的工作箭线画法
（a）双向箭头；（b）无箭头

（4）网络图中严禁出现没有箭头节点或没有箭尾节点的箭线。图4-9即为错误的画法。

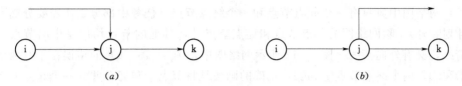

图 4-9 错误的画法

(a) 存在没有箭尾节点的箭线；(b) 存在没有箭头节点的箭线

（5）严禁在箭线上引入或引出箭线，图 4-10 为错误画法。但当网络图的起点节点有多条箭线引出（外向箭线）或终点节点有多条箭线引入（内向箭线）时，为使图形简洁，可用母线法绘图，即将多条箭线经一条共用的垂直线段从起点节点引出，或将多条箭线经一条共用的垂直线段引入终点节点，如图 4-11 所示。对于特殊线型的箭线，如粗箭线、双箭线、虚箭线、彩色箭线等，可在从母线上引出的支线上标出。

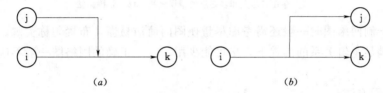

图 4-10 错误的画法

(a) 在箭线上引入箭线；(b) 在箭线上引出箭线

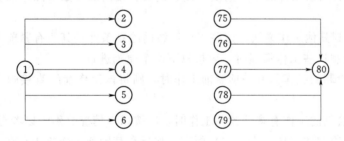

图 4-11 母线法

（6）绘制网络图时，箭线不宜交叉；当交叉不可避免时，可用过桥法或指向法处理，如图 4-12 所示。

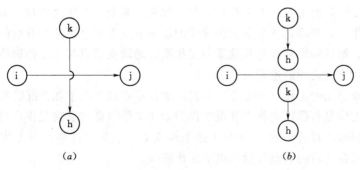

图 4-12 箭线交叉的表示方法

(a) 过桥法；(b) 指向法

(7) 网络图中应只有一个起点节点和一个终点节点（任务中部分工作需要分期完成的网络计划除外）。除网络图的起点节点和终点节点外，其他的节点均应是中间节点，既有内向箭线，又有外向箭线。图 4-13 所示网络图中，图 4-13（a）的错误在于有两个起点节点①和②，两个终点节点⑦和⑧，正确的画法是将节点①和②合并为一个起点节点，将节点⑦和⑧合并为一个终点节点，如图 4-13（b）所示。

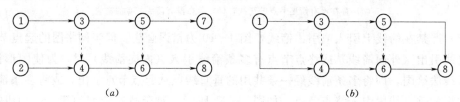

图 4-13　网络图的起点和终点
(a) 存在多起点和多终点的错误画法；(b) 正确画法

此外，绘制网络图时一般还需考虑尽量使图面简洁易懂，布置匀称美观。虚工作的使用原则是在满足逻辑关系的前提下，尽可能少用。一个正确的网络图一般不应该存在多余的虚工作。

（二）绘图方法

当已知每一项工作的紧前工作时，可按下述步骤绘制双代号网络图：

（1）绘制没有紧前工作的工作箭线，使它们具有相同的开始节点，以保证网络图只有一个起点节点。

（2）依次绘制其他工作箭线。这些工作箭线的绘制条件是其所有紧前工作箭线都已经绘制出来。在绘制这些工作箭线时，应按以下两个原则进行：

1）当所要绘制的工作只有一项紧前工作时，则将该工作箭线直接画在其紧前工作箭线之后即可。

2）当所要绘制的工作有多项紧前工作时，应按以下情况分别予以考虑：

①对于所要绘制的工作（本工作）而言，如果在其紧前工作之中存在一项只作为本工作紧前工作的工作（即在紧前工作栏目中，该紧前工作只出现一次），则应将本工作箭线直接画在该紧前工作箭线之后，然后用虚箭线将其他紧前工作箭线的箭头节点与本工作箭线的箭尾节点分别相连，以表达它们之间的逻辑关系。

②对于所要绘制的工作（本工作）而言，如果在其紧前工作之中存在多项作为本工作紧前工作的工作，应先将这些紧前工作箭线的箭头节点合并，再从合并后的节点开始，画出本工作箭线，最后用虚箭线将其他紧前工作箭线的箭头节点与本工作箭线的箭尾节点分别相连，以表达它们之间的逻辑关系。

③对于所要绘制的工作（本工作）而言，如果不存在情况①和情况②时，应判断本工作的所有紧前工作是否都同时作为其他工作的紧前工作（即在紧前工作栏目中，这几项紧前工作是否均同时出现若干次）。如果上述条件成立，应先将这些紧前工作箭线的箭头节点合并后，再从合并后的节点开始画出本工作箭线。

④对于所要绘制的工作（本工作）而言，如果既不存在情况①和情况②，也不存在情况③时，则应将本工作箭线单独画在其紧前工作箭线之后的中部，然后用虚箭线将其各紧

前工作箭线的箭头节点与本工作箭线的箭尾节点分别相连，以表达它们之间的逻辑关系。

（3）当各项工作箭线都绘制出来之后，应合并那些没有紧后工作箭线的箭头节点，以保证网络图只有一个终点节点（多目标网络计划除外）。

（4）当确认所绘制的网络图正确后，即可进行节点编号。网络图的节点编号在满足前述要求的前提下，既可采用连续的编号方法，也可采用不连续的编号方法，如"1、3、5、…"或"5、10、15、…"等，以避免以后增加工作时而改动整个网络图的节点编号。

以上所述是已知每一项工作的紧前工作时的绘图方法，当已知每一项工作的紧后工作时，也可按类似的方法进行网络图的绘制，只是绘图顺序由前述的从左向右改为从右向左。

（三）绘图示例

现举例说明前述双代号网络图的绘制方法。

【例 4 - 1】　已知各工作之间的逻辑关系如表 4 - 2 所示，则可按下述步骤绘制其双代号网络图。

表 4 - 2　　　　　　　　　　　　工作逻辑关系表

工作	A	B	C	D
紧前工作	—	—	A、B	B

（1）绘制工作箭线 A 和工作箭线 B，如图 4 - 14（a）所示。

（2）按前述原则 2）中的情况①绘制工作箭线 C，如图 4 - 14（b）所示。

（3）按前述原则 1）绘制工作箭线 D 后，将工作箭线 C 和 D 的箭头节点合并，以保证网络图只有一个终点节点。当确认给定的逻辑关系表达正确后，再进行节点编号。表 4 - 2 给定逻辑关系所对应的双代号网络图如图 4 - 14（c）所示。

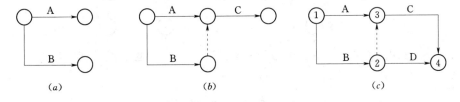

（a）　　　　　　　　　　　　（b）　　　　　　　　　　　　（c）

图 4 - 14　例 4 - 1 绘图过程

【例 4 - 2】　已知各工作之间的逻辑关系如表 4 - 3 所示，则可按下述步骤绘制其双代号网络图。

表 4 - 3　　　　　　　　　　　　工作逻辑关系表

工作	A	B	C	D	E	G
紧前工作	—	—	—	A、B	A、B、C	D、E

（1）绘制工作箭线 A、工作箭线 B 和工作箭线 C，如图 4 - 15（a）所示。

（2）按前述原则 2）中的情况③绘制工作箭线 D，如图 4 - 15（b）所示。

（3）按前述原则 2）中的情况①绘制工作箭线 E，如图 4 - 15（c）所示。

（4）按前述原则 2）中的情况②绘制工作箭线 G。当确认给定的逻辑关系表达正确后，再进行节点编号。表 4-3 给定逻辑关系所对应的双代号网络图如图 4-15（d）所示。

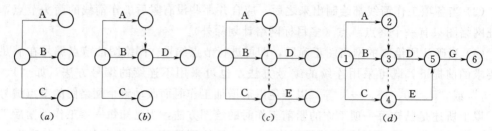

图 4-15　例 4-2 绘图过程

【例 4-3】　已知各工作之间的逻辑关系如表 4-4 所示，则可按下述步骤绘制其双代号网络图。

表 4-4　　　　　　　　**工 作 逻 辑 关 系 表**

工作	A	B	C	D	E
紧前工作	—	—	A	A、B	B

（1）绘制工作箭线 A 和工作箭线 B，如图 4-16（a）所示。

（2）按前述原则 1）分别绘制工作箭线 C 和工作箭线 E，如图 4-16（b）所示。

（3）按前述原则 2）中的情况④绘制工作箭线 D，并将工作箭线 C、工作箭线 D 和工作箭线 E 的箭头合并，以保证网络图的终点节点只有一个。当确认给定的逻辑关系表达正确后，再进行节点编号。表 4-4 给定逻辑关系所对应的双代号网络图如图 4-16（c）所示。

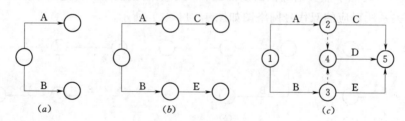

图 4-16　例 4-3 绘图过程

【例 4-4】　已知各工作之间的逻辑关系如表 4-5 所示，则可按下述步骤绘制其双代号网络图。

表 4-5　　　　　　　　**工 作 逻 辑 关 系 表**

工作	A	B	C	D	E	G	H
紧前工作	—	—	—	—	A、B	B、C、D	C、D

（1）绘制工作箭线 A、工作箭线 B、工作箭线 C 和工作箭线 D，如图 4-17（a）所示。

（2）按前述原则 2）中的情况①绘制工作箭线 E，如图 4-17（b）所示。

（3）按前述原则 2）中的情况②绘制工作箭线 H，如图 4-17（c）所示。

（4）按前述原则2）中的情况④绘制工作箭线 G，并将工作箭线 E、工作箭线 G 和工作箭线 H 的箭头合并，以保证网络图的终点节点只有一个。当确认给定的逻辑关系表达正确后，再进行节点编号。表4-5给定逻辑关系所对应的双代号网络图如图4-17（d）所示。

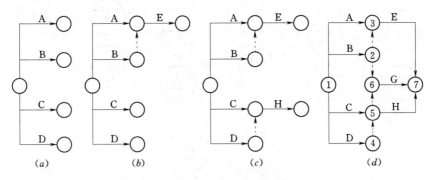

图4-17　例4-4绘图过程

二、单代号网络图的绘制

（一）绘图规则

单代号网络图的绘图规则与双代号网络图的绘图规则基本相同，主要区别在于：当网络图中同时有多项工作开始时，应增设一项虚拟的工作（S）作为该网络图的起点节点；当网络图中同时有多项工作结束时，应增设一项虚拟的工作（F）作为该网络图的终点节点。这样，可以保证单代号网络图中也是只有一个起点节点和一个终点节点。如图4-18所示，其中 S 和 F 为虚拟工作。

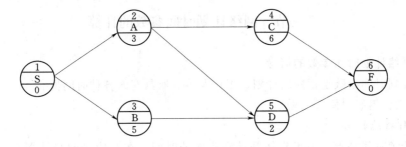

图4-18　具有虚拟起点和虚拟终点的单代号网络图

（二）绘图示例

绘制单代号网络图比较容易，这里仅举一例说明单代号网络图的绘制方法。

【**例4-5**】　已知各工作之间的逻辑关系如表4-6所示，绘制单代号网络图的过程如图4-19（a）～（d）所示。

表4-6　　　　　　　　　　　**工作逻辑关系表**

工作	A	B	C	D	E	G	H	I
紧前工作	—	—	—	—	A、B	B、C、D	C、D	E、G、H

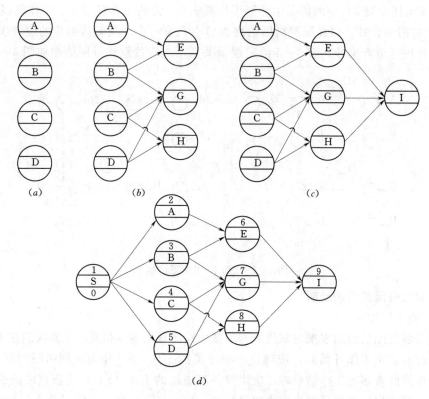

图 4-19　例 4-5 绘图过程

第三节　网络计划时间参数的计算

一、网络计划时间参数的概念

网络计划时间参数是指网络计划、工作及节点所具有的各种时间值。

（一）工作持续时间和工期

1. 工作持续时间

工作持续时间是指一项工作从开始到完成的时间。在双代号网络计划中，工作 $i—j$ 的持续时间用 $D_{i—j}$ 表示；在单代号网络计划中，工作 i 的持续时间用 D_i 表示。

网络计划时间参数的计算应在各项工作的持续时间确定之后进行。工作持续时间的确定通常有以下两种方法：

（1）定额计算法。如果已有定额标准，并且影响工作持续时间变动的因素比较少而且还可以量化，则可按公式（4-1）计算工作的持续时间：

$$D=\frac{Q}{SRN}=\frac{QH}{RN} \tag{4-1}$$

式中　D——工作持续时间；

　　　　Q——工作的工程量，m^3、m^2、t、…；

　　　　S——人工产量定额，$m^3/$工日、$m^2/$工日、$t/$工日、…（或机械台班产量定额，

$m^3/$台班、$m^2/$台班、$t/$台班，…）；

R——投入的工人数或机械台数；

N——工人或机械的工作班次；

H——时间定额，工日$/m^3$、工日$/m^2$、工日$/t$、…。

（2）经验估算法。对于没有定额标准难以采用以上方法或不需要十分精确计算完成工作所需时间的，可根据以往的施工经验估算工作的持续时间。有时为了提高估算的准确程度，往往采用"三时估算法"，即先估算出工作的最乐观（最短）、最可能和最悲观（最长）三个时间，然后根据概率论原理利用公式（4-2）求出持续时间的期望值作为该工作的持续时间：

$$D^e = \frac{a+4m+b}{6} \tag{4-2}$$

式中 D^e——工作持续时间的概率期望值；

a——完成工作的最乐观时间；

m——完成工作的最可能时间；

b——完成工作的最悲观时间。

2. 工期

工期泛指完成一项任务所需要的时间。在网络计划中，工期一般有以下三种：

（1）计算工期。计算工期是根据网络计划时间参数计算而得到的工期，用 T_c 表示。

（2）要求工期。要求工期是任务委托人所提出的指令性工期，用 T_r 表示。

（3）计划工期。计划工期是指根据要求工期和计算工期所确定的作为实施目标的工期，用 T_p 表示。计划工期的确定分以下两种情况：

1）当已规定了要求工期时，计划工期不应超过要求工期，即

$$T_p \leqslant T_r \tag{4-3}$$

2）当未规定要求工期时，计划工期可以等于计算工期，即

$$T_p = T_c \tag{4-4}$$

（二）工作的六个时间参数

除工作持续时间外，网络计划中工作的六个时间参数是：最早开始时间、最早完成时间、最迟完成时间、最迟开始时间、总时差、自由时差。

1. 最早开始时间和最早完成时间

工作的最早开始时间是指在其所有紧前工作全部完成后，本工作有可能开始的最早时刻。工作的最早完成时间是指在其所有紧前工作全部完成后，本工作有可能完成的最早时刻。工作的最早完成时间等于本工作的最早开始时间与其持续时间之和。

在双代号网络计划中，工作 $i—j$ 的最早开始时间和最早完成时间分别用 ES_{i-j} 和 EF_{i-j} 表示；在单代号网络计划中，工作 i 的最早开始时间和最早完成时间分别用 ES_i 和 EF_i 表示。

2. 最迟完成时间和最迟开始时间

工作的最迟完成时间是指在不影响整个任务按期完成的前提下，本工作必须完成的最迟时刻。工作的最迟开始时间是指在不影响整个任务按期完成的前提下，本工作必须开始

的最迟时刻。工作的最迟开始时间等于本工作的最迟完成时间与其持续时间之差。

在双代号网络计划中，工作 $i—j$ 的最迟完成时间和最迟开始时间分别用 $LF_{i—j}$ 和 $LS_{i—j}$ 表示；在单代号网络计划中，工作 i 的最迟完成时间和最迟开始时间分别用 LF_i 和 LS_i 表示。

3. 总时差和自由时差

工作的总时差是指在不影响总工期的前提下，本工作可以利用的机动时间。在双代号网络计划中，工作 $i—j$ 的总时差用 $TF_{i—j}$ 表示；在单代号网络计划中，工作 i 的总时差用 TF_i 表示。

工作的自由时差是指在不影响其紧后工作最早开始时间的前提下，本工作可以利用的机动时间。在双代号网络计划中，工作 $i—j$ 的自由时差用 $FF_{i—j}$ 表示；在单代号网络计划中，工作 i 的总时差用 FF_i 表示。

从总时差和自由时差的定义可知，对于同一项工作而言，自由时差不会超过总时差。当工作的总时差为零时，其自由时差必然为零。

在网络计划的执行过程中，工作的自由时差是该工作可以自由使用的时间。但是，如果利用某项工作的总时差，则有可能使该工作后续工作的总时差减小。

（三）节点最早时间和最迟时间

1. 节点最早时间

节点最早时间是指在双代号网络计划中，以该节点为开始节点的各项工作的最早开始时间。节点 i 的最早时间用 ET_i 表示。

2. 节点最迟时间

节点最迟时间是指在双代号网络计划中，以该节点为完成节点的各项工作的最迟完成时间。节点 j 的最迟时间用 LT_j 表示。

（四）相邻两项工作之间的时间间隔

相邻两项工作之间的时间间隔是指本工作的最早完成时间与其紧后工作最早开始时间之间可能存在的差值。工作 i 与工作 j 之间的时间间隔用 $LAG_{i—j}$ 表示。

二、双代号网络计划时间参数的计算

双代号网络计划的时间参数既可以按工作计算，也可以按节点计算，下面分别以简例说明。

（一）按工作计算法

按工作计算法，就是以网络计划中的工作为对象，直接计算各项工作的时间参数。这些参数包括：工作的最早开始时间和最早完成时间、工作的最迟开始时间和最迟完成时间、工作的总时差和自由时差。此外，还应计算网络计划的计算工期。

为了简化计算，网络计划时间参数中的开始时间和完成时间都应以时间单位的终了时刻为标准。如第 3 天开始即指第 3 天终了（下班）时刻开始，实际上是第 4 天上班时刻才开始；第 5 天完成即是指第 5 天终了（下班）时刻完成。

下面以图 4-20 所示双代号网络计划为例，说明按工作计算法计算时间参数的过程。其计算结果如图 4-21 所示。

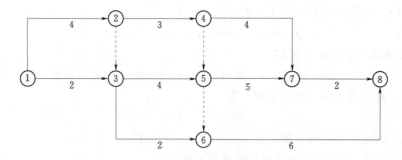

图 4-20　双代号网络计划

1. 计算工作的最早开始时间和最早完成时间

工作最早开始时间和最早完成时间的计算应从网络计划的起点节点开始，顺着箭线方向依次进行。其计算步骤如下：

（1）以网络计划起点节点为开始节点的工作，当未规定其最早开始时间时，其最早开始时间设定为零。例如在本例中，工作 1—2 和工作 1—3 的最早开始时间都为零，即

$$ES_{1-2}=ES_{1-3}=0$$

（2）工作的最早完成时间可利用公式（4-5）进行计算：

$$EF_{i-j}=ES_{i-j}+D_{i-j} \tag{4-5}$$

例如在本例中，工作 1—2 和工作 1—3 的最早完成时间分别为

$$EF_{1-2}=ES_{1-2}+D_{1-2}=0+4=4$$
$$EF_{1-3}=ES_{1-3}+D_{1-3}=0+2=2$$

（3）其他工作的最早开始时间应等于其紧前工作最早完成时间的最大值，即

$$ES_{i-j}=\max\{EF_{h-i}\}=\max\{ES_{h-i}+D_{h-i}\} \tag{4-6}$$

式中　D_{h-i}、ES_{h-i} 和 EF_{h-i}——工作 $i-j$ 的紧前工作 $h-i$（非虚工作）的持续时间、最早开始时间和最早完成时间。

例如在本例中，其他工作的最早开始时间和最早完成时间分别为

$$ES_{2-4}=EF_{1-2}=4;EF_{2-4}=ES_{2-4}+D_{2-4}=4+3=7$$
$$ES_{3-5}=\max\{EF_{1-2},EF_{1-3}\}=\max\{4,2\}=4;EF_{3-5}=ES_{3-5}+D_{3-5}=4+4=8$$
$$ES_{3-6}=\max\{EF_{1-2},EF_{1-3}\}=\max\{4,2\}=4;EF_{3-6}=ES_{3-6}+D_{3-6}=4+2=6$$
$$ES_{4-7}=EF_{2-4}=7;EF_{4-7}=ES_{4-7}+D_{4-7}=7+4=11$$
$$ES_{5-7}=\max\{EF_{2-4},EF_{3-5}\}=\max\{7,8\}=8;EF_{5-7}=ES_{5-7}+D_{5-7}=8+5=13$$
$$ES_{6-8}=\max\{EF_{2-4},EF_{3-5},EF_{3-6}\}=\max\{7,8,6\}=8;$$
$$EF_{6-8}=ES_{6-8}+D_{6-8}=8+6=14$$
$$ES_{7-8}=\max\{EF_{4-7},EF_{5-7}\}=\max\{11,13\}=13;EF_{7-8}=ES_{7-8}+D_{7-8}=13+2=15$$

（4）网络计划的计算工期应等于以网络计划终点节点为完成节点的工作的最早完成时间的最大值，即

$$T_c=\max\{EF_{i-n}\}=\max\{ES_{i-n}+D_{i-n}\} \tag{4-7}$$

式中　D_{i-n}、ES_{i-n} 和 EF_{i-n}——以网络计划终点节点 n 为完成节点的工作 $i-n$ 的持续时间、最早开始时间和最早完成时间。

在本例中，网络计划的计算工期为

$$T_c = \max\{EF_{6-8}, EF_{7-8}\} = \max\{14, 15\} = 15$$

2. 确定网络计划的计划工期

网络计划的计划工期应按式（4-3）或式（4-4）确定。在本例中，假设未规定要求工期，则其计划工期就等于计算工期，即

$$T_p = T_c = 15$$

计划工期应标注在网络计划终点节点的右上方，如图 4-21 所示。

3. 计算工作的最迟完成时间和最迟开始时间

工作最迟完成时间和最迟开始时间的计算应从网络计划的终点节点开始，逆着箭线方向依次进行。其计算步骤如下：

（1）以网络计划终点节点为完成节点的工作，其最迟完成时间等于网络计划的计划工期，即

$$LF_{i-n} = T_p \qquad\qquad (4-8)$$

例如在本例中，工作 6—8 和工作 7—8 的最迟完成时间分别为

$$LF_{6-8} = LF_{7-8} = T_p = 15$$

（2）工作的最迟开始时间可利用公式（4-9）进行计算：

$$LS_{i-j} = LF_{i-j} - D_{i-j} \qquad\qquad (4-9)$$

例如在本例中，工作 6—8 和工作 7—8 的最迟开始时间分别为

$$LS_{6-8} = LF_{6-8} - D_{6-8} = 15 - 6 = 9$$
$$LS_{7-8} = LF_{7-8} - D_{7-8} = 15 - 2 = 13$$

（3）其他工作的最迟完成时间应等于其紧后工作的最迟开始时间的最小值，即

$$LF_{i-j} = \min\{LS_{j-k}\} = \min\{LF_{j-k} - D_{j-k}\} \qquad\qquad (4-10)$$

式中　D_{j-k}、LS_{j-k} 和 LF_{j-k}——工作 $i-j$ 的紧后工作 $j-k$（非虚工作）的持续时间、最迟开始时间和最迟完成时间。

例如在本例中，其他工作的最迟完成时间和最迟开始时间分别为

$LF_{5-7} = LS_{7-8} = 13$；$LS_{5-7} = LF_{5-7} - D_{5-7} = 13 - 5 = 8$

$LF_{4-7} = LS_{7-8} = 13$；$LS_{4-7} = LF_{4-7} - D_{4-7} = 13 - 4 = 9$

$LF_{3-6} = LS_{6-8} = 9$；$LS_{3-6} = LF_{3-6} - D_{3-6} = 9 - 2 = 7$

$LF_{3-5} = \min\{LS_{5-7}, LS_{6-8}\} = \min\{8, 9\} = 8$；$LS_{3-5} = LF_{3-5} - D_{3-5} = 8 - 4 = 4$

$LF_{2-4} = \min\{LS_{4-7}, LS_{5-7}, LS_{6-8}\} = \min\{9, 8, 9\} = 8$；

$LS_{2-4} = LF_{2-4} - D_{2-4} = 8 - 3 = 5$

$LF_{1-3} = \min\{LS_{3-5}, LS_{3-6}\} = \min\{4, 7\} = 4$；$LS_{1-3} = LF_{1-3} - D_{1-3} = 4 - 2 = 2$

$LF_{1-2} = \min\{LS_{2-4}, LS_{3-5}, LS_{3-6}\} = \min\{5, 4, 7\} = 4$；

$LS_{1-4} = LF_{1-4} - D_{1-4} = 4 - 4 = 0$

4. 计算工作的总时差

工作的总时差等于该工作最迟完成时间与最早完成时间之差，或该工作最迟开始时间与最早开始时间之差，即

$$TF_{i-j} = LF_{i-j} - EF_{i-j} = LS_{i-j} - ES_{i-j} \qquad\qquad (4-11)$$

例如在本例中，工作 3—6 的总时差为

$$TF_{3-6}=LF_{3-6}-EF_{3-6}=9-6=3$$

或

$$TF_{3-6}=LS_{3-6}-ES_{3-6}=7-4=3$$

5. 计算工作的自由时差

工作自由时差的计算应按以下两种情况分别考虑：

（1）对于有紧后工作的工作，其自由时差等于本工作的紧后工作最早开始时间减本工作最早完成时间所得之差的最小值，即

$$FF_{i-j}=\min\{ES_{j-k}-EF_{i-j}\}=\min\{ES_{j-k}-ES_{i-j}-D_{j-k}\} \qquad (4-12)$$

例如在本例中，工作 2—4 和工作 3—6 的自由时差分别为

$$FF_{2-4}=\min\{ES_{4-7}-EF_{2-4}，ES_{5-7}-EF_{2-4}，ES_{6-8}-EF_{2-4}\}$$
$$=\min\{7-7，8-7，8-7\}$$
$$=0$$
$$FF_{3-6}=ES_{6-8}-EF_{3-6}=8-6=2$$

（2）对于无紧后工作的工作，也就是以网络计划终点节点为完成节点的工作，其自由时差等于计划工期与本工作最早完成时间之差，即

$$FF_{i-n}=T_p-EF_{i-n}=T_p-ES_{i-n}-D_{i-n} \qquad (4-13)$$

例如在本例中，工作 6—8 和工作 7—8 的自由时差分别为

$$FF_{6-8}=T_p-EF_{6-8}=15-14=1$$
$$FF_{7-8}=T_p-EF_{7-8}=15-15=0$$

需要指出的是，对于网络计划中以终点节点为完成节点的工作，其自由时差与总时差相等。此外，由于工作的自由时差是其总时差的组成部分，所以，当工作的总时差为零时，其自由时差必然为零，不必进行专门计算。例如在本例中，工作 1—2、工作 3—5、工作 5—7 和工作 7—8 的总时差全部为零，故其自由时差也全部为零。

6. 确定关键工作和关键线路

在网络计划中，总时差最小的工作为关键工作。特别地，当网络计划的计划工期等于计算工期时，总时差为零的工作就是关键工作。例如在本例中，工作 1—2、工作 3—5、工作 5—7 和工作 7—8 的总时差均为零，所以它们都是关键工作。

找出关键工作之后，将这些关键工作首尾相连，便构成从起点节点到终点节点的通路，位于该通路上各项工作的持续时间总和最大，这条通路就是关键线路。关键线路上可能存在虚工作。

关键线路一般用粗箭线或双箭线标出，也可以用彩色箭线标出。例如在本例中，用粗箭线标出的线路①—②—③—⑤—⑦—⑧即为关键线路，如图 4-21 所示。关键线路上各项工作的持续时间总和应等于网络计划的计算工期，这一特点也是判断关键线路是否正确的准则。

（二）按节点计算法

所谓按节点计算法，就是先计算网络计划中各个节点的最早时间和最迟时间，然后再据此计算各项工作的时间参数和网络计划的计算工期。

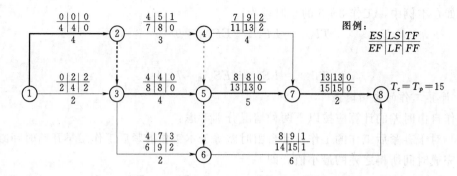

图 4-21 双代号网络计划时间参数计算（六时标注法）

下面仍以图 4-20 所示双代号网络计划为例，说明按节点计算法计算时间参数的过程。其计算结果如图 4-22 所示。

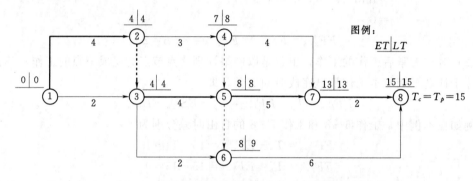

图 4-22 双代号网络计划节点法时间参数计算

1. 计算节点的最早时间和最迟时间

（1）计算节点的最早时间。节点最早时间的计算应从网络计划的起点节点开始，顺着箭线方向依次进行。其计算步骤如下：

1）网络计划起点节点，如未规定最早时间时，其值等于零。例如本例中，起点节点①的最早时间为零，即

$$ET_1=0$$

2）其他节点的最早时间应按式（4-14）进行计算：

$$ET_j=\max\{ET_i+D_{i-j}\} \qquad (4-14)$$

式中 ET_j——工作 i—j 的完成节点 j 的最早时间；

ET_i——工作 i—j 的开始节点 i 的最早时间；

D_{i-j}——工作 i—j 的持续时间。

例如在本例中，各节点的最早时间分别为

$ET_2=ET_1+D_{1-2}=0+4=4$

$ET_3=\max\{ET_1+D_{1-3},ET_2+D_{2-3}\}=\max\{0+2,4+0\}=4$

$ET_4=ET_2+D_{2-4}=4+3=7$

$ET_5=\max\{ET_3+D_{3-5},ET_4+D_{4-5}\}=\max\{4+4,7+0\}=8$

$ET_6=\max\{ET_3+D_{3-6},ET_5+D_{5-6}\}=\max\{4+2,8+0\}=8$

$$ET_7 = \max\{ET_4 + D_{4-7}, ET_5 + D_{5-7}\} = \max\{7+4, 8+5\} = 13$$

$$ET_8 = \max\{ET_7 + D_{7-8}, ET_6 + D_{6-8}\} = \max\{13+2, 8+6\} = 15$$

3）网络计划的计算工期等于网络计划终点节点的最早时间，即

$$T_c = ET_n \qquad (4-15)$$

式中　EF_n——网络计划终点节点 n 的最早时间。

例如在本例中，其计算工期为

$$T_c = ET_8 = 15$$

（2）确定网络计划的计划工期。网络计划的计划工期应按公式（4-3）或公式（4-4）确定。在本例中，假设未规定要求工期，则其计划工期就等于计算工期，即

$$T_p = T_c = 15$$

计划工期应标注在终点节点的旁边，如图 4-22 所示。

（3）计算节点的最迟时间。节点最迟时间的计算应从网络计划的终点节点开始，逆着箭线方向依次进行。其计算步骤如下：

1）网络计划终点节点的最迟时间等于网络计划的计划工期，即

$$LT_n = T_p \qquad (4-16)$$

例如在本例中，终点节点⑧的最迟时间为

$$LT_8 = T_p = 15$$

2）其他节点的最迟时间应按公式（4-17）进行计算：

$$LT_i = \min\{LT_j - D_{i-j}\} \qquad (4-17)$$

式中　LT_i——工作 $i-j$ 的开始节点 i 的最迟时间；

　　　LT_j——工作 $i-j$ 的完成节点 j 的最迟时间；

　　　D_{i-j}——工作 $i-j$ 的持续时间。

例如在本例中，其他各节点的最迟时间分别为

$$LT_7 = LT_8 - D_{7-8} = 15 - 2 = 13$$

$$LT_6 = LT_8 - D_{6-8} = 15 - 6 = 9$$

$$LT_5 = \min\{LT_7 - D_{5-7}, LT_6 - D_{5-6}\} = \min\{13-5, 9-0\} = 8$$

$$LT_4 = \min\{LT_7 - D_{4-7}, LT_5 - D_{4-5}\} = \min\{13-4, 8-0\} = 8$$

$$LT_3 = \min\{LT_5 - D_{3-5}, LT_6 - D_{3-6}\} = \min\{8-4, 9-2\} = 4$$

$$LT_2 = \min\{LT_4 - D_{2-4}, LT_3 - D_{2-3}\} = \min\{8-3, 4-0\} = 4$$

$$LT_1 = \min\{LT_3 - D_{1-3}, LT_2 - D_{1-2}\} = \min\{4-2, 4-4\} = 0$$

2. 根据节点的最早时间和最迟时间判定工作的六个时间参数

（1）工作的最早开始时间等于该工作开始节点的最早时间，即

$$ES_{i-j} = ET_i \qquad (4-18)$$

例如在本例中，工作 1—3 和工作 3—6 的最早开始时间分别为

$$ES_{1-3} = ET_1 = 0$$

$$ES_{3-6} = ET_3 = 4$$

（2）工作的最早完成时间等于该工作开始节点的最早时间与其持续时间之和，即

$$EF_{i-j} = ET_i + D_{i-j} \qquad (4-19)$$

例如在本例中，工作 1—3 和工作 3—6 的最早完成时间分别为

$$EF_{1-3} = ET_1 + D_{1-3} = 0 + 2 = 2$$

$$EF_{3-6} = ET_3 + D_{3-6} = 4 + 2 = 6$$

（3）工作的最迟完成时间等于该工作完成节点的最迟时间，即

$$LF_{i-j} = LT_j \qquad\qquad (4-20)$$

例如在本例中，工作 1—3 和工作 3—6 的最迟完成时间分别为

$$LF_{1-3} = LT_3 = 4$$

$$LF_{3-6} = LT_6 = 9$$

（4）工作的最迟开始时间等于该工作完成节点的最迟时间与其持续时间之差，即

$$LS_{i-j} = LT_j - D_{i-j} \qquad\qquad (4-21)$$

例如在本例中，工作 1—3 和工作 3—6 的最迟开始时间分别为

$$LS_{1-3} = LT_3 - D_{1-3} = 4 - 2 = 2$$

$$LS_{3-6} = LT_6 - D_{3-6} = 9 - 2 = 7$$

（5）工作的总时差根据式（4-11）、式（4-20）和式（4-19）可得

$$
\begin{aligned}
TF_{i-j} &= LF_{i-j} - EF_{i-j}\\
&= LT_j - (ET_i + D_{i-j})\\
&= LT_j - ET_i - D_{i-j} \qquad\qquad (4-22)
\end{aligned}
$$

由公式（4-22）可知，工作的总时差等于该工作完成节点的最迟时间减去该工作开始节点的最早时间所得差值再减其持续时间。例如在本例中，工作 1—3 和工作 3—6 的总时差分别为

$$TF_{1-3} = LT_3 - ET_1 - D_{1-3} = 4 - 0 - 2 = 2$$

$$TF_{3-6} = LT_6 - ET_3 - D_{3-6} = 9 - 4 - 2 = 3$$

（6）工作的自由时差由公式（4-12）和公式（4-18）可得

$$
\begin{aligned}
FF_{i-j} &= \min\{ES_{j-k} - ES_{i-j} - D_{i-j}\}\\
&= \min\{ES_{j-k}\} - ES_{i-j} - D_{i-j}\\
&= \min\{ET_j\} - ET_i - D_{i-j} \qquad\qquad (4-23)
\end{aligned}
$$

由公式（4-23）可知，工作的自由时差等于该工作完成节点的最早时间减去该工作开始节点的最早时间所得差值再减其持续时间。例如在本例中，工作 1—3 和工作 3—6 的自由时差分别为

$$FF_{1-3} = ET_3 - ET_1 - D_{1-3} = 4 - 0 - 2 = 2$$

$$TF_{3-6} = ET_6 - ET_3 - D_{3-6} = 8 - 4 - 2 = 2$$

特别需要注意的是，如果本工作与其各紧后工作之间存在虚工作时，其中的 ET_j 应为本工作紧后工作开始节点的最早时间，而不是本工作完成节点的最早时间。

3. 确定关键线路和关键工作

在按节点法计算时，关键线路和关键工作的判定仍可用前述的按工作计算法时的判定方法，即总时差最小的工作为关键工作，特别地，当网络计划工期等于计算工期时，总时差为零的工作就是关键工作。将关键工作首尾相连而组成的通路就是关键线路。

此外，还可用关键节点来判定关键线路。在双代号网络计划中，关键线路上的节点称

为关键节点。关键工作两端的节点必为关键节点，但两端为关键节点的工作不一定是关键工作。关键节点的最迟时间与最早时间的差值最小。特别地，当网络计划的计划工期等于计算工期时，关键节点的最早时间与最迟时间必然相等，而且，以关键节点为完成节点的工作，其总时差和自由时差也相等。例如在本例中，节点①、②、③、⑤、⑦、⑧就是关键节点。关键节点必然处在关键线路上，但由关键节点组成的线路不一定是关键线路。例如在本例中，由关键节点①、③、⑤、⑦、⑧组成的线路就不是关键线路，因为关键节点①、③之间的工作 1—3 不是关键工作。

当利用关键节点判别关键线路和关键工作时，还需要判别两关键节点间的工作 $i—j$ 是否满足下列关系：

$$ET_i + D_{i-j} = ET_j \qquad\qquad (4-24)$$

$$LT_i + D_{i-j} = LT_j \qquad\qquad (4-25)$$

如果两个关键节点之间的工作符合上述判别式，则该工作必然为关键工作，它应该在关键线路上。否则，该工作就不是关键工作，关键线路也就不会从此处通过。例如在本例中，工作 1—2、虚工作 2—3、工作 3—5、工作 5—7 和工作 7—8 均符合上述判别式，故线路①—②—③—⑤—⑦—⑧就是关键线路，如图中用粗箭线标出。

（三）标号法

标号法是一种快速寻求网络计划计算工期和关键线路的方法。它利用按节点计算法的基本原理，对网络计划中的每一个节点进行标号，然后利用标号值确定网络计划的计算工期和关键线路。

下面仍以图 4-20 所示网络计划为例，说明标号法的计算过程。其计算结果如图 4-23 所示。

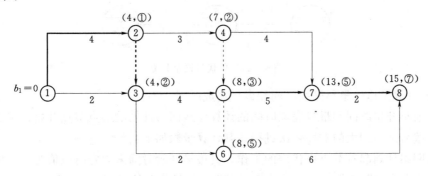

图 4-23 双代号网络计划标号法

（1）网络计划起点节点的标号值为零。例如在本例中，节点①的标号值为零，即

$$b_1 = 0$$

（2）其他节点的标号值应根据公式（4-26）按节点编号从小到大的顺序逐个进行计算：

$$b_j = \max\{b_i + D_{i-j}\} \qquad\qquad (4-26)$$

式中　b_j——工作 $i—j$ 的完成节点的标号值；

　　　b_i——工作 $i—j$ 的开始节点的标号值；

　　　D_{i-j}——工作 $i—j$ 的持续时间。

例如在本例中，节点②和节点③的标号值分别为

$$b_2 = b_1 + D_{1-2} = 0 + 4 = 4$$

$$b_3 = \max\{b_1 + D_{1-3}, b_2 + D_{2-3}\} = \max\{0 + 2, 4 + 0\} = 4$$

当计算出节点的标号值后，应该用其标号值及其源节点对该节点进行双标号。所谓源节点，就是用来确定本节点标号值的节点。例如在本例中，节点③的标号值 4 是由节点②所确定的，故节点③的源节点就是节点②。如果源节点有多个，应将所有源节点标出。

（3）网络计划的计算工期就是网络计划终点节点的标号值。例如在本例中，其计算工期就等于终点节点⑧的标号值 15。

（4）关键线路应从网络计划的终点节点开始，逆着箭线方向按源节点确定。例如在本例中，从终点节点⑧开始，逆着箭线方向按源节点可以找出关键线路为①－②－③－⑤－⑦－⑧。

三、单代号网络计划时间参数的计算

单代号网络计划与双代号网络计划只是表现形式不同，它们所表达的内容则完全一样。下面以图 4 - 24 所示单代号网络计划为例，说明其时间参数的计算过程。

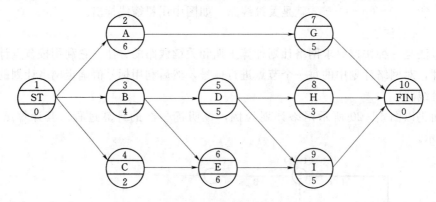

图 4 - 24　单代号网络计划

（一）计算工作的最早开始时间和最早完成时间

工作最早开始时间和最早完成时间的计算应从网络计划的起点节点开始，顺着箭线方向按节点编号从小到大的顺序依次进行。其计算步骤如下：

（1）网络计划起点节点所代表的工作，其最早开始时间未规定时取值为零。例如在本例中，起点节点 ST 所代表的工作（虚拟工作）的最早开始时间为零，即

$$ES_1 = 0 \tag{4-27}$$

（2）工作的最早完成时间应等于本工作的最早开始时间与其持续时间之和，即

$$EF_i = ES_i + D_i \tag{4-28}$$

例如在本例中，虚拟工作 ST 和工作 A 的最早完成时间分别为

$$EF_1 = ES_1 + D_1 = 0 + 0 = 0$$

$$EF_2 = ES_2 + D_2 = 0 + 6 = 6$$

（3）其他工作的最早开始时间应等于其紧前工作最早完成时间的最大值，即

$$ES_j = \max\{EF_i\} \tag{4-29}$$

式中 ES_j——工作 j 的最早开始时间;

$\quad EF_i$——工作 j 的紧前工作 i 的最早完成时间。

例如在本例中,工作 E 和工作 G 的最早开始时间分别为

$$ES_6 = \max\{EF_3 + EF_4\} = \max\{4,2\} = 4$$

$$ES_7 = EF_2 = 6$$

(4) 网络计划的计算工期等于其终点节点所代表的工作的最早完成时间。例如在本例中,其计算工期为

$$T_c = EF_{10} = 15$$

(二) 计算相邻两项工作之间的时间间隔

相邻两项工作之间的时间间隔是指其紧后工作的最早开始时间与本工作最早完成时间的差值,即

$$LAG_{i,j} = ES_j - EF_i \qquad (4-30)$$

式中 $LAG_{i,j}$——工作 i 与其紧后工作 j 之间的时间间隔;

$\quad ES_j$——工作 i 的紧后工作 j 的最早开始时间;

$\quad EF_i$——工作 i 的最早完成时间。

例如在本例中,工作 A 与工作 G、工作 C 与工作 E 的时间间隔分别为

$$LAG_{2,7} = ES_7 - EF_2 = 6 - 6 = 0$$

$$LAG_{4,6} = ES_6 - EF_4 = 4 - 2 = 2$$

(三) 确定网络计划的计划工期

网络计划的计划工期仍按式 (4-3) 或式 (4-4) 确定。在本例中,假设未规定要求工期,则其计划工期就等于计算工期,即

$$T_p = T_c = 15$$

(四) 计算工作的总时差

工作总时差的计算应从网络计划的终点节点开始,逆着箭线方向按节点编号从大到小的顺序依次进行。

(1) 网络计划终点节点 n 所代表的工作的总时差应等于计划工期与计算工期之差,即

$$TF_n = T_p - T_c \qquad (4-31)$$

当计划工期等于计算工期时,该工作的总时差为零。例如在本例中,终点节点⑩所代表的工作 FIN (虚拟工作) 的总时差为

$$TF_{10} = T_p - T_c = 15 - 15 = 0$$

(2) 其他工作的总时差应等于本工作与其各紧后工作之间的时间间隔加该紧后工作的总时差所得之和的最小值,即

$$TF_i = \min\{LAG_{i,j} + TF_j\} \qquad (4-32)$$

式中 TF_i——工作 i 的总时差;

$LAG_{i,j}$——工作 i 与其紧后工作 j 之间的时间间隔;

$\quad TF_j$——工作 i 的紧后工作 j 的总时差。

例如在本例中,工作 H 和工作 D 的总时差分别为

$$TF_8 = LAG_{8,10} + TF_{10} = 3 + 0 = 3$$

$$TF_5 = \min\{LAG_{5,8} + TF_8, LAG_{5,9} + TF_9\} = \min\{0 + 3, 1 + 0\} = 1$$

（五）计算工作的自由时差

（1）网络计划终点节点 n 所代表的工作的自由时差等于计划工期与本工作的最早完成时间之差，即

$$FF_n = T_p - EF_n \tag{4-33}$$

式中　FF_n——终点节点 n 所代表的工作的自由时差；

　　　T_p——网络计划的计划工期；

　　　EF_n——终点节点 n 所代表的工作的最早完成时间（即计算工期）。

例如在本例中，终点节点⑩所代表的工作 FIN（虚拟工作）的自由时差为

$$FF_{10} = T_p - EF_{10} = 15 - 15 = 0$$

（2）其他工作的自由时差等于本工作与其紧后工作之间时间间隔的最小值，即

$$FF_i = \min\{LAG_{i,j}\} \tag{4-34}$$

例如在本例中，工作 D 和工作 G 的自由时差分别为

$$FF_5 = \min\{LAG_{5,8}, LAG_{5,9}\} = \min\{0, 1\} = 0$$

$$FF_7 = LAG_{7,10} = 4$$

（六）计算工作的最迟完成时间和最迟开始时间

工作的最迟完成时间和最迟开始时间的计算可按以下两种方法进行。

1. 根据总时差计算

（1）工作的最迟完成时间等于本工作的最早完成时间与其总时差之和，即

$$LF_i = EF_i + TF_i \tag{4-35}$$

例如在本例中，工作 D 和工作 G 的最迟完成时间分别为

$$LF_5 = EF_5 + TF_5 = 9 + 1 = 10$$

$$LF_7 = EF_7 + TF_7 = 11 + 4 = 15$$

（2）工作的最迟开始时间等于本工作的最早开始时间与其总时差之和，即

$$LS_i = ES_i + TF_i \tag{4-36}$$

例如在本例中，工作 D 和工作 G 的最迟开始时间分别为

$$LS_5 = ES_5 + TF_5 = 4 + 1 = 5$$

$$LS_7 = ES_7 + TF_7 = 6 + 4 = 10$$

2. 根据计划工期计算

工作最迟完成时间和最迟开始时间的计算应从网络计划的终点节点开始，逆着箭线方向按节点编号从大到小的顺序依次进行。

（1）网络计划终点节点 n 所代表的工作的最迟完成时间等于该网络的计划工期，即

$$LF_n = T_p \tag{4-37}$$

例如在本例中，终点节点⑩所代表的工作 FIN（虚拟工作）的最迟完成时间为

$$LF_{10} = T_p = 15$$

（2）工作的最迟开始时间等于本工作的最迟完成时间与其持续时间之差，即

$$LS_i = LF_i - D_i \qquad (4-38)$$

例如在本例中，虚拟工作 FIN 和工作 G 的最迟开始时间分别为

$$LS_{10} = LF_{10} - D_{10} = 15 - 0 = 15$$

$$LS_7 = LF_7 - D_7 = 15 - 5 = 10$$

（3）其他工作的最迟完成时间等于该工作各紧后工作最迟开始时间的最小值，即

$$LF_i = \min\{LS_j\} \qquad (4-39)$$

式中　LF_i——工作 i 的最迟完成时间；

LS_j——工作 i 的紧后工作 j 的最迟开始时间。

例如在本例中，工作 H 和工作 D 的最迟完成时间分别为

$$LF_8 = LS_{10} = 15$$

$$LF_5 = \min\{LS_8, LS_9\} = \min\{12, 10\} = 10$$

（七）确定网络计划的关键线路

1. 利用关键工作确定关键线路

如前所述，总时差最小的工作为关键工作。将这些关键工作相连，并保证相邻两项关键工作之间的时间间隔为零而构成的线路就是关键线路。

例如在本例中，由于工作 B、工作 E 和工作 I 的总时差均为零，故它们为关键工作。由网络计划的起点节点①和终点节点⑩与上述三项关键工作组成的线路上，相邻两项工作之间的时间间隔全部为零，故线路①—③—⑥—⑨—⑩为关键线路。

2. 利用相邻两项工作之间的时间间隔确定关键线路

从网络计划的终点节点开始，逆着箭线方向依次找出相邻两项工作之间时间间隔为零的线路就是关键线路。例如在本例中，逆着箭线方向可以直接找出关键线路①—③—⑥—⑨—⑩，因为在这条线路上，相邻两项工作之间的时间间隔均为零。

在网络计划中，关键线路可以用粗箭线、双箭线或彩色箭线标出，本例用粗箭线标出。计算结果如图 4-25 所示。

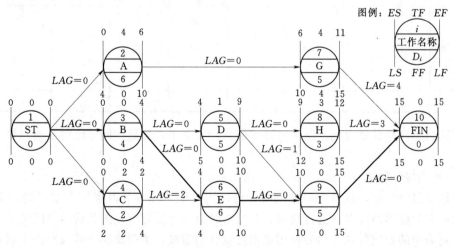

图 4-25　单代号网络计划时间参数计算

第四节   双代号时标网络计划

双代号时标网络计划（简称时标网络计划）必须以水平时间坐标为尺度表示工作时间。时标的时间单位应根据需要在编制网络计划之前确定，可以是小时、天、周、月或季度等。

在时标网络计划中，以实箭线表示工作，实箭线的水平投影长度表示该工作的持续时间；以虚箭线表示虚工作，由于虚工作的持续时间为零，故虚箭线只能垂直画，有水平段时用波形线表示；波形线表示工作与其紧后工作之间的时间间隔（以终点节点为完成节点的工作除外，当计划工期等于计算工期时，这些工作箭线中波形线的水平投影长度表示其自由时差）。

时标网络计划既具有网络计划的优点，又具有横道计划直观易懂的优点，它将网络计划的时间参数直观地表达出来。

一、时标网络计划的编制方法

时标网络计划宜按各项工作的最早开始时间编制。为此，在编制时标网络计划时应使每一个节点和每一项工作（包括虚工作）尽量向左靠，直至不出现从右向左的逆向箭线为止。

在编制时标网络计划之前，应先按已经确定的时间单位绘制时标网络计划表。时间坐标可以标注在时标网络计划表的顶部和底部。当网络计划的规模比较大，且比较复杂时，可以在时标网络计划表的顶部和底部同时标注时间坐标。必要时，还可以在顶部时间坐标之上或底部时间坐标之下同时加注日历时间。时标网络计划表如表4-7所示。表中部的刻度线宜为细线。为使图面清晰简洁，此线也可不画或少画。

表 4 - 7   **时 标 计 划 表**

日 历															
（时间单位）	1	2	3	4	5	6	7	8	9	10	11	12	13	14	15	16
网络计划															
（时间单位）															

编制时标网络计划应先绘制无时标的网络计划草图，然后按间接绘制法或直接绘制法进行。

（一）间接绘制法

所谓间接绘制法，是指先根据无时标的网络计划草图计算其时间参数并确定关键线路，然后在时标网络计划中进行绘制。在绘制时应先将所有节点按其最早时间定位在时标网络计划表中的相应位置，然后再用规定线型（实箭线、虚箭线和波形线）按比例给出工作和虚工作。当某些工作箭线的长度不足以到达该工作的完成节点时，需用波形线补足，箭头应画在与该工作完成节点的连接处。

（二）直接绘制法

所谓直接绘制法，是指不计算时间
参数而直接按无时标的网络计划的草图
绘制时标网络计划。现以图 4-26 所示
网络计划为例，说明时标网络计划的绘
制过程。

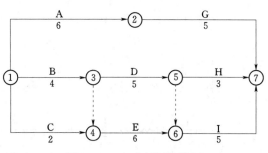

图 4-26 双代号网络计划

（1）将网络计划的起点节点定位在
时标网络计划表的起始刻度线上。如图 4-27 所示，节点①就是定位在时标网络计划表的
起始刻度"0"位置上。

（2）按工作的持续时间绘制以网络计划起点节点为开始节点的工作箭线，如图 4-27
所示，分别绘出工作箭线 A、B 和 C。

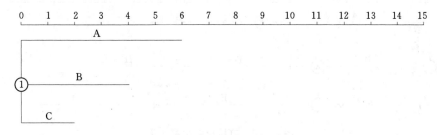

图 4-27 直接绘制法第 1 步

（3）除网络计划的起点节点外，其他节点必须在所有以该节点为完成节点的工作箭线
均绘出后，定位在这些工作箭线中最迟的箭线末端。当某些工作箭线的长度不足以到达该
节点时，需用波形线补足，箭头画在与该节点的连接处。例如在本例中，节点②直接定位
在工作箭线 A 的末端；节点③直接定位在工作箭线 B 的末端；节点④的位置需要在绘出
虚箭线 3—4 之后，定位在工作箭线 C 和虚箭线 3—4 中最迟的箭线末端，即坐标"4"的
位置上。此时，工作箭线 C 的长度不足以到达节点④，因而用波形线补足，如图 4-28 所
示。

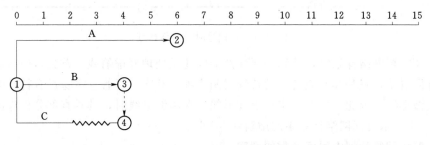

图 4-28 直接绘制法第 2 步

（4）当某个节点的位置确定后，即可绘制以该节点为开始节点的工作箭线。例如在本
例中，在图 4-28 基础之上，可以分别以节点②、节点③和节点④为开始节点绘制工作箭
线 G、工作箭线 D 和工作箭线 E，如图 4-29 所示。

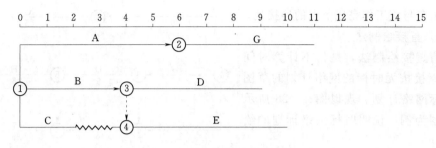

图 4-29　直接绘制法第 3 步

（5）利用上述方法从左至右依次确定其他各个节点的位置，直至给出网络计划的终点节点。例如在本例中，在图 4-29 基础之上，可以分别确定节点⑤和节点⑥的位置，并在它们之后分别绘制工作箭线 H 和工作箭线 I，如图 4-30 所示。

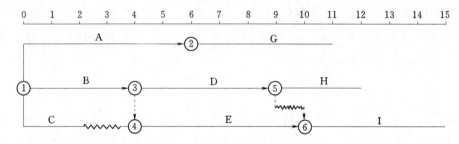

图 4-30　直接绘制法第 4 步

最后，根据工作箭线 G、工作箭线 H 和工作箭线 I 确定出终点节点的位置。本例所对应的如图 4-31 所示，图中加粗箭线表示的线路为关键线路。

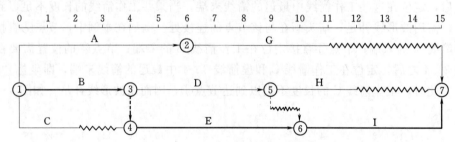

图 4-31　双代号时标网络计划

在绘制时标网络计划时，特别需要注意的问题是处理好虚箭线。首先，应将虚箭线与实箭线等同看待，只是其对应工作的持续时间为零；其次，尽管它本身没有持续时间，但可能存在波形线，因此，要按规定画出波形线。在画波形线时，其垂直部分仍应画为虚线（如图 4-31 所示时标网络计划中的虚箭线 5—6）。

二、时标网络计划中时间参数的判定

（一）关键线路和计算工期的判定

1. 关键线路的判定

时标网络计划中的关键线路可从网络计划的终点节点开始，逆着箭线方向进行判定。凡自始至终不出现波形线的线路即为关键线路。因为不出现波形线，就说明在这条线路上相邻两项工作之间的时间间隔全部为零，也就是在计算工期等于计划工期的前提下，这些工作的总时差和自由时差全部为零。例如在图 4-31 所示时标网络计划中，线路①—③—④—⑥—⑦即为关键线路。

2. 计算工期的判定

网络计划的计算工期应等于终点节点所对应的时标值与起点节点所对应的时标值之差。例如，在图 4-31 所示时标网络计划的计算工期为

$$T_c = 15 - 0 = 15$$

（二）相邻两项工作的时间间隔的判定

除以终点节点为完成节点的工作外，工作箭线中波形线的水平投影长度表示工作与其紧后工作之间的时间间隔。例如在图 4-31 所示的时标网络计划中，工作 C 和工作 E 之间的时间间隔为 2；工作 D 和工作 I 之间的时间间隔为 1；其他工作之间的时间间隔均为零。

（三）工作六个时间参数的判定

1. 工作最早开始时间和最早完成时间的判定

工作箭线左端节点中心所对应的时标值为该工作的最早开始时间。当工作箭线中不存在波形线时，其右端节点中心所对应的时标值为该工作的最早完成时间；当工作箭线中存在波形线时，工作箭线实线部分右端点所对应的时标值为该工作的最早完成时间。例如在图 4-31 所示的时标网络计划中，工作 A 和工作 H 的最早开始时间分别为 0 和 9，而它们的最早完成时间分别为 6 和 12。

2. 工作总时差的判定

工作总时差的判定应从网络计划的终点节点开始，逆着箭线方向依次进行。

（1）以终点节点为完成节点的工作，其总时差应等于计划工期与本工作最早完成时间之差，即

$$TF_{i-n} = T_p - EF_{i-n} \tag{4-40}$$

例如在图 4-31 所示的时标网络计划中，假设计划工期为 15，则工作 G、工作 H 和工作 I 的总时差分别为

$$TF_{2-7} = T_p - EF_{2-7} = 15 - 11 = 4$$
$$TF_{5-7} = T_p - EF_{5-7} = 15 - 12 = 3$$
$$TF_{6-7} = T_p - EF_{6-7} = 15 - 15 = 0$$

（2）其他工作的总时差等于其紧后工作的总时差加本工作与该紧后工作之间的时间间隔所得之和的最小值，即

$$TF_{i-j} = \min\{TF_{j-k} + LAG_{i-j,j-k}\} \tag{4-41}$$

式中　TF_{i-j}——工作 i—j 的总时差；

TF_{j-k}——工作 i—j 的紧后工作 j—k（非虚工作）的总时差；

$LAG_{i-j,j-k}$——工作 i—j 与其紧后工作 j—k（非虚工作）之间的时间间隔。

例如在图 4-31 所示的时标网络计划中，工作 A、工作 C 和工作 D 的总时差分别为

$$TF_{1-2} = TF_{2-7} + LAG_{1-2,2-7} = 4 + 0 = 4$$
$$TF_{1-4} = TF_{4-6} + LAG_{1-4,4-6} = 0 + 2 = 2$$

$$TF_{3-5} = \min \{TF_{5-7} + LAG_{3-5,5-7}, \ TF_{6-7} + LAG_{3-5,6-7}\}$$
$$= \min \{3+0, \ 0+1\}$$
$$= 1$$

3. 工作自由时差的判定

(1) 以终点节点为完成节点的工作，其自由时差应等于计划工期与本工作最早完成时间之差，即

$$FF_{i-n} = T_p - EF_{i-n} \qquad (4-42)$$

例如在图 4-31 所示的时标网络计划中，工作 G、工作 H 和工作 I 的自由时差分别为

$$FF_{2-7} = T_p - EF_{2-7} = 15 - 11 = 4$$
$$FF_{5-7} = T_p - EF_{5-7} = 15 - 12 = 3$$
$$FF_{6-7} = T_p - EF_{6-7} = 15 - 15 = 0$$

事实上，如果计划工期等于计算工期，则以终点节点为完成节点的工作，其自由时差与总时差必然相等。

(2) 其他工作的自由时差就是该工作箭线中波形线的水平投影长度。但当工作之后只紧接虚工作时，则该工作箭线上不一定不存在波形线，而其紧接的虚箭线中波形线水平投影长度的最短者为该工作的自由时差。

例如在图 4-31 所示的时标网络计划中，工作 A、工作 B、工作 D 和工作 E 的自由时差均为零，而工作 C 的自由时差为 2。

4. 工作最迟开始时间和最迟完成时间的判定

(1) 工作的最迟开始时间等于本工作的最早开始时间与其总时差之和，即

$$LS_{i-j} = ES_{i-j} + TF_{i-j} \qquad (4-43)$$

例如在图 4-31 所示的时标网络计划中，工作 A、工作 C、工作 D、工作 G 和工作 H 的最迟开始时间分别为

$$LS_{1-2} = ES_{1-2} + TF_{1-2} = 0 + 4 = 4$$
$$LS_{1-4} = ES_{1-4} + TF_{1-4} = 0 + 2 = 2$$
$$LS_{3-5} = ES_{3-5} + TF_{3-5} = 4 + 1 = 5$$
$$LS_{2-7} = ES_{2-7} + TF_{2-7} = 6 + 4 = 10$$
$$LS_{5-7} = ES_{5-7} + TF_{5-7} = 9 + 3 = 12$$

(2) 工作的最迟完成时间等于本工作的最早完成时间与其总时差之和，即

$$LF_{i-j} = EF_{i-j} + TF_{i-j} \qquad (4-44)$$

例如在图 4-31 所示的时标网络计划中，工作 A、工作 C、工作 D、工作 G 和工作 H 的最迟完成时间分别为

$$LF_{1-2} = EF_{1-2} + TF_{1-2} = 6 + 4 = 10$$
$$LF_{1-4} = EF_{1-4} + TF_{1-4} = 2 + 2 = 4$$
$$LF_{3-5} = EF_{3-5} + TF_{3-5} = 9 + 1 = 10$$
$$LF_{2-7} = EF_{2-7} + TF_{2-7} = 11 + 4 = 15$$
$$LF_{5-7} = EF_{5-7} + TF_{5-7} = 12 + 3 = 15$$

三、时标网络计划的坐标体系

时标网络计划的坐标体系有计算坐标体系、工作日坐标体系和日历坐标体系3种。

（一）计算坐标体系

计算坐标体系主要用作网络计划时间参数的计算。采用该坐标体系便于时间参数的计算，但不够明确。如按照计算坐标体系，网络计划所表示的计划任务从第0天开始，就不容易理解，实际上应为第1天开始或明确示出开始日期。

（二）工作日坐标体系

工作日坐标体系可明确示出各项工作在整个工程开工后第几天（上班时刻）开始和第几天（下班时刻）完成。但不能示出整个工作的开工日期和完工日期以及各项工作的开始日期和完成日期。

在工作日坐标体系中，整个工程的开工日期和各项工作的开始日期分别等于计算坐标体系中整个工程的开工日期和各项工作的开始日期加1；而整个工程的完工日期和各项工作的完成日期就等于计算坐标体系中整个工程的完工日期和各项工作的完成日期。

（三）日历坐标体系

日历坐标体系可以明确示出整个工程的开工日期和完工日期以及各项工作的开始日期和完成日期，同时还可以考虑扣除节假日休息时间。

图4-32所示的时标网络计划中同时标出了3种坐标体系。其中上面为计算坐标体系，中间为工作日坐标体系，下面为日历坐标体系。这里假定4月24日（星期三）开工，星期六、星期日和"五一"国际劳动节休息。

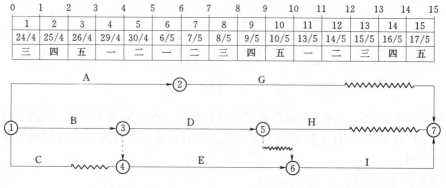

0	1	2	3	4	5	6	7	8	9	10	11	12	13	14	15
1	2	3	4	5	6	7	8	9	10	11	12	13	14	15	
24/4	25/4	26/4	29/4	30/4	6/5	7/5	8/5	9/5	10/5	13/5	14/5	15/5	16/5	17/5	
三	四	五	一	二	一	二	三	四	五	一	二	三	四	五	

图4-32　双代号时标网络计划的三种坐标体系

第五节　单代号搭接网络计划

在前述双代号和单代号网络计划中，所表达的工作之间的逻辑关系是一种衔接关系，即只有当其紧前工作全部完成之后，本工作才能开始。紧前工作的完成为本工作的开始创造条件。但是在项目建设实践中，有许多工作的开始并不是以其紧前工作的完成为条件。只要其紧前工作开始一段时间后，即可进行本工作，而不需要等其紧前工作全部完成之后再开始。工作之间的这种关系我们称之为搭接关系。

如果用前述简单的网络图来表达工作之间的搭接关系，将使得网络计划变得更加复杂。为了简单、直接地表达工作之间的搭接关系，使网络计划的编制得到简化，便出现了搭接网络计划。

搭接网络计划一般都采用单代号网络图的表示方法，即以节点表示工作，以节点之间的箭线表示工作之间的逻辑顺序和搭接关系。就相邻的两项工作而言，位于箭尾节点的工作为紧前工作，位于箭头节点的工作为紧后工作。

搭接关系在网络计划中可以用字母，也可以直接用箭线起始和终止的位置来表达。用字母表示时节点可以使用圆形或矩形，用箭线起止位置表示时，节点必须使用矩形。

一、搭接关系的类型

在搭接网络计划中，工作之间的搭接关系共有四种基本类型，即结束到开始（FTS）、开始到开始（STS）、结束到结束（FTF）和开始到结束（STF）关系。搭接时距，就是在搭接网络计划中相邻两项工作之间存在的各种时间差值。与搭接关系相对应，搭接时距也有上述四种类型。需要注意的是，一般情况下，如不加以说明，搭接时距通常是最小值定义，但也有时使用最大值定义。

1. 结束到开始（FTS）的搭接关系

紧前工作结束后一段时间，紧后工作才能开始，即紧后工作的开始时间受紧前工作的结束时间制约，这种搭接关系称为结束到开始关系，搭接时距用 FTS 表示。

结束到开始关系是一种重要的搭接关系，常用于两项工作之间的技术间歇。例如混凝土浇捣成型后，至少要养护 7 天才能拆模，混凝土浇捣和拆模之间就属于这种搭接关系，搭接时距为 7 天。结束到开始（FTS）搭接关系如图 4-33 所示。

图 4-33　FTS 搭接关系

当两项工作 FTS=0 时，就说明本工作与其紧后工作之间紧密衔接。当网络计划中所有相邻工作只有 FTS 一种搭接关系且时距均为零时，整个搭接网络计划就成为前述的单代号网络计划。

2. 开始到开始（STS）的搭接关系

紧前工作开始后一段时间，紧后工作才能开始，即紧后工作的开始时间受紧前工作的开始时间制约，这种搭接关系称为开始到开始关系，搭接时距用 STS 表示。

例如某基础工程采用井点降水，按规定抽水设备安装完成，开始抽水一天后，即可开挖基坑，基坑降水与基坑开挖之间就属于这种搭接关系，搭接时距为 1 天。开始到开始（STS）搭接关系如图 4-34 所示。

图 4-34　STS 搭接关系

3. 结束到结束（FTF）的搭接关系

紧前工作结束后一段时间，紧后工作才能结束，即紧后工作的结束时间受紧前工作的结束时间制约，这种搭接关系称为结束到结束关系，搭接时距用 FTF 表示。

例如基础回填土结束后，基坑排降水才能停止，基坑回填与基坑排水之间就属于这种搭接关系。结束到结束（FTF）搭接关系如图 4-35 所示。

图 4-35　FTF 搭接关系

4. 开始到结束（STF）的搭接关系

紧前工作开始后一段时间，紧后工作才能结束，即紧后工作的结束时间受紧前工作的开始时间制约，这种搭接关系称为开始到结束关系，搭接时距用 STF 表示。这种搭接关系在工程实际中较少应用。开始到结束（STF）搭接关系如图 4-36 所示。

图 4-36　STF 搭接关系

5. 混合搭接关系

上述是四种基本搭接关系，但有时相邻两项工作之间可能同时存在两种以上的基本搭接关系，称为混合搭接关系。混合搭接关系中常用的是工作间同时存在 STS 和 FTF 关系。

例如在道路工程中，当路基铺设工作开始一段时间为路面浇筑创造一定条件之后，路面浇筑工作才能开始；如果路基铺设的进展速度小于路面浇筑的进展速度时，须考虑路面浇筑工作不能先于路基铺设工作完成，而必须是在路基铺设工作完成后的一段时间才能完成。此时，路基铺设与路面浇筑之间同时存在开始到开始（STS）和结束到结束（FTF）关系，是一种混合搭接关系，如图 4-37 所示。

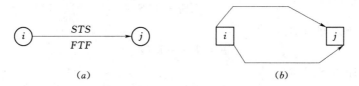

图 4-37　STS 与 FTF 混合搭接关系

二、搭接网络计划时间参数的计算

单代号搭接网络计划时间参数的计算与前述单代号网络计划时间参数的计算步骤和原理基本相同，只是要依据不同的搭接关系和搭接时距分别计算某些时间参数。现以图 4-38 所示单代号搭接网络计划为例，说明其计算方法。

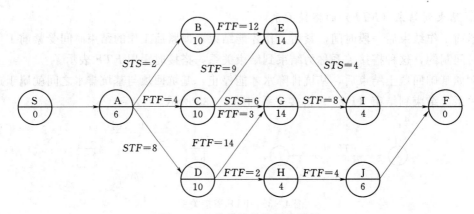

图 4 - 38　单代号搭接网络计划

（一）计算工作的最早开始时间和最早完成时间

工作最早开始时间和最早完成时间的计算应从网络计划的起点节点开始，顺着箭线方向依次进行。

（1）由于在单代号搭接网络计划中的起点节点一般都代表虚拟工作，故其最早开始时间和最早完成时间均为零，即

$$ES_S = EF_S = 0$$

（2）凡是与网络计划起点节点相联系的工作，其最早开始时间为零。例如在本例中，工作 A 的最早开始时间就应等于零，即

$$ES_A = 0$$

（3）凡是与网络计划起点节点相联系的工作，其最早完成时间应等于其最早开始时间与持续时间之和。例如在本例中，工作 A 的最早完成时间为

$$EF_A = ES_A + D_A = 0 + 6 = 6$$

（4）其他工作的最早开始时间和最早完成时间应根据不同的搭接关系和搭接时距按下列公式计算：

1）相邻时距为 FTS 时，有

$$ES_j = EF_i + FTS_{i,j} \qquad (4-45)$$

2）相邻时距为 STS 时，有

$$ES_j = ES_i + STS_{i,j} \qquad (4-46)$$

3）相邻时距为 FTF 时，有

$$EF_j = EF_i + FTF_{i,j} \qquad (4-47)$$

4）相邻时距为 STF 时，有

$$EF_j = ES_i + STF_{i,j} \qquad (4-48)$$

$$EF_j = ES_j + D_j \qquad (4-49)$$

$$ES_j = EF_j - D_j \qquad (4-50)$$

5）混合搭接时距时，应按不同搭接关系分别计算工作的最早开始和最早完成时间，然后取其中的最大值。

例如在本例中，结果如下：

工作 B 的最早开始时间根据公式（4-46）得

$$ES_B = ES_A + STS_{A,B} = 0 + 2 = 2$$

其最早完成时间根据公式（4-49）得

$$EF_B = ES_B + D_B = 2 + 10 = 12$$

工作 C 的最早完成时间根据公式（4-47）得

$$EF_C = EF_A + FTF_{A,C} = 6 + 4 = 10$$

其最早开始时间根据公式（4-50）得

$$ES_C = EF_C - D_C = 10 - 10 = 0$$

工作 D 的最早完成时间根据公式（4-48）得

$$EF_D = ES_A + STF_{A,D} = 0 + 8 = 8$$

其最早开始时间根据公式（4-50）得

$$ES_D = EF_D - D_D = 8 - 10 = -2$$

工作 D 的最早开始时间出现负值，显然是不合理的。为此，应将工作 D 与虚拟工作 S（起点节点）用虚箭线相连，并根据工作 S 与工作 D 之间是 $FTS = 0$ 的搭接关系，重新计算工作 D 最早开始和最早完成时间得

$$ES_D = 0$$
$$EF_D = ES_D + D_D = 0 + 10 = 10$$

其他工作的最早开始和最早完成时间可按类似的方法进行计算，不再一一赘述。

（5）终点节点所代表的工作，其最早开始时间按理应等于该工作紧前工作最早完成时间的最大值。例如在本例中，工作 F 的最早开始时间应取工作 I 和工作 J 最早完成时间的最大值 20。

由于在搭接网络计划中，终点节点一般都表示虚拟工作（其持续时间为零），故其最早完成时间与最早开始时间相等，且一般为网络计划的计算工期。但是，由于在搭接网络计划中，决定工期的工作不一定是最后进行的工作。因此，在用上述方法完成计算后，还应检查网络计划中其他工作的最早完成时间是否超过已算出的计算工期。例如在本例中，由于工作 E 和工作 G 的最早完成时间 24 为最大，故网络计划的计算工期是由工作 E 和工作 G 的最早完成时间决定的。为此，应将工作 E 和工作 G 分别与虚拟工作 F（终点节点）用虚箭线相连，于是得到工作 F 的最早开始时间和最早完成时间为

$$ES_F = EF_F = \max\{24, 18, 20\} = 24$$

该网络计划的计算工期为 24。

（二）计算相邻两项工作之间的时间间隔

由于相邻两项工作之间的搭接关系不同，其时间间隔的计算方法也有所不同。

（1）搭接关系为 FTS 时，有

$$LAG_{i,j} = ES_j - EF_i - FTS_{i,j} \tag{4-51}$$

（2）搭接关系为 STS 时，有

$$LAG_{i,j} = ES_j - ES_i - STS_{i,j} \tag{4-52}$$

（3）搭接关系为 FTF 时，有

$$LAG_{i,j} = EF_j - EF_i - FTF_{i,j} \qquad (4-53)$$

（4）搭接关系为 STF 时，有

$$LAG_{i,j} = EF_j - ES_i - STF_{i,j} \qquad (4-54)$$

（5）混合搭接关系时，即相邻两项工作之间存在两种以上的搭接时距，应分别计算出时间间隔，然后取其中的最小值。

根据上述公式即可计算出本例中相邻两项工作之间的时间间隔，其结果如图 4-39 中箭线下方数字。

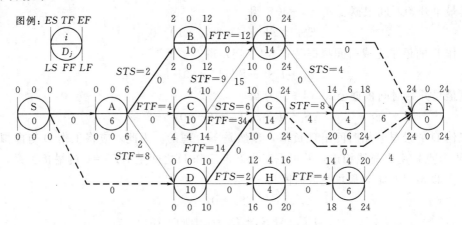

图 4-39　单代号搭接网络计划时间参数的计算结果

（三）计算工作的时差

1. 工作的总时差

搭接网络计划中工作的总时差可以利用公式（4-31）和公式（4-32）计算。但在计算出总时差后，需要根据公式（4-35）判别该工作的最迟完成时间是否超出计划工期。如果出现这种情况，需要将该工作与虚拟工作 F（终点节点）用虚箭线相连，并按 FTS 时距计算两者的时间间隔，从而重新确定该工作的总时差。

2. 工作的自由时差

搭接网络计划中工作的自由时差可以利用公式（4-33）和公式（4-34）计算。位于终点节点的虚拟工作，其自由时差为零，其他工作的自由时差等于本工作与各紧后工作时间间隔的最小值。

（四）计算工作的最迟完成时间和最迟开始时间

工作的最迟完成时间和最迟开始时间可以利用公式（4-35）和公式（4-36）计算。其结果如图 4-39 所示。

（五）确定关键线路

同前述的普通单代号网络计划一样，可以利用相邻两项工作之间的时间间隔来判定关键线路。即从搭接网络计划的终点节点开始，逆着箭线方向依次找出相邻两项工作之间时间间隔为零的线路就是关键线路。关键线路上的工作即为关键工作。

例如在本例中，共有二条关键线路，分别是线路 S—A—B—E—F 和线路 S—D—G—F。关键工作是工作 A、工作 B、工作 D、工作 E 和工作 G，它们的总时差均为零。

各工作时间参数计算结果见图 4 - 39，其中关键线路用粗箭线表示。

第六节　网络计划的优化

网络计划的优化是指在一定约束条件下，按既定目标对网络计划进行不断改进，以寻求满意方案的过程。

网络计划的优化目标应按计划任务的需要和条件选定，包括工期目标、费用目标和资源目标。根据优化目标的不同，网络计划的优化可分为工期优化、费用优化和资源优化三种。

一、工期优化

所谓工期优化，是指网络计划的计算工期不满足要求工期时，通过压缩关键工作的持续时间以满足要求工期的过程。

（一）工期优化方法

网络计划工期优化的基本方法是在不改变网络计划中各项工作之间逻辑关系的前提下，通过压缩关键工作的持续时间来达到优化目标。在工期优化过程中，按照经济合理的原则，不能将关键工作压缩成非关键工作。此外，当工期优化过程中出现多条关键线路时，必须将各条关键线路的总持续时间压缩相同数值；否则，不能有效地缩短工期。

网络计划的工期优化可按下列步骤进行：

（1）确定初始网络计划的计算工期和关键线路。

（2）按要求工期计算应缩短的时间 ΔT：

$$\Delta T = T_c - T_r$$

式中　　T_c 和 T_r——网络计划的计算工期和要求工期。

（3）选择应缩短持续时间的关键工作。压缩对象应在关键工作中选择，并同时优先考虑那些缩短持续时间对质量和安全影响不大、有充足备用资源、缩短持续时间所需增加费用较少的工作。

（4）将所选定的关键工作的持续时间压缩至最短，并重新确定计算工期和关键线路。若被压缩的工作变成非关键工作，则应延长其持续时间，使之仍为关键工作。

（5）当计算工期仍超过要求工期时，则重复上述（2）～（4），直至计算工期满足要求工期或计算工期已不能再缩短为止。

（6）当所有关键工作的持续时间都已达到其能缩短的极限而寻求不到继续缩短工期的方案，但网络计划的计算工期仍不能满足要求工期时，应对网络计划的原技术方案、组织方案进行调整，或对要求工期重新审定。

（二）工期优化示例

【例 4 - 6】 已知某工程双代号网络计划如图 4 - 40 所示，图中箭线下方括号外数字为工作的正常持续时间，括号内数字为最短持续时间；箭线上方括号内数字为优选系数，该系数综合考虑质量、安全、资源和费用增加情况而确定。选择关键工作压缩其持续时间时，应选择优选系数最小的关键工作。若需要同时压缩多个关键工作的持续时间时，则它们的优选系数之和（组合优选系数）最小者应优先作为压缩对象。现假设要求工期为 15，试对其进行工期优化。

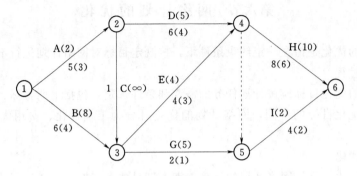

图 4-40 初始网络计划

解： 该网络计划的工期优化可按以下步骤进行。

（1）根据各项工作的正常持续时间，用标号法确定网络计划的计算工期关键线路，如图 4-41 所示。此时网络计划计算工期为 19，关键线路为①—②—④—⑥。

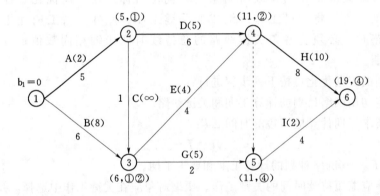

图 4-41 初始网络计划的关键线路

（2）计算应缩短的时间：

$$\Delta T = T_c - T_r = 19 - 15 = 4$$

（3）由于此时关键工作为工作 A、工作 D 和工作 H，而其中工作 A 的优选系数最小，故应将工作 A 作为优先压缩对象。

（4）将关键工作 A 的持续时间压缩至最短持续时间 3，利用标号法确定新的计算工期和关键线路，发现关键工作 A 被压缩成非关键工作，说明压缩过多，故将其持续时间 3 延长为 4，使之仍为关键工作。这时网络计划中出现两条关键线路，即①—②—④—⑥和 ①—③—④—⑥，如图 4-42 所示。

（5）由于此时计算工期为 18，仍大于要求工期，故需继续压缩。根据第一次压缩后的网络计划，第二次压缩时应同时压缩两条关键线路上工作相同的时间，可以选择的压缩方案有 5 个：

1）同时压缩工作 A 和工作 B，组合优选系数为：2+8=10。

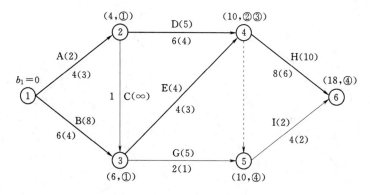

图 4-42　第一次压缩后的网络计划

2）同时压缩工作 A 和工作 E，组合优选系数为：2＋4＝6。

3）同时压缩工作 B 和工作 D，组合优选系数为：8＋5＝13。

4）同时压缩工作 D 和工作 E，组合优选系数为：5＋4＝9。

5）压缩工作 H，优选系数为 10。

在上述压缩方案中，组合优选系数最小的是方案 2），故应优先选择压缩工作 A 和工作 E。将两项工作的持续时间各压缩 1（压缩至最短），再用标号法确定计算工期和关键线路，如图 4-43 所示。此时，关键线路没有改变，仍是原来的两条，计算工期缩短为 17。

由于关键工作 A 和 E 的持续时间已达最短，不能再压缩，将它们的优选系数变为无穷大。

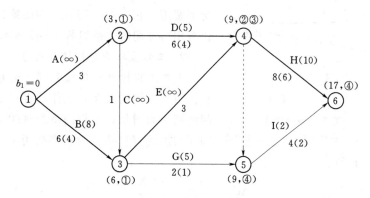

图 4-43　第二次压缩后的网络计划

（6）由于此时计算工期仍大于要求工期，故需要进行第三次压缩。根据第二次压缩后的网络计划，此时可选择的压缩方案只有 2 个：

1）同时压缩工作 B 和工作 D，组合优选系数为：8＋5＝13。

2）压缩工作 H，优选系数为 10。

由于方案 2）的优选系数较小，故应选择压缩工作 H。将工作 H 的持续时间缩短 2，再用标号法确定计算工期和关键线路。此时，计算工期为 15，已等于要求工期。故经过三次压缩后得到优化方案，如图 4-44 所示。

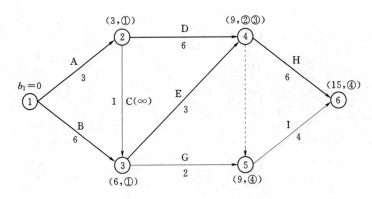

图 4-44　工期优化后的网络计划

二、费用优化

费用优化又称为工期成本优化，是指寻求工程总成本最低时的工期安排，或按要求工期寻求最低成本的计划安排的过程。

（一）费用和时间的关系

1. 工程费用与工期的关系

这里的工程费用指的是项目施工阶段的工程成本，由直接费和间接费组成。直接费由

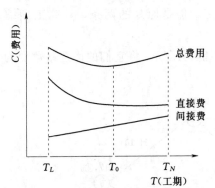

图 4-45　工期—费用曲线

T_L—最短工期；T_0—最优工期；T_N—正常工期

人工费、材料费、机械使用费及措施费等组成。施工方案不同，直接费也就不同；如果施工方案一定，工期不同，直接费也不同。直接费会随着工期的缩短而增加。间接费包括企业经营管理的全部费用，它一般会随着工期的缩短而减少。工程费用与工期的关系如图 4-45 所示。

2. 工作直接费与持续时间的关系

工作的直接费与持续时间的关系类似于工程直接费与工期的关系，工作的直接费随着持续时间的缩短而增加，工作的持续时间每缩短单位时间而增加的直接费称为直接费用率，可近似地用

公式（4-55）计算：

$$\Delta C_{i-j} = \frac{CC_{i-j} - CN_{i-j}}{DN_{i-j} - DC_{i-j}} \tag{4-55}$$

式中　ΔC_{i-j}——工作 i—j 的直接费用率；

　　CC_{i-j}——按最短持续时间完成工作 i—j 时所需的直接费；

　　CN_{i-j}——按正常持续时间完成工作 i—j 时所需的直接费；

　　DN_{i-j}——工作 i—j 的正常持续时间；

　　DC_{i-j}——工作 i—j 的最短持续时间。

工作的直接费用率越大，说明将该工作的持续时间缩短一个时间单位，所需增加的直接费就越多；反之，将该工作的持续时间缩短一个时间单位，所需增加的直接费就越少。因此，在压缩关键工作的持续时间以达到缩短工期的目的时，应将直接费用率最小的关键

工作作为压缩对象。当有多条关键线路出现而需要同时压缩多个关键工作的持续时间时，应将它们的直接费用率之和（组合直接费用率）最小者作为压缩对象。

（二）费用优化方法

费用优化的基本思路：不断地在网络计划中找出直接费用率（或组合直接费用率）最小的关键工作，缩短其持续时间，同时考虑间接费随工期缩短而减少的数值，最后求得工程总成本最低时的最优工期安排或按要求工期求得最低成本的计划安排。

按照上述基本思路，费用优化可按以下步骤进行：

（1）按工作的正常持续时间确定计算工期和关键线路。

（2）计算各项工作的直接费用率。直接费用率的计算按公式（4-55）进行。

（3）当只有一条关键线路时，应找出直接费用率最小的一项关键工作，作为缩短持续时间的对象；当有多条关键线路时，应找出组合直接费用率最小的一组关键工作，作为缩短持续时间的对象。

（4）对于选定的压缩对象，首先比较其直接费用率或组合直接费用率与工程间接费用率的大小。如果被压缩对象的直接费用率或组合直接费用率小于或等于工程间接费用率，说明压缩关键工作的持续时间会使工程总费用减少或不变，此时应缩短关键工作的持续时间。反之，则不应缩短关键工作的持续时间。

（5）在压缩关键工作的持续时间时，缩短后工作的持续时间不能小于其最短持续时间，同时不能变成非关键工作。压缩后计算关键工作持续时间缩短后相应增加的总费用。

（6）重复上述（3）～（5），直至计算工期满足要求工期或被压缩对象的直接费用率（或组合直接费用率）大于工程间接费用率为止。

（7）计算优化后的工程总费用和工期。

（三）费用优化示例

【例4-7】已知某工程双代号网络计划如图4-46所示，图中箭线下方括号外数字为工作的正常时间，括号内数字为最短持续时间；箭线上方括号外数字为工作按正常持续时间完成工作所需的直接费，括号内数字为工作按最短持续时间完成工作所需的直接费。该工程的间接费率为0.8万元/天，试对其进行优化。

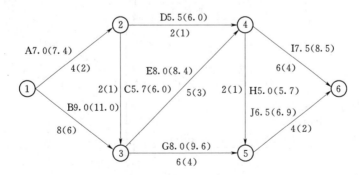

图4-46 初始网络计划（费用单位：万元；时间单位：天）

解：该网络计划的费用优化可按以下步骤进行：

（1）根据各项工作的正常持续时间，用标号法确定网络计划的计算工期和关键线路，如图4-47所示。计算工期为19天，关键线路有两条，即①—③—④—⑥和①—③—④—⑤—⑥。

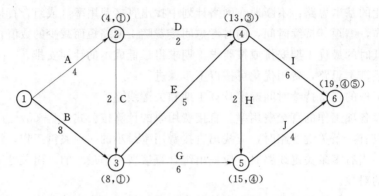

图4-47 初始网络计划中的关键线路

（2）计算各项工作的直接费用率。根据公式（4-55），如1—2工作，其直接费用率为

$$\Delta C_{1-2} = \frac{CC_{1-2} - CN_{1-2}}{DN_{1-2} - DC_{1-2}} = \frac{7.4 - 7.0}{4 - 2} = 0.2 \text{ 万元/天}$$

类似地，可计算全部工作的直接费用率，参见图4-48中箭线上方括号内数字。

（3）计算工程总费用：

直接费总和：$C_d = 7.0 + 9.0 + 5.7 + 5.5 + 8.0 + 8.0 + 5.0 + 7.5 + 6.5 = 62.2$ 万元

间接费总和：$C_i = 0.8 \times 19 = 15.2$ 万元

工程总费用：$C_t = C_d + C_i = 62.2 + 15.2 = 77.4$ 万元

（4）通过压缩关键工作的持续时间进行费用优化，优化过程可见表4-8。

1）第一次压缩选择直接费用率最小的工作E，将其压缩至最短持续时间3天。但经计算后发现，工作E变为非关键工作，故将其持续时间延长至4天，使其仍为关键工作。第一次压缩后的网络计划如图4-48所示，计算工期为18天，关键线路由2条变为3条。

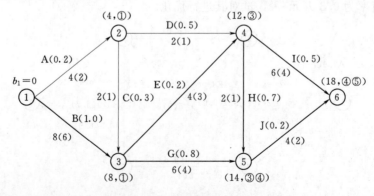

图4-48 第一次压缩后的网络计划

2）第二次压缩选择组合直接费用率最小的工作E和工作J的组合，将两项工作的持

续时间同时压缩 1 天。此时工作 E 的持续时间已达最短，不能再压缩，故其直接费用率变为无穷大。第二次压缩后的网络计划如图 4-49 所示，计算工期为 17 天，关键线路由压缩前的 3 条变为 2 条，原来的关键工作 H 未经压缩而被动地变成了非关键工作，这是允许的。

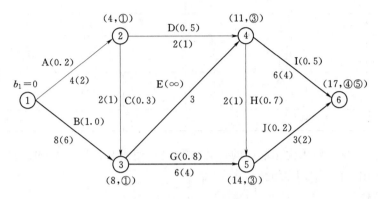

图 4-49　第二次压缩后的网络计划

3）第三次压缩选择组合直接费用率最小且小于间接费用率的工作 I 和工作 J 组合，由于工作 J 的持续时间只能压缩 1 天，所以工作 I 的持续时间也只能随之压缩 1 天，工作 J 的直接费用率变为无穷大。重新计算后，计算工期为 16 天，关键线路仍是原来的 2 条。

此时，若要继续缩短工期，只有压缩工作 B 或同时压缩工作 G 和 I，但这两个方案的直接费用率都大于间接费用率，说明这种压缩不会降低工程总费用。因此，第三次压缩后的方案即为最优方案，如图 4-50 所示。

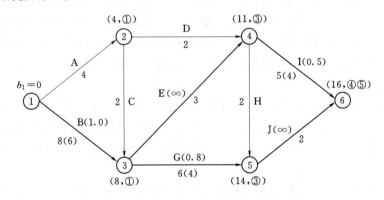

图 4-50　费用优化后的网络计划

（5）计算优化后的工程总费用：

直接费总和：$C_{d0}=7.0+9.0+5.7+5.5+8.4+8.0+5.0+8.0+6.9=63.5$ 万元

间接费总和：$C_{i0}=0.8 \times 16=12.8$ 万元

工程总费用：$C_{t0}=C_{d0}+C_{i0}=63.5+12.8=76.3$ 万元

由此可见，优化后的工程总费用比优化前降低了 $77.4-76.3=1.1$ 万元。

本例整个优化过程可见表 4-8。

表 4 - 8 　　　　　　　　　　　　　优 化 过 程 表

压缩次数	被压缩的工作代号	被压缩的工作名称	直接费用率或组合直接费用率（万元/天）	缩短时间（天）	费用增加值（万元）	总工期（天）	总费用（万元）
0	—	—	—		—	19	77.4
1	3—4	E	0.2	1	-0.6	18	76.8
2	3—4 5—6	E、J	0.4	1	-0.4	17	76.4
3	4—6 5—6	I、J	0.7	1	-0.1	16	76.3
优化结果				3	-1.1	—	—

由表 4 - 8 可见，费用优化取得的优化成果是：使工程网络计划的计算工期缩短了 3 天，工程总费用降低了 1.1 万元。

三、资源优化

资源泛指为完成一项计划任务所需投入的人力、材料、机械设备和资金等。均衡施工和资源的均衡投入是工程项目施工所追求的目标，有利于保证工期和工程质量，提高项目的技术经济效果。但是，完成一项任务所需要的资源量基本上是不变的，不可能通过资源优化将其减少。资源优化的目的是通过改变工作的开始时间和完成时间，使资源按照时间的分布符合优化目标。

（一）资源优化的基本原理

在资源优化过程中，一般不改变网络计划中各项工作之间的逻辑关系，不改变网络计划中各项工作的持续时间，除规定可以中断的工作外，一般不允许中断工作，应保持其连续性。一项工作单位时间内需要某种资源的数量称为该工作对该资源的资源强度，资源强度一般为一个合理的常数；整个工程某一时间单位需要某种资源的总量称为该工程对该资源的需要量，显然，资源需要量应等于某一时间单位同时在进行的各项工作的资源强度之和。

资源优化主要利用工作的机动时间即时差，来调整某些工作的开始时间和完成时间，以实现资源的合理分布。在网络计划中，除关键工作外，其他非关键工作都有一定的机动时间，在不影响工期的前提下，非关键工作可以按最早时间安排，也可以按最迟时间安排。

按最早时间安排，虽然最大限度保留了工作的机动时间，使计划执行时留有余地，但大多工作都集中在前期进行，使得前期的资源需要量很大，有可能使资源供应出现困难，而且在整个计划期内资源需要量也很不均衡。如图 4 - 51 所示时标网络计划，所有工作均按最早时间安排，故也称为早时标网络计划。图中箭线下方数字为工作的持续时间，箭线上方数字为工作需要某种资源的资源强度。网络图下方为资源需要量动态典线，表明了整个工期内的不同时间的资源需要总量。

按最迟时间安排，有可能使项目后期资源需要量较大，资源需要仍不均衡，且各项工作均没有机动时间，计划执行时，任何一项工作稍有拖延都会影响工期，这大大增

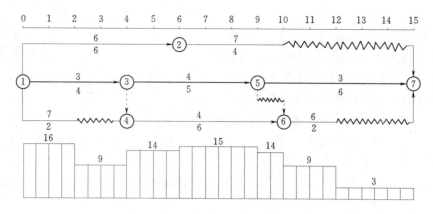

图 4-51　早时标网络计划的资源分布

加了不能按时完工的风险。如图 4-52 所示各项工作均按最迟时间安排，称为迟时标网络计划。

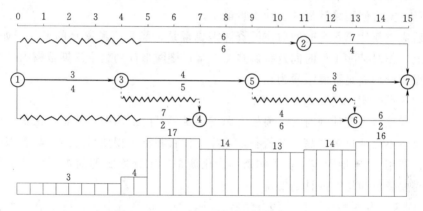

图 4-52　迟时标网络计划的资源分布

因此，优化的计划既不是所有工作都按最早时间安排，也不是所有工作都按最迟时间安排，而是要充分利用非关键工作的时差，合理安排其开始时间和完成时间，以达到资源优化的目的。

资源优化往往比较复杂，通常在双代号时标网络图上进行。根据优化目标的不同，资源优化可分为两类，即"资源有限，工期最短"优化和"工期固定，资源均衡"优化，现就这两类资源优化的基本原理做一些简单介绍。

（二）"资源有限，工期最短"优化

"资源有限，工期最短"优化是指：某种资源的最大供应有一定的限量，按当前计划在某个时间单位内资源的需要量超过了最高限量，则需调整计划使各时间单位内的资源需要量都不超过资源限量，同时考虑使总工期增加得最少。

为了使某一时间单位内资源需要量不超过资源限量，需要对某一时间单位内同时进行的若干工作（平行工作），选择其中某一项或某几项将其开始时间向后推迟，以达到降低此时间单位内资源需要量的目的。但是，推迟某项工作的开始时间，有可能会造成工期延长。为了使工期不延长或者尽可能少延长，需要对多个方案进行比较选择，确定最优方案。

现以两项平行工作 m 和 n 为例，说明将一项工作安排在另一项工作之后对总工期的影响。如图 4-53 所示，如果将工作 n 安排在工作 m 之后进行，网络计划的工期延长值为

$$\Delta T_{m,n}=EF_m+D_n-LF_n$$
$$=EF_m-(LF_n-D_n)$$
$$=EF_m-LS_n$$

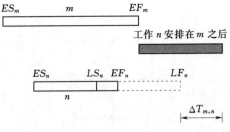

图 4-53　两项工作重排时的工期增量

式中　$\Delta T_{m,n}$——将工作 n 安排在工作 m 之后进行时网络计划的工期延长值，其他符号意义同前。

同样地，可以计算出将工作 m 安排在工作 n 之后进行时网络计划的工期延长值。这样，在有资源冲突的时间单位内，对平行工作进行两两排序，即可得出若干个 $\Delta T_{m,n}$，选择其中最小的 $\Delta T_{m,n}$，将相应的工作 n 安排在工作 m 之后进行，既可降低该时间单位内的资源需要量，又可使网络计划的工期增量最小。

调整后应重新计算每个时间单位的资源需要量是否满足资源限量的要求，如不满足，应重复以上工作对某些工作时间进行调整，直至最终网络计划整个工期范围内每个时间单位的资源需要量均满足资源限量为止。

(三)"工期固定，资源均衡"优化

安排工程项目进度计划时，需要使资源需要量尽可能地均衡，使整个工程每单位时间的资源需要量不出现过多的高峰和低谷，这样不仅有利于工程项目的组织与管理，而且可以降低工程费用。"工期固定，资源均衡"优化就是在工期固定的前提下，寻找在整个工期内资源需要量最为均衡的计划安排。

"工期固定，资源均衡"优化的方法有多种，如方差值最小法、极差值最小法、削高峰法等。这里仅简要介绍方差值最小法的基本原理。

方差值最小法是通过计算网络计划资源需要量的方差来评价资源均衡的程度，即资源需要量方差越小，说明资源在网络计划整个工期内的分布越均衡。因此可以计算将某项工作（非关键工作）的开始时间向右（后）移动一个时间单位之后，资源需要量的方差增量，若此方差增量小于零，说明将该工作右移之后资源需要量较之前更为均衡。

对于网络计划中某项工作 k 而言，其资源强度为 r_k。在调整计划前，工作 k 从第 i 个时间单位开始，到第 j 个时间单位完成，R_{j+1} 和 R_i 分别是第 $j+1$ 个时间单位和第 i 个时间单位的资源需要量。则工作 k 的开始时间能够右移的判别式为

$$R_{j+1}+r_k\leqslant R_i \tag{4-56}$$

判别式 (4-56) 表明，当网络计划中工作 k 完成时间之后的一个时间单位所对应的资源需要量 R_{j+1} 与工作 k 的资源强度 r_k 之和不超过工作 k 开始时所对应的资源需要量 R_i 时，将工作 k 右移一个时间单位能使资源需要量更加均衡。这时，就应将工作 k 右移一个时间单位。

同理，如果判别式（4-57）成立，说明将工作 k 左移一个时间单位能使资源需要量更加均衡。这时就应将工作 k 左移一个时间单位：

$$R_{i-1}+r_k \leqslant R_j \tag{4-57}$$

如果工作 k 不满足判别式（4-56）或式（4-57），说明工作 k 右移或左移一个时间单位不能使资源需要量更加均衡，这时可以考虑在其总时差允许的范围内，将工作 k 右移或左移数个时间单位。向右移的判别式为（4-58），向左移的判别式为（4-59）。

$$[(R_{j+1}+r_k)+(R_{j+2}+r_k)+(R_{j+2}+r_k)+\cdots] \leqslant [R_i+R_{i+1}+R_{i+2}+\cdots] \tag{4-58}$$

$$[(R_{i-1}+r_k)+(R_{i-2}+r_k)+(R_{i-2}+r_k)+\cdots] \leqslant [R_j+R_{j+1}+R_{j+2}+\cdots] \tag{4-59}$$

在进行"工期固定，资源均衡"优化时，应从网络计划的终点节点开始，按工作节点编号值从大到小的顺序依次进行调整。当某一节点同时作为多项工作的完成节点时，应先调整开始时间较迟的工作。考虑工作具有机动时间（总时差），在不影响工期的前提下，按判别式（4-56）、式（4-57）或者判别式（4-58）、式（4-59）判别工作是否应该右移或者左移。

当所有工作均按上述顺序调整了一次之后，为使资源需要量更加均衡，再按上述顺序进行多次调整，直至所有工作既不能右移也不能左移为止，即取得最终优化的方案。

复 习 思 考 题

1. 网络计划中的虚工作是何含义？它有什么作用？
2. 试举例说明什么是工艺关系和组织关系？
3. 什么是关键线路和关键工作？它们各有什么特点？
4. 网络计划共有哪些类型？
5. 网络图绘制的规则有哪些？
6. 工作的时间参数包括哪些？什么是总时差和自由时差？
7. 双代号时标网络计划有何特点？其坐标体系有哪几种？
8. 简述常见的搭接关系有哪些？试各举一例说明。
9. 简述工期优化的原理。选择压缩对象的原则是什么？
10. 什么是工程直接费和间接费？工程费用与工期有何关系？
11. 什么是资源强度？简述资源优化的基本原理和类型。
12. 已知工作之间的逻辑关系如下列各表所示，试分别绘制双代号网络图和单代号网络图。

（1）

工作	A	B	C	D	E	G	H
紧前工作	C、D	E、H	—	—	—	D、H	—

（2）

工作	A	B	C	D	E	G
紧前工作	—	—	—	—	B、C、D	A、B、C

（3）

工作	A	B	C	D	E	G	H	I	J
紧前工作	E	A、H	J、G	H、I、A	—	A、H	—	—	E

13. 某网络计划的有关资料如下表所示，试绘制双代号网络计划，并在图中标出各项工作的六个时间参数。最后，用粗实线或双箭线标明关键线路。

工作	A	B	C	D	E	F	G	H	I	J	K
持续时间	22	10	13	8	15	17	15	6	11	12	20
紧前工作	—	—	B、E	A、C、H	—	B、E	E	F、G	F、G	A、C、I、H	F、G

14. 某网络计划的有关资料如下表所示，试绘制双代号网络计划，并在图中标出各个节点的最早时间和最迟时间，并据此判定各项工作的 6 个主要时间参数。最后，用粗实线或双箭线标明关键线路。

工作	A	B	C	D	E	G	H	I	J	K
持续时间	2	3	4	5	6	3	4	7	2	3
紧前工作	—	A	A	A	B	C、D	D	B	E、H、G	G

15. 某网络计划的有关资料如下表所示，试绘制单代号网络计划，并在图中标出各项工作的六个时间参数及相邻两项工作之间的时间间隔。最后，用粗实线或双箭线标明关键线路。

工作	A	B	C	D	E	G
持续时间	12	10	5	7	6	4
紧前工作	—	—	—	B	B	C、D

16. 某网络计划的有关资料如下表所示，试绘制双代号时标网络计划，并判定各项工作的 6 个时间参数和关键线路。

工作	A	B	C	D	E	G	H	I	J	K
持续时间	2	3	5	2	3	3	2	3	6	2
紧前工作	—	A	A	B	B	D	G	E、G	C、E、G	H、I

17. 试计算图 4-54 所示单代号搭接网络计划的时间参数，并确定其关键工作和关键线路。

18. 已知网络计划如图 4-55 所示，箭线下方括号外数字为工作的正常持续时间，括号内数字为工作的最短持续时间，箭线上方括号内数字为优选系数。要求工期为 12，试对其进行工期优化。

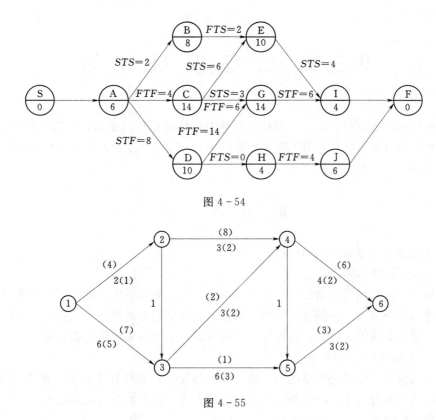

图 4-54

图 4-55

19. 已知网络计划如图 4-56 所示，箭线下方括号外数字为工作的正常持续时间，括号内数字为工作的最短持续时间，箭线上方括号外数字为正常持续时间时的直接费，括号内数字为最短持续时间时的直接费。费用单位为千元，时间单位为天。如果工程间接费率为 0.8 千元/天，则最低工程费用时的工期为多少天？

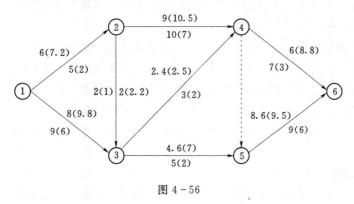

图 4-56

第五章 工 程 项 目 计 划

计划是管理的重要职能。工程项目计划是工程项目管理的龙头，是实施控制的前提、基础和依据，项目的成功与否很大程度上取决于计划工作的质量。认真做好项目计划，是项目管理必须十分重视的工作。

第一节 概　　述

一、工程项目计划的概念和作用

（一）工程项目计划的概念

简单地说，工程项目计划就是根据工程项目目标，对项目实施过程中的各项活动所做的周密安排和综合部署。它围绕工程项目目标的完成，确定工程项目的任务，安排任务进度，编制完成任务所需的资源、预算等，从而保证工程项目实现预定的目标。

（二）工程项目计划的作用

（1）通过项目计划确定并描述为完成项目目标所需的各项任务范围，落实责任体系，并制定各项任务的时间表，阐明每项任务必需的人力、物力、财力和确定预算，保证项目顺利实施和目标实现。

（2）计划是实施的依据和指南。通过科学的计划和精心的组织，可以保证有秩序地实施项目。通过计划能合理地、科学地协调各工种、各单位、各专业之间的关系，能充分利用时间和空间，进行各种技术经济比较和优化，提高项目的整体效益。

（3）可以进一步分析和论证项目目标实现的可能性，并进行优化，明确项目实施的方案和途径，减少实施过程中的风险。

（4）可以促进项目组成员及项目委托人和管理部门之间的交流和沟通，增加顾客满意度，并使项目各工作协调一致，并在协调关系中了解哪些因素是关键因素。

（5）可以使项目组成员明确各自的职责和奋斗目标，以及实现目标的方法、途径及期限，并确保以时间、成本及其他资源需求的最小化实现项目目标。

（6）可以作为分析、协商及记录项目范围变化的基础，也是约定时间、人员和经费的基础。

二、工程项目计划的原则

项目计划作为一个重要的项目阶段，在项目过程中承上启下，必须按照批准的项目总目标、总任务进行科学周密地计划，防止计划失误和失败；计划文件经批准后作为项目的工作指南，必须在项目实施中贯彻执行，作为项目控制的依据。因此，项目计划应遵循以下原则。

（一）目标导向原则

所谓目标导向原则就是项目计划必须符合项目的总目标。项目计划是为保证实现总目标而做的各种安排，所以目标是计划的灵魂，项目计划必须符合项目的总目标，受总目标的控制。工程项目计划人员首先必须详细地分析目标、弄清任务，例如对一个工程项目的承包商、供应商来说，必须弄清招标文件和合同文件的内容，正确地、全面地理解业主的要求。

（二）实用性原则

所谓实用性原则，是指计划编制应符合实际，能指导工程项目的实施过程，具有可操作性。有些项目虽然编制了计划，但由于不符合实际只能束之高阁，"墙上挂挂"，使计划只流于形式，失去了计划的意义。为了使计划能符合实际，必须实事求是，进行深入的调查研究，掌握项目可用的资源情况和各种约束条件，充分发挥各层次、各部门管理人员的作用，听取他们的意见和建议，群策群力做好计划工作。因此，编制计划不仅是项目经理和计划部门的事情，更是所有项目管理组织和管理人员的事情。

（三）系统性原则

项目的不同阶段、不同层次和不同方面都需要计划工作，因此，项目计划多种多样，数量众多，并且互相联系、互相制约，构成了工程项目的计划系统。计划的系统性原则就是要运用系统思想综合考虑不同计划之间的相互关系，使各类计划、子计划协调一致，不能顾此失彼。

计划之间的协调至少包括三个方面。一是不同阶段之间计划的协调，如项目决策阶段、设计阶段、施工阶段及运营阶段各计划要衔接协调；二是不同层次的计划要协调，上层计划控制、指导着下层计划，下层计划根据上层计划制定，并保证上层计划的实现；三是不同类型的计划要协调，如进度计划与劳动力计划协调、费用计划与资源计划协调等等。此外，由于工程项目组织的复杂性，很多计划是由不同单位编制的，因此，还需要特别注意不同计划编制者之间计划的协调，其中建设单位的计划居于核心地位，设计、施工、监理等单位的计划应能满足建设单位总体计划的要求。

（四）动态性原则

计划编制完成并非一成不变，要随着外部环境的变化及时地进行调整、修改和完善，表现为动态的计划过程。变是绝对的，不变是相对的。技术、经济、组织、环境、实施效果等情况的变化，经常导致计划的调整，所谓"计划不如变化"。但这并不意味着计划工作没有意义，恰恰相反，遵循动态性原则做好计划工作，使计划始终与工程项目系统的动态性保持一致，可以大大降低项目实施的风险，使项目的运行始终处于受控状态。

（五）经济性原则

经济性原则是指计划编制过程中，应坚持多方案比较，充分进行技术经济分析与评价，通过价值工程、费用效益分析、工期费用优化、资源平衡等方法，对计划进行科学编制与优化，选择经济性好的实施方案。

三、工程项目计划的主要内容

由于项目是多目标的，同时有许多项目要素，带来项目计划内容上的复杂性。项目计划的内容十分广泛，包括许多具体的计划工作。

（一）进度计划

将项目的总进度目标分解，确定项目结构各层次单元的持续时间，以及确定各个工程活动开始和结束时间的安排，作时差分析。

（二）成本（投资）计划

成本计划包括以下几方面：

（1）各层次项目单元计划成本。

（2）项目"时间-计划成本"曲线和项目的成本模型（即"时间-累计计划成本"曲线）。

（3）项目现金流量，包括支付计划和收入计划。

（4）项目的资金筹集（贷款）计划等。

（三）资源计划

资源计划包括以下几方面：

（1）人员组织计划。根据项目工作结构分解落实责任，明确各项工作之间的关系，确定人员组织计划，包括不同专业、不同层次的人员需求情况和人员取得方式等内容。在工程项目中，施工承包单位的人员组织计划还包括劳动力使用计划。

（2）材料物资供应计划、采购订货计划、运输计划等。

（3）机械设备采购使用计划、采购计划、租赁计划、维修计划等。

（4）其他资源计划，如技术资源、特殊材料等方面的需求与采购计划。

（四）质量计划

质量计划，如质量保证计划、安全保障计划等。

（五）其他计划

其他计划，如现场平面布置、后勤管理计划、风险管理计划、项目运营准备计划等。

不同项目、不同项目参加者所负责的计划内容和范围不同，一般由任务书或合同规定的工作范围、工作责任确定。

项目计划的各种基础资料和计划的结果应形成文件，以便沟通且具有可追溯性。项目计划应采用适应不同参加者需要的统一的标准化表达方式，如报告、图、表的形式。

四、工程项目计划的过程

人们不可能在项目一开始就编制一个详细的综合性的计划。项目计划是逐步发展的。计划作为一个阶段，它位于项目批准之后，项目实施（施工）之前，而作为一个项目管理的职能工作，它贯穿于工程项目生命期的全过程。在项目过程中，计划有许多版本，随着项目的进展不断地细化、具体化，同时又不断地修改和调整，形成一个前后相继的体系。

例如，工程项目的目标设计和项目定义就已包括一个总体的计划。尽管它是一个大的轮廓，但它是一个初步计划。可行性研究既是对计划的论证，又是一套较细和较全面的项目计划。对可行性研究的批准实质上是对一套计划的认可，它又将作为一个控制计划。在项目批准后，设计和计划是平行进行的，计划随着设计的不同阶段（初步设计、扩大初步设计、施工图设计等）不断细化和具体化。每一步设计之后就有一个相应的计划，作为项目设计过程中阶段决策的依据。同时结构分解不断细化，项目组织形式也逐渐完备，这样就形成了一个多层次的控制和保证体系。

从计划的流程上看，各种计划有一个过程上的联系，按照计划工作逻辑关系有先后的顺序。计划内容之间互相影响，互相制约，进度、投资（成本）、资源、质量、财务计划存在着复杂的关系，具有综合性。工程项目的计划工作流程如图5-1所示。

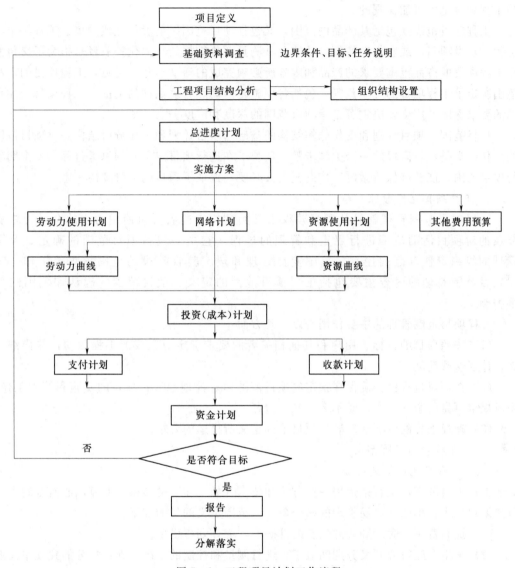

图5-1　工程项目计划工作流程

第二节　工程项目范围管理和工作分解结构

一、工程项目范围管理

（一）工程项目范围和范围管理的概念

1. 工程项目范围

工程项目范围是指工程项目各过程的活动总和，或指组织为了完成工程项目并实现工程项目各项目标所必须完成的各项活动。简单地说，确定工程项目范围就是为项目界定一个界限，划定哪些方面是属于项目应该做的，而哪些方面是不应该包括在项目之内的，定义工程项目管理的工作边界，确定工程项目的目标和主要可交付成果。一个无法确定范围的工程项目是不可能实现的。

工程项目范围既包括其产品的范围，又包括项目范围。前者如完成的单位工程、单项工程、建设项目、或它们的特征、功能及其测量评价结果的具体化；后者是指为了交付满足工程项目的产品范围要求的产品和服务所必须完成的活动总和。可见，工程项目的产品范围决定了工程项目的工作范围，包括各项施工活动和管理活动的范围。工程项目产品范围的要求深度和广度，决定了工程项目范围的深度和广度。

项目范围是项目计划和工作分解结构的基础。项目计划和工作分解结构是对项目范围的细化，它是项目阶段的一个关键步骤，反映了在进行项目定义时的思考过程。一个明确的项目范围，能够确保所做的工作既充分又必要，保证了项目的可管理性。

2. 工程项目范围管理

工程项目范围管理就是从项目建议书开始到竣工验收交付使用为止的全过程中所涉及的对项目活动范围进行界定和管理的过程。它主要包括项目范围的确定、范围管理的组织责任、范围控制、范围变更管理和竣工验收阶段的范围核查等工作。工程项目范围管理的内容主要包括工程项目范围的定义、项目范围的确认和范围的变更控制。

工程项目范围管理的主要作用有以下几方面：

(1) 按照项目的目标、用户和其他相关者的要求确定应完成的工程活动，并详细定义、计划这些活动。

(2) 在项目过程中，确保在预定的项目范围内有计划地进行项目的实施和管理工作，完成规定要做的全部工作，既不多余又不遗漏。

(3) 确保项目的各项活动满足项目范围定义所描述的要求。

(二) 工程项目范围定义

1. 工程项目范围定义的概念

工程项目范围定义就是运用一些方法和技术（如工作分解结构 WBS），把项目的可交付成果划分为较小的、更易管理的多个单元。范围定义的目的如下：

(1) 提高费用、时间和资源估算的准确性，为计划提供依据。

(2) 确定在履行合同义务期间对工程进行测量和控制的基准，即：划分的独立单元要便于进度测量，目的是及时计算已发生的工程费用。

(3) 明确划分各部门的权利和责任，便于清楚地分派任务。

恰当的工作范围定义对成功实施项目非常关键，反之，则可能由于工作内容不清，不可避免地造成变更，导致项目费用超支，延长项目竣工时间，以及降低生产效率和挫伤工作人员的积极性。

2. 范围定义的依据

(1) 工程项目概况。工程项目概况是定义项目范围的主要依据，其主要描述拟建项目所具有的性质和规模，建成后必须满足哪些使用功能，以及项目主要的构成单元，如生产工艺、办公、仓储、厂内运输等。

(2) 项目的约束条件。项目约束是指限制项目管理班子作出决策的各种因素，包括项目内部的制约因素和项目外部的制约因素。例如，预算费用是一种内部约束，项目管理班子必须在预算范围内，决定项目的工作范围、职员招募和安排进度；而国家的政策法规则是来自于项目外部的制约因素。

（3）项目其他阶段的成果。这些成果可能会对项目的范围定义产生影响。例如，项目建议书对可行性研究的影响，而可行性研究的成果，又会对工程项目的设计产生影响。

（4）历史资料。借鉴其他项目范围定义方面的经验，避免犯类似错误。这些已完成的工程项目，在进行范围定义方面所发生的错误、遗漏以及造成的后果等资料，会对新项目的范围定义产生积极的影响。

（5）各种假设。假设是指对项目实施过程中的不确定性因素，出于项目计划目的假设为真的或者确定的因素。例如，受到某种资源的影响而无法确定项目的具体开始日期时，项目管理班子可先假定一个开始日期。但必须注意，这种假设一般会有一定的风险。

3. 范围定义的方法和成果

范围定义的方法一般采用工作分解结构（WBS）。范围定义的成果是工作分解结构以及项目范围的说明文件，如工作大纲等。

（三）工程项目范围确认与核实

范围确认与核实是指在项目或项目阶段结束时，对项目范围给予确认和接受，并对已完成的工作成果进行审查，核实项目范围内各项工作是否按计划完成，项目的应交付成果是否令人满意。项目范围确认与核实的工作内容有两个方面，一是确认项目启动和范围定义的工作成果，包括项目分解结构和有关的说明文件；二是对项目或其各阶段所完成的可交付成果进行检查，看其是否按计划完成。

1. 范围确认与核实的依据

（1）完成的工作成果。实施项目计划的内容之一是收集有关已经完成的工作信息，并将这些信息编入项目进度报告中，完成工作的信息表明哪些可交付成果已经完成，哪些还未完成。在项目建设周期的不同阶段，工作成果具有不同的表现形式。例如，在项目策划和决策阶段，项目建议书、可行性研究报告是相应的工作成果；项目准备阶段产生的工作成果包括：初步设计图纸、项目实施的整体规划、项目采购计划、项目的招标文件、详细的设计图纸等。在项目实施阶段，承包商建造完成的土建工程、电气工程、给排水工程以及已经安装的生产设备是阶段性的工作成果；整个项目的交付使用，则是承包商最终的工作成果。项目竣工验收和总结评价阶段的工作成果，主要是项目自评报告和后评价报告。

（2）有关的项目文件。用于描述项目阶段性成果的文件必须随时可以得到并能用于对所完成的工作进行检查。这些文件主要是指双方签订的项目合同，包括项目计划、规范、技术文件、图纸等。

（3）第三方的评价报告。第三方的评价报告是指按照我国工程项目建设程序的有关规定，由具有独立法人资格的相应资质的实体，或者相应的政府机构，对项目产生的工作成果进行独立评价后出具的评价报告。

（4）工作分解结构。工作分解结构方法定义了项目的工作范围，它也是确认与核实工作范围的依据。

2. 范围确认与核实的方法

范围确认与核实的主要方法是对所完成的工作成果的数量和质量进行检查，通常包括三个基本步骤：

（1）测试，即借助于工程计量的各种手段对已经完成的工作进行测量和试验。

（2）比较和分析，即把测试的结果与合同规定的测试标准进行对比分析，判断是否符合合同要求。

（3）处理，即决定被检查的工作成果是否可以接收，是否可以开始下一道工序，如果不予接收，采取何种补救措施。

3. 范围确认与核实的结果与内容

项目范围确认与核实的结果就是对完成工作成果的正式认可或接收。在工程项目生命期的不同阶段，具有不同的工作成果，范围确认与核实也就具有不同的内容，简单列举如下：

（1）项目建议书需经权力部门批准。

（2）可行性研究报告需经权力部门批准。

（3）设计文件需经建设单位验收。

（4）工程变更需经监理单位批准。

（5）工程的阶段验收和竣工验收需经建设单位（监理单位）、设计单位、施工单位共同进行，并在工程竣工验收报告上签字。

（6）工程项目交付使用须经验收委员会验收签字。

（7）各种合同需经双方法定代表人审核签字。

（8）各种计划需经组织的主管领导审批。

（9）施工组织设计除由组织的主管领导审核、审批、签字外，还要由监理单位审批，由发包人认可。

（10）工程的预算、结算、决算等，都要按要求由有关领导和部门审批。

（四）工程项目范围变更控制

1. 工程项目范围变更的原因

（1）建设单位提出的变更，包括增减投资的变更，使用要求的变更，预期项目产品的变更，市场环境的变更，供应条件的变更等。

（2）设计单位提出的变更。包括改变设计、改进设计、弥补设计不足，增加设计标准，增加设计内容等。

（3）施工单位提出的变更，包括增减合同中约定的工程量，改变施工时间和顺序，提出合理化建议，施工条件发生变化，材料、设备的换用等。

（4）不可抗力引起的工程项目范围变更。

2. 工程项目范围变更控制的内容

（1）首先要对引起项目范围变更因素和条件进行识别、分析和评价。

（2）所有工程项目范围变更都要经过权利人核实、认可和接受。

（3）需要进行设计的工程项目范围变更，要首先进行设计。

（4）涉及施工阶段的变更，必须签订补充合同文件，然后才能实施。

（5）工程项目目标控制必须控制变更，且把变更的内容纳入控制范畴，使工程项目尽量不与原核实的目标发生偏离或者偏离最小。

3. 工程项目范围变更控制的依据

（1）可行性研究报告。可行性研究报告经过批准后，便是工程项目范围控制的基本依据，无论是项目构成、质量标准、使用功能、项目产品、工程进度、估算造价等，都应是范围控制的依据，更应当是范围变更控制的约束。国家规定，如果初步设计概算高于可行性研究报告的10%，必须报原审批单位批准，用造价限额控制工程项目范围变更是一项有力的措施。

（2）工作分解结构及分解结果。它是控制工程项目具体范围变更的依据。

（3）设计文件及其造价。设计文件是确定工程项目范围的文件，是控制工程项目范围变更的直接依据。任何涉及设计的范围变更和过程变更，都要依据原设计文件。

（4）工程施工合同文件。工程施工合同文件是控制工程项目范围变更的直接依据。

（5）工程项目实施进度报告。该报告既总结分析了项目的实际进展情况，又明确了实际与计划的偏差情况，还对项目的未来进展进行预测，可以提供信息和提示，以便进行项目范围变更的控制。

（6）各有关方提出的工程变更要求，包括变更内容和变更理由。

4. 工程项目范围变更控制的方法

（1）投资限额控制法。即用投资限额约束可能增加项目范围的变更。

（2）合同控制法。即用已经签订的合同限制可能增加的项目范围变更。

（3）标准控制法。即用技术标准和管理标准限制可能增减项目范围的变更。

（4）计划控制法。即用计划控制项目范围的变更，如需改变计划，则应对计划进行调整并经过权利人进行核实和审批。

（5）价值工程法。利用价值工程提供的提高价值的5种途径对工程项目范围变更的效果进行分析，以便做出是否变更的决策。

二、工程项目工作分解结构

（一）工程项目工作分解结构的概念与作用

1. 工作分解结构的概念

工作分解结构（work breakdown structure，WBS）是指在整个项目范围内，按照项目目标和发展规律，依据一定的原则和规定，将全部项目工作系统分解而形成相对独立而又互相联系、结构化、具有不同层次的项目单元（活动或过程）。它是项目期间全部工作的等级层次细目，这些细目构成了工程项目的范围。

建立工作分解结构的过程也称为工程项目结构分解。项目结构分解是项目管理的重要工具。由于工程项目的复杂性，按照项目的总目标和总任务对项目工作进行逐层分解、系统分析和定义就十分必要，这样可以形成众多内容单一、明确、具体的项目单元，这些项目单元更易于安排计划和实施控制，从而保障项目总目标的实现。

2. 工作分解结构的作用

工作分解结构将整个项目系统分解为成可控的项目单元，以满足项目计划和控制的需要，是项目管理的基础工作，是对项目进行设计、计划、目标和责任分解、成本核算、质量控制、信息管理、组织管理的对象。因此，国外称 WBS 为"项目管理最得力的、有用的工具和方法"。

工作分解结构的基本作用如下：

(1) 保证项目结构的系统性和完整性。工作分解结构代表被管理的项目范围和组成部分，它包括项目应该包含的所有工作，不能有遗漏，这样才能保证项目设计、计划、控制的完整性。

(2) 通过项目结构分解，使项目的组成结构明确、清晰，项目形象更加透明，一目了然。这使项目管理者，甚至不懂项目管理的业主，投资者也能把握整个项目，方便地观察、了解和控制整个项目过程，同时可以分析可能存在的项目目标的不明确性。

(3) 用于建立目标保证体系。通过工作分解结构可以将项目的任务、质量、工期、成本目标分解到各个项目单元，在项目实施过程中，各个责任人就可以针对项目单元进行详细的设计，确定施工方案，作各种计划和风险分析，进行实施控制，对完成状况进行评价。

(4) 工作分解结构是进行目标分解，建立项目组织，落实组织责任的依据。通过它可以建立整个项目所有参与者之间的组织体系。

(5) 工作分解结构是进行工程项目网络计划技术分析的基础，其各个项目单元是工程项目实施进度、成本、质量等控制的基础。

(6) 工作分解结构的各个项目单元是工程项目报告系统的对象，是项目信息的载体。项目中的大量信息，如资源使用、进度报告、成本开支账单、质量记录与评价、工程变更、会谈纪要等，都是以项目单元为对象收集、分类和沟通的。

工作分解结构的作用如图 5-2 所示。

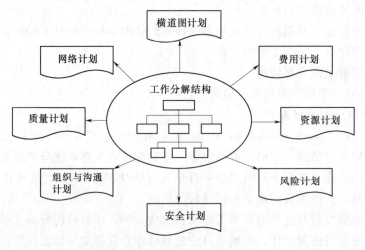

图 5-2 工作分解结构的作用

(二) 工程项目结构分解的结果和编码设计

1. 工程项目结构分解的结果

工程项目结构分解的结果通常有两种表达方法：树型结构图和项目结构分析表。

(1) 树形结构图。它通过树状图的方式对一个项目的结构进行逐层分解，以反映组成该项目的所有工作任务，其中每一个单元（不分层次、无论在总项目的结构图中或在子结构图中）统一称为项目单元。项目结构图表达了项目总体的结构框架，如图5-3所示。

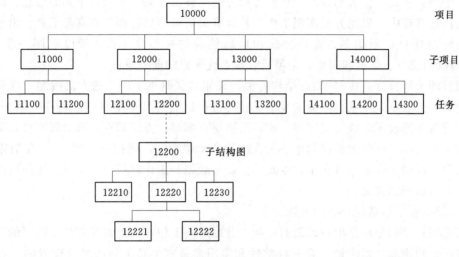

图5-3 项目结构图

（2）项目结构分析表。将项目结构图用表来表示则为项目结构分析表，它既是项目的工作任务分配表，又是项目范围说明书。例如图5-3的项目结构图可以用一个简单的表来表示，如表5-1。

表5-1 项 目 结 构 分 析 表

编码	名称	负责人	成本	功能描述	其他
10000					
11000					
11100					
11200					
12000					
12100					
12200					
12210					
12220					
12221					
12222					
12223					
12230					
13000					
14000					

在上述结构分解的基础上，应用文件对各项工作进行说明，以确保项目的各项活动满足项目范围定义的要求。定义内容包括各项目单位的名称、编码、负责人、功能性的描述、项目范围、工作特性及成果测量或评定指标、计划成本等说明。

2. 工程项目结构编码的设计

编码是工程项目结构分解的一项重要工作，是 WBS 的组成部分，通过编码标识并区别每一个项目单元，使人们以及计算机可以方便"读出"某一个项目单元的信息。这样在项目的信息管理中，就能方便实现工作包及其有关资料信息存档、查询与汇总。由于项目结构分解是项目计划编制、责任分配和信息传输的基础性工作，所以在同一项目中，WBS 编码的统一、规范和明确，是项目管理系统集成的前提条件。

项目的编码设计直接与 WBS 结构有关，采用"父码＋子码"的方法编制。项目结构分解中第一级表示某一项目，为了表示项目的特征以及与其他项目的区别，可用 1～2 位的数字或者字母表示，或英文缩写，或者汉语拼音缩写，方便识别。第二级或代表实施过程中的主要工作，或代表关键的单项工程或各个承建合同，同样可采用 1～2 位数字或者英文缩写，汉语拼音缩写等表示，以此类推，一般编到工作包级为止，每一级前面的编码决定了该级编码的含义。

(三) 工程项目结构分解的方法

工程项目结构分解是项目计划前一项十分困难的工作，目前尚没有统一认可的通用的分解方法、规则和技术术语。它的科学性和实用性基本上是依靠项目管理者的经验和技能。分解结果的优劣也很难评价，只有在项目设计、计划和实施控制过程中体现出来。常见的工程项目结构分解方法主要包括两类：按技术系统分解和按实施过程分解。

1. 按技术系统分解

按工程技术系统的结构分解与我国常用的分解方法是相似的，即一个工程可以分解为许多单项工程，单项工程分解为单位工程，单位工程又分解为分部工程，分部工程再分解为分项工程。这对于一些功能比较简单的工程，如一般的宿舍楼、教学楼、住宅楼等，是比较容易的。但对于一些技术系统复杂，功能众多的工程项目，其结构分解是比较困难和复杂的，通常可以从以下几个方面来考虑：

(1) 按产品结构分解。如果项目的目标是建设一个生产一定产品的工厂，则可以将它按生产体系，按生产（或提供加工）的一定产品（包括中间产品或服务）分解成各子项目（分厂或生产体系）。例如，新建一个汽车制造厂，则可将整个项目分解成发动机、轮胎、壳体、底盘、组装、油漆、办公区、库房等几个大区域或分厂。

(2) 按平面或空间位置分解。例如，一个分厂中有几个建筑物（车间、仓库、办公室），建筑物之间有过桥、过道，每个建筑物有室外和室内之分。

(3) 按功能分解。功能是工程建成后应具有的作用，它与工程的用途有关，常常是在一定的平面和空间上起作用的，所以有时又被称为"功能面"。实质上工程项目的运行是工程所属的各个功能的综合作用的结果。例如，一个办公楼，可分为办公室、展览厅、会议厅、停车场、交通、公用区间等。办公室还可分为各个部门，如人事部、财务部等。

(4) 按专业要素分解。一个功能面又可以分为各个专业要素，例如，一个车间的结构可分为厂房结构、吊车设施、设备基础和框架；供排设施可以分为给排水、供暖、通风、清除垃圾等。要素具有明显的专业特征，有些要素还可以进一步分解为子要素。

对在整个工程起作用的，或属于多功能面上的要素常常可以作为独立的功能对待，例如系统工程（如控制系统、通信系统、闭路电视系统等）。

2. 按实施过程分解

整个工程、每个功能或要素作为一个相对独立的部分，必然经过项目实施的全过程，可以按照过程化的方法进行分解，只有按实施过程进行分解才能得到项目的实施活动。按照实施过程分解得到的结果受项目任务范围的影响，对于承包商，实施过程的范围由承包合同限定，不同的承包模式其实施过程也不相同，如 EPC 模式下承包范围包括了设计、施工和采购的全过程，而施工总承包模式就只包含了施工阶段的工作。例如，某项目包括一栋楼和室外工程建设，其结构分解图如图 5-4 所示。

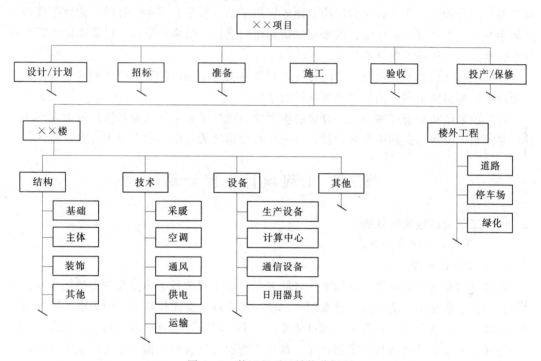

图 5-4　某工程项目结构分解图

WBS 的实际工程应用表明，对大型的工程建设项目一般在项目的早期就应进行结构分解，它是一个渐进的过程。首选按照设计任务书或方案设计文件进行工程技术系统的结构分解，它是对工程项目作进一步设计和计划的依据。在按照实施过程作进一步的分解时，必须考虑项目实施、项目管理及各阶段的工作策略，如设计的策略、分标策略、采购策略以及各阶段工作的实际情况等。

（四）工程项目结构分解的基本原则

项目结构分解没有统一的普遍适用的方法和规则。按照实际工作经验和系统工作方法，它应符合工程的特点、项目自身的规律性，符合项目实施者的要求和后继管理工作的需要。项目结构分解的基本原则如下：

（1）确保各项目单元内容的完整性，不能遗漏任何必要的组成部分。

（2）项目结构分解是线性的，一个项目单元 J_i 只能从属于一个上层单元 J，不能同时交叉属于两个上层项目单元 J 和 I。否则，这使得上层项目单元 J 和 I 的界面不清。一旦发生这种情况，则必须进行处理，如可以重新定义 I、J，使它们界限清楚，或将 I、J 合并，或将 J_i 分解成两部分，使它们分别属于 I 和 J，以保证项目结构分解的线性关系。

（3）项目单元 J 所分解得到的 J_1，J_2，…，J_n 应具有相同的性质，或同为功能，或同为要素，或同为实施过程，以免造成混乱。

（4）每一个项目单元应能区分不同的责任人和不同的工作内容，应该有较高的整体性和独立性。项目单元之间的工作责任，界面应尽可能小而明确，这样才能方便工程项目目标和责任的分解和落实，以及进行工程项目实施成果评价和责任的分解。

（5）项目结构分解是工程项目计划和控制的主要对象，应满足编制项目计划和实施控制的要求。合理的工作分解结构应能方便地应用工期、质量、成本、合同、信息等管理方法和手段，注意物流、工作流、资金流、信息流的过程、效率和质量，以及功能之间的有机组合和实施工作任务的合理归属。

（6）项目结构分解应具有一定的弹性，当项目实施中作设计变更与计划的修改时，能方便的扩展项目的范围、内容和变更项目的结构。

（7）项目结构分解详细得当。分解层次太少，项目单元上的任务和信息量大，不利于计划和控制；分解层次和项目单元过多，使项目结构极为复杂，也不能进行有效管理。

第三节　工程项目进度计划

一、工程项目进度计划概述

（一）工程项目进度的概念

1. 进度和进度指标

进度通常是指工程项目实施结果的进展情况。在工程项目实施过程中要消耗时间、劳动力、材料、资金等各类资源，很难用一个统一的指标来全面反映工程的进度，因此人们赋予进度以综合的含义，它将工程项目任务、工期、成本等有机地结合起来，形成一个综合的指标，以全面反映项目的实施状况。描述工程项目进度的指标通常包括以下几项：

（1）持续时间。包括各项工作以及整个项目的持续时间，它是进度的最重要指标。

（2）已完工程的价值量，即用已经完成的工作量与相应的合同价格，或预算价格表示。它将不同各类的分项工程统一起来，能够较好地反映工程的进度状况，是常用的进度指标。

（3）工程活动的结果状态数量。主要针对专门的领域，如设计工作按资料数量（图纸、规范等）、设备安装按吨位、管道和道路按长度、运输量按吨·公里数等。

（4）资源消耗指标，最常用的有劳动工时、机械台班、费用的消耗等。它们具有统一性和较好的可比性，但有时资源消耗和进度可能会背离，应注意防止产生误导。

2. 进度和工期

进度和工期是两个既互相联系，又有区别的概念。工期是指项目单元的各个时间参数，分别表示各层次项目单元（包括整个项目）的持续时间、开始和结束时间、容许的变动余地（时差）等。而进度则是更为综合的概念，它不只是指传统的工期，而且还将工期与工程实物、成本、劳动消耗、资源等统一起来，具有更广泛的内涵。进度控制和工期控制的总目标是一致的，但在控制过程中，它不仅追求时间上相一致，而且追求劳动成果

（效率）或消耗的一致性。工期作为进度的一个指标，进度计划首先表现为工期计划，有效的工期控制才能达到有效的进度控制，但是仅用工期来表达进度是不全面的。若进度延误了，最终工期目标也不可能实现。在项目实施中，对计划的有关活动进行调整，当然工期也会发生变化。

（二）工程项目进度目标

工程项目进度目标是项目的三大目标之一，在项目的目标系统中占有极为重要的地位。进度控制的最终目的是确保项目按预定的时间动用或提前交付使用，进度控制的总目标是建设工期。进度总目标是在项目决策阶段由项目定义所确定的，在项目实施过程中，进度总目标又被分解成若干不同阶段的目标，这些目标还可以进一步分解，形成工程项目进度目标系统，这些目标之间相互联系、相互制约。在项目的实施阶段，比较常用的阶段性进度目标通常包括：

（1）设计前准备工作进度目标。

（2）设计工作进度目标。

（3）招标工作进度目标。

（4）施工前准备工作进度目标。

（5）工程施工（土建和设备安装）进度目标。

（6）工程物资采购工作进度目标。

（7）项目动用前的准备工作进度目标等。

在确定工程项目进度目标时，必须深入分析和论证上述工作进度目标实现的可能性以及各项工作进度的相互关系。一般来说，越是后期的、具体的工作，由于项目信息（设计资料、环境资料、实施条件等）比较完善，其进度目标也就比较容易确定。

（三）工程项目进度计划系统

1. 工程项目进度计划系统的内涵

工程项目进度计划系统是由多个相互关联的进度计划所组成的系统，它是项目进度控制的依据。由于各种进度计划编制所需要的必要资料是在项目进展过程中逐步形成的，因此项目进度计划系统的建立和完善也有一个过程，它是逐步形成的。图5-5是一个工程项目进度计划系统的示例，这个计划系统有4个计划层次。

2. 工程项目进度计划系统的构成

根据项目进度控制的不同需要和不同用途，业主方和项目各参与方可以构建多个不同层次、不同类型的工程项目进度计划，形成进度计划系统。

（1）由不同深度的计划构成的进度计划系统，包括：①总进度规划（计划）；②项目子系统进度规划（计划）；③项目子系统中的单项工程进度计划等。

（2）由不同功能的计划构成进度计划系统，包括：①控制性进度规划（计划）；②指导性进度规划（计划）；③实施性（操作性）进度计划等。

（3）由不同项目参与方的计划构成进度计划系统，包括：①业主方编制的整个项目实施进度计划；②设计进度计划；③施工和设备安装进度计划；④采购和供货进度计划等。

（4）由不同周期的计划构成进度计划系统，包括：①5年建设进度计划；②年度、季度、月度和旬计划等。

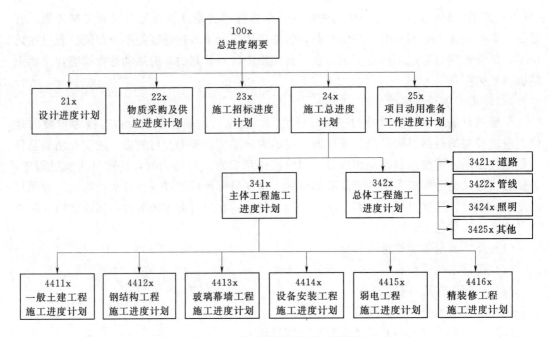

图 5-5　某工程项目进度计划系统

3. 工程项目进度计划系统中的内部关系

工程项目进度计划系统中各进度计划或者各个子系统进度计划编制和调整时必须注意其相互之间的联系和协调，例如总进度规划（计划）、项目子系统进度规划（计划）与项目子系统中的单项工程进度计划之间的联系和协调；控制性进度规划（计划）、指导性进度规划（计划）与实施性（操作性）进度计划之间的联系和协调；业主方编制的整个项目实施的进度计划，设计方编制的进度计划、施工和设备安装方编制的进度计划以及采购和供货方编制的进度计划之间的联系和协调等。

二、工程项目进度计划的表示方法

工程项目进度计划的表示方法有多种，常用的有横道图、网络图和进度曲线等方法。

（一）横道图

横道图也称甘特图，是美国人甘特（Gantt）在 20 世纪 20 年代提出的。由于其形象、直观，且易于编制和理解，因而长期以来广泛应用于工程项目进度计划的编制。

用横道图表示进度计划，一般包括两个基本部分，即左侧的工作名称及工作的持续时间等基本数据部分和右侧的横道线部分，常见的横道图计划如图 5-6 所示。该计划明确地表示出各项工作的划分、工作的开始时间和结束时间、工作的持续时间、工作之间的相互搭接关系，以及整个工程项目的开工时间、完工时间和总工期。

1. 用横道图表达进度计划的优点

（1）它能够清楚地表达活动的开始时间、结束时间和持续时间，一目了然，易于理解，并能够为各层次的人员所掌握和运用。

（2）使用方便，制作简单。

（3）不仅能够安排工期，而且可以与劳动力计划、材料计划、资金计划相结合。

序号	工作名称	持续时间（月）	进度（月）																					
			1	2	3	4	5	6	7	8	9	10	11	12	13	14	15	16	17	18	19	20	21	22
1	施工准备	0.5	—																					
2	土方工程	1	—	—																				
3	基础工程	2.5		—	—	—																		
4	主体结构施工	10					—	—	—	—	—	—	—	—	—	—								
5	内部结构	5												—	—	—	—	—						
6	水电暖通安装	3														—	—	—						
7	装饰工程	6														—	—	—	—	—	—			
8	室外工程	2																				—	—	
9	收尾、竣工验收	1																						—

图 5－6　某项目施工总进度计划的横道图

2．用横道图表达进度计划的缺点

（1）很难表达工程活动之间的逻辑关系，如果一个活动提前或者推迟，或延长持续时间，很难分析出它会影响哪些后续的活动。

（2）不能表示活动的重要性，如哪些活动是关键的，哪些活动有推迟或者拖延的余地。

（3）横道图上所表达的信息较少，在计划执行过程中，对其进行调整也比较繁琐和费时。

（4）难以利用计算机进行处理，对复杂工程项目不能使用计算机进行工期计算，更难以进行工期方案的优化。

总体而言，用横道图表示进度计划比较简单，但具有较大的局限性。为了克服它不能反映工作之间逻辑关系的弱点，人们又开发了在横道图上加注箭线来表达工作之间搭接关系的方法，可以利用计算机进行工期计算。但实际上这已不是传统的横道图，而是一种网络图。

（二）网络图

网络计划技术自 20 世纪 50 年代诞生以来，已得到迅速发展和广泛应用。运用网络图来编制计划，可以使工程项目进度得到有效控制。国内外实践证明，网络计划技术是用于控制工程项目进度的最有效工具。利用网络计划控制建设工程进度，可以弥补横道计划的许多不足。与横道图相比，网络计划具有以下的主要特点：

（1）网络计划能清楚地表达各项工作之间的逻辑关系。所谓逻辑关系，是指各项工作之间的先后顺序关系。网络计划能够明确地表达各项工作之间的逻辑关系，对于分析各项工作之间的相互影响及处理它们之间的协作关系具有非常重要的意义，同时也是网络计划比横道计划先进的主要特征。

（2）通过网络计划时间参数的计算，可以找出关键线路和关键工作。通过时间参数的计算，能够明确网络计划中的关键线路和关键工作，也就明确了工程进度控制中的工作重点，这对提高工程项目进度控制的效果具有非常重要的意义。

（3）通过网络计划时间参数的计算，可以明确各项工作的机动时间。所谓工作的机动时间，是指在执行进度计划时除完成任务所必需的时间外尚剩余的、可供利用的富余时间，又称为时差。在一般情况下，除关键工作外，其他各项工作（非关键工作）均有富余时间。

（4）网络计划可以利用电子计算机进行计算、优化和调整。对进度计划进行优化和调整是工程进度控制工作中的一项重要内容。如果手工进行计算、优化和调整是非常困难的，必须借助于电子计算机。而且由于影响建设工程进度的因素有很多，只有利用电子计算机进行进度计划的优化和调整，才能适应实际变化的要求。

当然，网络图也有其不足之处，例如不像横道图那么直观明了等，但这可以通过绘制时标网络图得到弥补。

（三）曲线法

从整个工程项目实际进展全过程看，单位时间投入的资源一般是开始和结束时较少，中间阶段较多。与其相对应，单位时间完成的任务量也呈同样的变化规律，如图 5 - 7 (a) 所示。而随工程进展累计完成的任务量则应呈 S 形变化，如图 5 - 7 (b) 所示。由于其形似英文字母 S，因此得名 S 曲线。

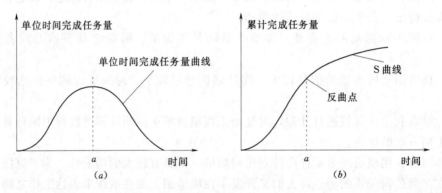

图 5 - 7　时间与完成任务量关系曲线

S 曲线以横坐标表示时间，纵坐标表示累计完成任务量，可以从总体角度描述计划时间内应完成的任务量，是进度计划比较概括性的一种表示方法。其中累计完成任务量既可用实物工程量，也可以用相对的百分比来表示。

曲线法比较形象，特别是用于进度控制时实际进度和计划进度的比较，可以从总体上把握工程项目的进展情况，便于上层领导和管理人员了解进度信息。但曲线法难以直接对工程项目中每项具体工作进行安排和控制，一般是在横道计划或者网络计划基础之上，通过计算整理而绘制。

三、工程项目进度计划的编制

工程项目进度计划是随着项目的技术设计的细化，项目结构分解的深入而逐步细化的，它经历了由进度总目标、粗横道图、细横道图、网络图，再输出各层次横道图（或网络图）的过程。例如，在项目目标设计时，进度目标一般仅是一个总值，如建设工期 3 年，由于工程细节尚不清楚，所以无法作详细的安排；在可行性研究阶段一般要按总工期作总体计划，将项目的生命期分成几个主要阶段，用粗横道表示一些项目过程的主要活动或阶段的时间安排，有时确定一些里程碑（Milestone）事件的安排；随着项目的进展，技术设计的细化，结构分解的细化，进度计划越来越详细，横道图也不断细化；最详细的进度计划通常在承包合同签订后由承包商作出，并经业主的项目经理或监理工程师批准后执行，这时的进度计划是经过详细安排的、科学的。在进度计划过程中，上层计划控制和指导着下层计划的编制，下层计划是对上层计划的论证和落实，各层次计划之间应该互相衔接协调。

无论何种进度计划的编制都有其一般的程序，都要通过计划目标确定、项目工作分解、工作逻辑关系分析和时间估计、计划的初步编制和优化调整而形成正式计划等基本过程。当应用网络计划技术编制工程项目进度计划时，其编制程序一般包括四个阶段10个步骤，如表5-2所示。

表5-2 工程项目进度计划编制程序

编制阶段	编制步骤	编制阶段	编制步骤
Ⅰ.计划准备阶段	1.调查研究	Ⅲ.计算时间参数及确定关键线路阶段	6.计算工作持续时间
	2.确定网络计划目标		7.计算网络计划的时间参数
Ⅱ.绘制网络图阶段	3.进行项目分解	Ⅳ.编制正式网络计划阶段	8.确定关键线路和关键工作
	4.分析逻辑关系		9.优化网络计划
	5.绘制网络图		10.编制正式网路计划

（一）计划准备阶段

1.调查研究

调查研究的目的是为了掌握足够充分、准确的资料，从而为确定合理的进度目标、编制科学的进度计划提供可靠依据。调查研究的内容包括：①工程任务状况、实施条件、设计资料；②有关标准、定额、规程、制度；③资源需求与供应状况；④资金需求与供应状况；⑤有关统计资料、经验总结及历史资料等。

调查研究的方法包括：①实际观察、测算、询问；②会议调查；③资料检索；④分析预测等。

2.确定网络计划目标

网络计划的目标由工程项目的目标所决定，一般可分为以下三类：

（1）时间目标。时间目标也是工期目标，是指工程项目合同规定的工期或有关主管部门要求的工期。工期目标的确定应以建筑设计周期定额和建筑安装工程工期定额为依据，同时充分考虑类似工程的实际进展情况，气候条件以及工程难易程度和建设条件的落实情况等因素。工程项目设计和施工进度安排必须以建筑设计周期定额和建筑安装工程工期定额为最高时限。

（2）时间—资源目标。所谓资源，是指工程建设过程中所需要投入的劳动力、原材料及施工机具等。在一般情况下，时间—资源目标分为两类：

1）资源有限，工期最短。即在一种或几种资源供应能力有限的情况下，寻求工期最短的计划安排。

2）工期固定，资源均衡。即在工期固定的前提下，寻求资源需用量尽可能均衡的计划安排。

（3）时间—成本目标。时间—成本目标是指以限定的工期寻求最低成本或寻求最低成本时的工期安排。

（二）绘制网络图阶段

1. 进行项目分解

将工程项目由粗到细进行分解，是编制网络计划的前提。如何进行工程项目的分解，工作划分的详细程度如何，将直接影响到网络图的结构。对于控制性网络计划，其工作划分得应粗一些，而对于实施性网络计划，工作应划分得细一些。工作划分的粗细程度，应根据实际需要来确定。

2. 分析逻辑关系

分析各项工作之间的逻辑关系时，既要考虑施工程序或施工工艺技术过程又要考虑组织安排或者资源调配需要。对施工进度计划而言，分析其工作之间的逻辑关系时，应考虑：①施工工艺的要求；②施工方法和施工机械的要求；③施工组织的要求；④施工质量的要求；⑤当地的气候条件；⑥安全技术的要求。分析逻辑关系的主要依据是施工方案、有关资源供应状况和施工经验等。

3. 绘制网络图

根据已经确定的逻辑关系，即可按绘图规则绘制网络图。既可以绘制单代号网络图，也可以绘制双代号网络图。还可根据需要，绘制双代号时标网络计划。

（三）计算时间参数及确定关键线路阶段

1. 确定工作的持续时间

工作的持续时间是指完成该工作所花费的时间。其确定方法有多种，主要包括定额计算法、经验估计法和专家判断法。

（1）定额计算法。定额计算法是根据施工定额或企业定额、投入的劳动力、机械设备和资源量等资料计算出一个肯定的时间消耗值。采用定额计算法确定工作持续时间的公式如下：

$$D = \frac{Q}{SRn} \tag{5-1}$$

或

$$D = \frac{QH}{Rn} \tag{5-2}$$

式中　D——完成某工作的持续时间，小时、天、周、月；

　　　Q——该项工作的工程量，m、m²、m³、t；

　　　S——人工或机械产量定额，m³/工日或台班；

　　　H——人工或机械时间定额，工日或台班/m³；

　　　R——该项工作计划投入的人数或机械台班，人、台班；

　　　n——每天的工作班数。

时间定额是指某种专业的工人班组或者个人，在合理的劳动组织与合理使用材料的条件下，完成符合质量要求的单位产品所必需的工作时间，包括准备和结束时间、基本生产时间、辅助生产时间、不可避免的中断时间及工人必需的休息时间。时间定额以工日为单位，每一工日按 8 小时计算。产量定额是指在合理的劳动组织与合理使用材料的条件下，某种专业、某种技术等级的工人班组或个人在单位工日中所应完成的质量合格的产品数量。产量定额与时间定额成反比，二者互为倒数。

对于施工进度计划，在安排每班工人数和机械台数时要做好两点：一是要保证各个工作项目上工人班组中每个工人拥有足够的工作面，不能少于最小工作面，以发挥高效率并保证施工安全；二是要使各个工作项目上的工人数量不低于正常施工时所必需的最低限度，不能小于最小劳动组合，以达到最高的劳动生产率。因此，最小工作面限定了每班安排人数的上限，而最小劳动组合限定了每班安排人数的下限。对于施工机械台数的确定也是如此。

每天的工作班数应根据工作项目施工的技术要求和组织要求来确定。例如浇筑大体积混凝土，要求不留施工缝连续浇筑时，就必须根据混凝土工程量决定采用双班制或三班制。

（2）经验估计法。在缺乏工程定额资料的情况时，工作持续时间还可以根据工程经验，参照以往类似项目的情况进行估计。

（3）专家判断法。当各项工作可变因素多，又不具备一定的时间消耗历史资料时，可以采用专家判断法，但一般也难以估计出一个肯定的单一的时间值，通常采用三时估计法，即首先估计出最乐观时间、最可能时间和最悲观时间三个时间值，再按下式加权平均算出一个期望值作为工作的持续时间：

$$d = \frac{a + 4m + b}{6} \tag{5-3}$$

式中　d——某工作持续时间；

　　　a——完成该工作的最乐观时间；

　　　m——完成该工作的最可能时间；

　　　b——完成该工作的最悲观时间。

对于搭接网络计划，还需要根据最优施工顺序及施工需要，确定出各项工作之间的搭接时间。如果有些工作有时限要求，则应确定其时限。

2. 计算网络计划时间参数

网络计划时间参数一般包括工作最早开始时间、工作最早完成时间、工作最迟开始时间、工作最迟完成时间、工作总时差、工作自由时差，节点最早时间、节点最迟时间、相邻两项工作之间的时间间隔、计算工期等。应根据网络计划的类型及其使用要求选算上述时间参数。网络计划时间参数的计算方法可参见本书第三章相关内容。

3. 确定关键线路和关键工作

在计算网络计划时间参数的基础上，便可以根据有关时间参数确定网络计划中的关键线路和关键工作。

（四）编制正式网络计划阶段

1. 优化网络计划

当初始网络计划的工期满足所要求的工期及资源需求量能得到满足而无需进行网络优

化时，初始网络计划即可作为正式的网络计划，否则，需要对初始网络计划进行优化。

根据所追求的目标不同，网络计划的优化包括工期优化、费用优化和资源优化三种。应根据工程的实际需要选择不同的优化方法。

2. 编制正式网络计划

根据网络计划的优化结果，便可绘制正式的网络计划，同时编制网络计划说明书。网络计划说明书的内容应包括编制原则和依据，主要计划指标一览表、执行计划的关键问题，需要解决的主要问题及主要措施，以及其他需要说明的问题。

第四节　工程项目资源和费用计划

一、工程项目资源计划

（一）资源和资源计划

1. 工程项目资源的种类

资源作为工程项目实施的基本要素，通常包括以下几方面：

（1）人力资源，包括各种专业技术人员、管理人员和劳动力资源。劳动力，包括劳动力总量，各专业、各种级别劳动力。

（2）原材料和设备。原材料构成工程建筑的实体，如常见的砂石、水泥、砖、钢筋、木材、预制构配件、卫生洁具等；设备主要是生产运营设备，如给排水、供电、消防等设备。

（3）周转性材料，如模板、支撑、施工用工器具以及施工设备的备件、配件等。

（4）项目施工所需的施工设备、临时设施和必需的后勤供应。施工设备，如吊车、混凝土搅拌站、运输设备、各种木工、瓦工、钢筋、水电工等专用设备。临时设施如施工用仓库、宿舍、办公室、卫生设施、现场施工用供排系统。

此外，还可能包括项目部办公设备、计算机及专用软件、信息系统等。资金也可以作为一种资源。

2. 资源计划

资源计划就是对工程项目所需要的资源种类、数量和质量以及时间等进行的安排和部署。按照资源计划的过程，资源计划可分为资源需求计划、资源供应计划、资源储备计划和资源使用（消耗）计划。

资源作为工程实施必不可少的前提条件，其费用占工程总费用的 80％以上，所以现代工程中资源计划的失误会造成很大的损失。资源的节约是工程费用节约的主要途径，资源计划与项目费用估算密切相关。如果资源不能保证，任何考虑得再周密的进度计划也不能实现。因此，资源计划既是进度计划的保证，又是费用计划的前提条件。资源管理的任务就是按照项目的实施（进度）计划编制资源的使用和供应计划，将项目实施所需要的资源按正确的时间、数量供应到正确的地点，并降低资源成本消耗（如采购费用、仓库保管费用等）。资源管理在工程项目管理中具有以下影响：

（1）资源计划作为网络的限制条件，在安排逻辑关系和工作任务时就要考虑资源的限制和资源的供应过程对工期的影响。

（2）网络分析后作详细的资源计划以保证网络计划的实施，或对网络提出调整要求。

（3）在特殊工程中，资源计划常常是整个项目计划的主体。例如，对大型工业建设项目，成套生产设备生产、供应、安装，常常是整个项目计划的重点内容。

（4）资源计划必须作为费用管理的一个重点组成部分。

（5）在制定实施方案以及技术管理和质量控制中必须包括资源管理的内容。

（二）工程项目各阶段资源消耗的特点

工程项目各阶段资源消耗的情况如图 5-8 所示。

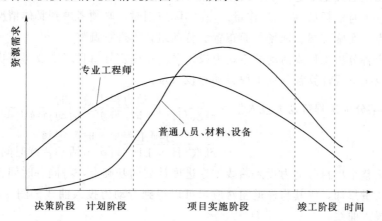

图 5-8　工程项目各阶段资源消耗情况

1. 工程项目决策阶段

工程项目决策阶段，其资源计划主要是对人力资源的计划，给专业技术人员分工，明确其任务范围和要求，充分发挥其作用，而所需的材料和设备则起辅助作用，消耗量与人力资源相比也较少。决策阶段的资源投入大约占工程项目总的资源投入量的 $1\%\sim3\%$，虽然与实施阶段相比资源消耗较少，但对整个工程项目总体投资的影响程度却是最重要的。

2. 工程项目计划准备阶段

工程项目计划准备阶段，其计划准备工作需要大量的专业人员，特别是设计工作需要各种专业工程师，还需要电脑（包括各种软件）、绘图仪器等设备，以及各种资料，如数据、规范、法律法规、专业书籍等。此阶段的资源计划也以人力资源的计划为主。

3. 工程项目实施阶段

工程项目实施阶段其主要任务是施工。施工是建筑物实体的生产，所需资源主要包括劳动力、建筑材料和设备、周转材料、施工所需机械设备和临时设施以及后勤供应等。这些资源是工程项目实施必不可少的，它们的费用往往占工程总费用的 80% 以上，因此做好对工、料、机的计划与控制是工程资源节约的主要途径。

4. 工程项目试生产及竣工验收阶段

在工程项目试生产及竣工验收阶段，资源需求已接近尾声，主要是对各种资料的整理以及工程的最后调试工作，资源需求量很小，资源计划内容也很少。

（三）工程项目资源计划方法

这里主要介绍劳动力、材料设备和资金计划的编制方法。

1. **劳动力计划**

(1) 确定各分项工程或活动的劳动力投入总工时。劳动力投入总工时可以通过工程量和劳动效率来确定：

$$某分项工程劳动力投入总工时 = 分项工程量/产量定额$$
$$= 分项工程量 \times 时间定额$$

分项工程或活动的工程量一般是确定的，它可以通过图纸和规范的计算得到。劳动效率可以在劳动定额或施工定额中查到，根据表示方法不同分为产量定额（产量/单位时间）和时间定额（工时消耗量/单位工作量）。在实际应用时，必须考虑到具体情况，如针对环境、工程特点、实施方案、现场平面布置、劳动组合等进行调整。

(2) 确定各分项工程或活动的劳动力投入量。在确定好每日班次及每班次劳动时间的情况下，可以按下式计算各分项工程劳动力投入量：

$$某分项工程劳动力投入量 = \frac{劳动力投入总工时}{班次/日 \times 工时/班次 \times 活动持续时间}$$
$$= \frac{分项工程量 \times 时间定额}{班次/日 \times 工时/班次 \times 活动持续时间}$$

(3) 确定整个项目劳动力投入曲线。在进度计划的基础上，将同一时间各活动所需要的劳动力投入量累加，将其与横道图对应，可以得到劳动力投入曲线。图 5-9 所示为某工程劳动力投入曲线。

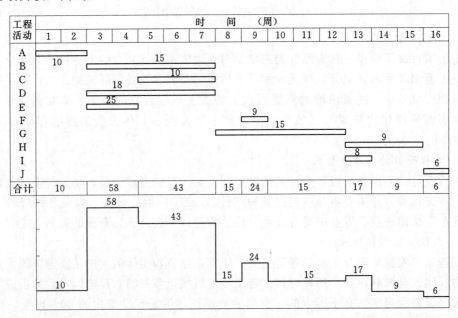

图 5-9 某工程劳动力投入曲线

(4) 现场其他人员的使用计划，包括工地管理人员以及为劳动力服务的人员（如厨师、驾驶员等）、工地警卫、勤杂人员等。

劳动力计划有时还包括项目运行阶段的劳动力计划，包括项目运行操作人员、管理人员的招雇、调遣、培训的安排等，也需要以保证项目顺利投入运行为目标统筹考虑。

2. 材料计划

一般而言，材料计划包括需求计划、供应计划、采购计划和运输计划等几类。

(1) 需求计划。需求计划是按照工程范围、工程技术要求、工期计划等确定的材料的使用计划，包括以下两个方面的内容。

1) 各种材料需求量的确定。各分项工程或活动可以按照图纸、设计规范和实施方法确定工程量，以及具体材料的品种、规格和质量要求。材料需求量的多少可以根据材料消耗定额、过去工程的经验、历史工程资料来确定：

某分项工程某种材料消耗量＝该分项工程的工程量×每单位工程量材料消耗量

如果材料消耗量为净用量，那么还必须考虑材料各种合理的损耗（如运输、仓储、使用中的损耗）：

$$材料总消耗量＝净用量＋损耗量＝净用量×(1＋损耗率)$$
$$损耗率＝损耗量/净用量$$

按上述方法，对工程项目所有分项工程的材料需求量进行计算，并将不同分项工程的同种材料需求量汇总求和，则可以得到该工程项目的材料需求量表。此外，对施工方而言，材料消耗量还作为消耗指标随任务下达作为材料控制标准。

2) 材料需求时间曲线。材料需求时间曲线是结合进度计划，表达不同时间段的材料需求情况。首先，将各分项工程的各种材料消耗总量分配到各自的分项工程的持续时间上，通常平均分配。但有时要考虑到在时间上的不平衡性，例如基础工程施工，前期工作为挖土、支模、绑钢筋，混凝土的振捣却在后几天，所以钢筋、水泥、砂石的用量是不均衡的；其次，将各工程活动的材料耗用量按项目的工期求和，得到每一种材料在各时间段上的使用量计划表；最后，作需求量—时间曲线。材料需求计划的方法、过程和表达方式和前述的劳动力使用计划几乎完全相同。

(2) 材料供应计划。材料供应计划是根据材料需求计划而编制的，在材料需求量时间曲线的基础上，确定好不同时间各种材料的供货提前期，从而得出材料供应计划。

(3) 材料采购计划。在采购前应确定所需采购的产品，分解采购活动，在供应计划的基础上做出采购计划。在采购计划中应特别注意对项目的质量、进度、费用有关键作用的物品的采购过程，通常采购时间与货源有关。

(4) 材料运输计划。在实际工程中，运输问题常常会造成工期的拖延，引起索赔，故运输时间应纳入总工期计划中，应及早订好仓位及交货时间，并在实施中不断地跟踪货物。材料在运输过程中主要涉及的问题包括以下几种：运输方式的选择、承运合同的洽商、进出口的海关关税及限制以及是否有特殊运输要求。

3. 工程项目资金计划

无论对于业主还是承包商，资金都被视为一种宝贵的资源。现代工程项目中，业主和承包商都很重视项目的现金流量状况，并将其纳入计划的范围。

(1) 业主的资金计划。对业主而言，项目的建设期主要是资金支出，因此资金计划主要表现为支付或付款计划，在支付计划作出后，业主的主要计划就是筹资（融资）计划。

业主资金计划的编制方法如下：

1）编制工程进度计划。

2）根据进度计划确定不同阶段（时期）的资金需求量。

3）在进度计划的基础上，确定"资金需求量—时间"图（表），即资金需求计划。

4）根据合同所确定的付款方式、期限，确定资金支付计划。

5）根据资金支付计划筹集和安排资金，即筹资计划。

（2）承包商的资金计划。承包商的资金计划相对业主来说更为复杂，一般包括支付计划、工程款收入计划、现金流量计划和融资计划。

1）支付计划。承包商工程项目的支付一般涉及工资的支付、材料设备的支付、分包工程的支付等，故相应的支付计划一般包括人工费支付计划、材料费支付计划、设备费支付计划、分包工程款支付计划、现场管理费支付计划和其他费用支付计划，如上级管理费、保险费、利息等各种其他开支。图5-10支出曲线表示了承包商的支付计划（一般为S曲线形状）。

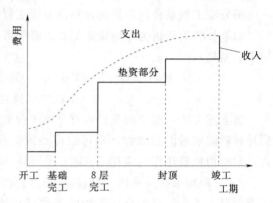

图5-10　某工程承包商工程款收入与支出曲线

2）工程款收入计划。承包商工程收入计划与两个因素有关：一是工程进度，即按照成本计划确定的工程完成状况；二是合同确定的付款方式。常用的付款方式有如下几种：

● 工程预付款（备料款、准备金）。这笔款项在以后工程进度款中逐步扣还业主。

● 按月进度付款。例如按FIDIC合同条件，月末承包商提交该月工程进度支付申请，由工程师在28d内审核并递交业主，业主在收到付款通知后28d内支付。则工程款支付比成本计划滞后1～2月，而且许多未完工程还不能结算。

● 按形象进度付款。一般分开工、基础完工、主体完成、竣工等几个阶段，各支付一定的比例，则工程款收入计划为阶梯状，如图5-10所示。

● 其他形式带资承包。如由承包商垫资，工程款在工程结束后支付，或由工程本身的收益支付（即类似BOT项目）等。

3）现金流量。在工程支付计划和工程款收入计划的基础上可以得到工程的现金流量。它可以通过表或图的形式反映，如图5-10所示通常按时间将工程支付和工程收入的主要费用项目罗列在一张图或表中，按时间计算出当期收支相抵的余额，再按时间计算到该期末的累计余额，在此基础上即可绘制现金流量图。

4）融资计划。由于工程支付计划与工程款收入计划之间会存在差异，有时会有很大的差异。如果差异为正，则为正现金流量，即承包商占用了他人资金进行工程，而且资金还有富余。这当然是很好的，但通常很困难，现代工程付款条件越来越苛刻。如果差异为负，则说明现金流量为负，承包商自己必须垫入这部分资金。很多情况下，承包商要取得项目的成功，必须有财务的支持，如图5-10所示的工程就表明承包商在各阶段的支出都大于收入，承包商就要考虑融资。

项目融资是现代战略管理和项目管理的重要课题，项目融资方式决定项目的资本结构，不仅对建设过程，而且对项目建成后的运行过程都极为重要。通常要综合考虑风险、资金成本、收益等各种因素，确定本项目的资金来源、结构、币种、筹集时间，以及还款计划等，确定符合技术、经济和法律要求的融资计划。

二、工程项目费用构成

工程项目费用是指工程项目的价值消耗，从不同角度出发，其内涵有所不同。从业主（投资方）角度来看，工程项目费用是指投资建设一项工程的全部花费，是项目建设总投资的概念，既包括固定资产投资也包括流动资产投资；既包括建筑安装工程费用也包括设备工器具购置费用以及其他费用。因此业主方的费用计划和费用控制常称为投资计划和投资控制。从施工承包商角度出发，工程项目费用是仅指建筑安装工程费用，其费用计划和费用控制常称为成本计划和成本控制。虽然业主和承包商费用管理的内涵不同，但二者在费用计划和费用控制的基本原理及方法上是类似的。

根据原国家计委审定发行的《投资项目可行性研究指南》（计办投资〔2002〕15 号）规定，我国现行的建设工程总费用（总投资）由工程费用、工程建设其他费、预备费及专项费用构成。工程费用包括设备工器具购置费、建筑安装工程费和预备费，预备费又分为基本预备费和涨价预备费。工程建设其他费包括土地费用、与建设项目有关的其他费用和与未来企业生产经营有关的其他费用。专项费用包括建设期贷款利息、固定资产投资方向调节税和铺底流动资金。建设项目总费用的具体构成如图 5-11 所示。

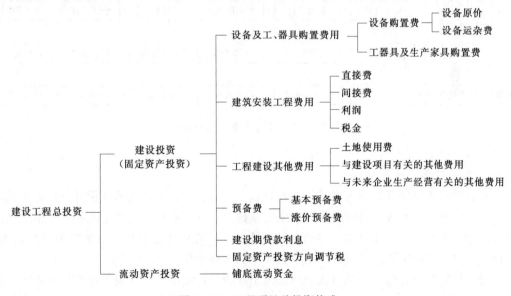

图 5-11 工程项目总投资构成

上述建设工程总投资是针对生产性建设项目而言的，对于非生产性建设项目其总投资只有固定资产投资，没有流动资产投资。对于固定资产投资，生产性项目中设备费占有较大比重，非生产性项目中建筑安装工程费占有较大比重。建筑安装工程费的具体构成如表 5-3 所示。

表 5-3		建筑安装工程费的构成	
建筑安装工程费	直接费	直接工程费	①人工费；②材料费；③施工机械使用费
		措施费	①环境保护费；②文明施工费；③安全施工费；④临时设施费；⑤夜间施工费；⑥二次搬运费；⑦大型机械设备进出场及安拆费；⑧混凝土、钢筋混凝土模板及支架费；⑨脚手架费；⑩已完工程及设备保护费；⑪施工排水、降水费
	间接费	规费	①工程排污费；②工程定额测定费；③社会保障费；④住房公积金；⑤危险作业意外伤害保险
		企业管理费	①管理人员工资；②办公费；③差旅交通费；④固定资产使用费；⑤工具用具使用费；⑥劳动保险费；⑦工会经费；⑧职工教育经费；⑨财产保险费；⑩财务费；⑪税金；⑫其他
	利润		
	税金		①营业税；②城乡维护建设税；③教育费附加

三、工程项目费用估算

费用估算就是编制一个为完成工程项目活动所必需费用的近似估算。工程项目在其形成过程中要经历投资决策阶段、设计阶段、采购和招投标阶段及施工阶段。各阶段都需要编制费用估算，以适应项目各阶段费用管理的要求。各阶段费用估算的依据和成果具有内在的联系，随着项目进展工程信息越来越完善，后者往往以前者为控制目标，不断深入细化并趋于准确，各阶段费用估算的过程和联系如图 5-12 所示。

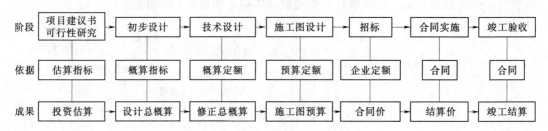

图 5-12　工程项目费用估算过程

（一）投资估算

1. 投资估算的概念

工程项目投资估算是在对项目的建设规模、产品方案、工艺技术及设备方案、工程方案及项目实施进度等进行研究并基本确定的基础上，估算项目所需资金总额（包括建设投资和流动资金）并测算建设期分年资金使用计划。投资估算是拟建项目编制项目建议书、可行性研究报告的重要组成部分，是项目决策的重要依据之一。

投资估算的内容包括了项目投资所需的全部费用，根据投资决策工作阶段的不同，投资估算一般分为机会研究及项目建议书阶段的投资估算、初步可行性研究阶段的投资估算和详细可行性研究阶段的投资估算。随着调查研究的不断深入，掌握的资料越来越丰富，工程技术文件越来越完善，投资估算也逐步准确。因此在投资项目的不同前期研究阶段，允许采用详简不同、深度不同的估算方法。

2. 投资估算的方法

常用的投资估算方法包括以下几种：生产能力指数法、比例估算法、系数估算法和投资分类估算法。生产能力指数法是根据已建成的、性质类似的工程项目的投资额和生产能力与拟建项目的生产能力估算拟建项目的投资额，其关键是要有合理的生产能力指数。比例估算法通常是以拟建项目的设备费所占比例来估算项目的总投资。系数估算法是以设备费为基础，乘以适当系数来估算项目的建设费用。投资分类估算法是根据项目总投资的构成，分别估算项目所需的各类费用。前三种方法简单、精度不高，主要应用于生产性项目的投资估算，适用于项目投资机会研究和初步可行性研究阶段，而在项目详细可行性研究阶段应采用投资分类估算法。

（二）设计概算

1. 设计概算的概念和作用

设计概算是在初步设计或扩大初步设计阶段，在投资估算的控制下，根据初步设计或扩大初步设计图纸和有关规定，依据概算定额或概算指标及费用定额，依据现行市场人工、材料和机械价格概略计算的拟建工程从立项开始到交付使用为止全过程所发生的全部费用的经济文件。设计概算是继可行性研究阶段投资估算后投资控制的进一步深化的重要阶段，编制设计概算不仅要完整反映项目的设计内容，还要客观反映施工条件，合理地预测设备和主要材料价格的浮动因素及其他影响工程费用的动态因素。

设计概算是编制工程项目费用计划以及确定和控制项目费用的依据，也是签订项目承包合同、控制施工图预算和考核设计经济合理性的依据，通过与竣工决算对比，设计概算还是考核投资效果和总结项目管理经验的依据。初步设计总概算一经审批、核准或备案，不得任意突破，如果概算超过估算 10% 以上，要进行概算修正。初步设计及概算应当履行审批手续的，其初步设计概算的可行性、真实性和完整性，审批机关应进行审查核准。

2. 设计概算的内容

设计概算由单位工程概算、单项工程综合概算和建设项目总概算三级概算组成。设计概算的编制，是从单位工程概算这一级编制开始，经过逐级汇总而成。设计概算编制内容及相互关系如图 5-13 所示。

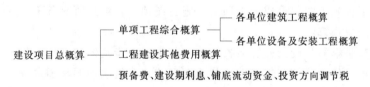

图 5-13 设计概算的编制内容及相互关系

（1）单位工程概算。单位工程概算是确定各单位工程建设费用的文件，是编制单项工程综合概算的依据和组成部分。单位工程概算按工程性质分为建筑工程概算和设备及安装工程概算两大类。建筑工程概算包括以下内容：土建工程概算；给排水、采暖工程概算；通风空调工程概算；电气照明工程概算；弱电工程概算；特殊构筑物工程概算等。设备及安装工程概算包括：机械设备及安装工程概算；电气设备及安装工程概算；工具、器具及生产家具购置费概算等。

（2）单项工程综合概算。单项工程综合概算是确定一个单项工程所需建设费用的文件，它是由单项工程中的各单位工程概算汇总编制而成的，是建设项目总概算的组成部分。

（3）建设项目总概算。建设项目总概算是确定整个建设项目从立项开始到交付使用为止全过程所发生的全部费用的文件。它是由单项工程综合概算、工程建设其他费用概算、预备费、建设期利息、铺底流动资金和投资方向调节税等汇总而成的。

3．设计概算的编制方法

（1）单位建筑工程概算编制方法。单位建筑工程概算的编制方法有概算定额法（也称为扩大单价法）、概算指标法和类似工程预算法。概算定额法是初步设计达到一定深度，建筑结构比较明确时，通过计算工程量利用概算定额来编制设计概算的方法。概算指标法是将拟建单位工程的建筑面积或体积乘以技术条件相同或基本相同的概算指标编制单位工程概算的方法，适用于初步设计深度不够，不能准确计算工程量，但工程设计采用技术比较成熟而又有类似工程概算指标可以利用的情况，因此计算精度不高。类似工程预算法是利用技术条件与设计对象相类似的已完工程或在建工程的工程费用资料来编制拟建工程设计概算的方法，适用于拟建工程初步设计与已完工程或在建工程的设计相类似又没有可用的概算指标的情况，但因拟建工程往往与类似工程的技术经济条件不尽相同，必须对建筑、结构差异和价差进行调整。

（2）单位设备及安装工程概算编制方法。设备购置费由设备原价和运杂费构成，设备原价可根据设备的不同情况采用询价、查询、按吨或者台数进行估算，运杂费用通常用设备原价乘以运杂费率来估算。设备安装工程概算编制方法主要有预算单价法、扩大单价法、设备价值百分比法和综合吨位法等方法。

（三）施工图预算

1．施工图预算的概念和作用

施工图预算是在施工图设计阶段，在设计概算的控制下，根据施工图设计、施工方案、预算定额、单位估价表或计价表、市场人材机价格及各种费用定额等有关资料进行计算和编制的单位工程预算造价的文件。它是拟建工程设计概算的具体化文件，也是单项工程综合预算的基础文件。施工图预算的编制对象是单位工程，因此也称为单位工程预算。汇总所有单位工程施工图预算成为单项工程施工图预算，汇总所有各单项工程施工图预算便是建设项目的总预算。

施工图预算是继初步设计概算后投资控制的更进一步延伸和细化，是对施工图设计进行技术经济分析、优化和控制工程造价的重要环节，是编制和调整固定资产投资计划的依据。对于实行施工招标的项目，施工图预算是编制标底的依据，也是承包企业投标报价的基础；对于不宜实行招标而采用施工图预算加调整价结算的工程，施工图预算可作为确定合同价款的基础或作为审查施工企业报价的依据。

2．施工图预算的编制方法

施工图预算的编制通常采用单价法和实物法两种方法。

（1）单价法。单价法就是用地区或行业统一预算定额（或单位估价表、计价表）中的分项工程单价乘以相应的工程量，再根据配套的费用定额计算并汇总单位建筑安装工程造价的方法。现阶段，单价法又可分为工料单价法和综合单价法两类。工料单价法是我国传统的施工图预算编制方法。它的基本操作程序是：首先用各分部分项工程量乘以相应定额工料单价（基价）汇总确定单位工程直接费；再根据地区、行业统一费用定额计算单位工程间接费、利润和税金等；最后汇总单位工程施工图预算造价。综合单价法根据分部分项工程单价所综合的内容又有不同的分类。目前我国常用的综合单价有两类：全费用综合单价和规费、税金除外综合单价。全费用综合单价是指其综合的单价内容包括直接工程费、间接费、利润和税金在内的全部费用；规费、税金除外综合单价是指其综合的单价内容包括直接工程费、管理费、利润和风险，不包括规费、税金，也即《建设工程工程量清单计价规范》中定义的综合单价。

采用单价法编制施工图预算的基本步骤如图 5 - 14 所示。

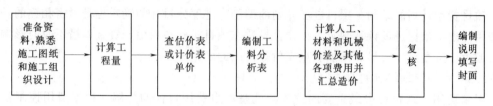

图 5 - 14　单价法编制施工图预算基本步骤

（2）实物法。实物法就是用地区或行业统一预算定额中的分项工程人工、材料和机械台班的消耗量乘以相应的各分项工程工程量，再分别乘以当时当地各种工人、材料和机械台班的实际单价，并根据配套的费用定额规定计算并汇总确定单位建筑安装工程造价的施工图预算编制方法。

采用实物法编制施工图预算的基本步骤如图 5 - 15 所示。

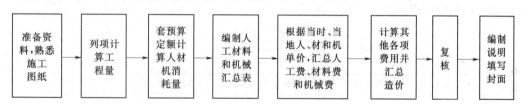

图 5 - 15　实物法编制施工图预算基本步骤

实物法编制施工图预算的步骤与单价法基本相似，但在具体计算人工费、材料费和机械使用费用及汇总三种费用之和方面有一定区别。用单价法编制施工图预算可简化编制工作，便于进行技术经济分析，但在市场价格波动较大的情况下，需对价差进行调整。实物法编制施工图预算所用人材机单价都是当时当地的实际价格，因此，可以准确反映实际水平，误差较小，但工作量较大，计算过程繁琐。

四、工程项目费用计划

工程项目费用计划是指在对工程项目所需费用总额作出合理估计的前提下，为了确定项目实际执行情况的基准而把整个费用分配到各个工作单元上去。费用计划是工程项目建设全过程中进行费用控制的基本依据。因此，费用计划确定得是否合理将直接关系到费用控制工作能否有效进行，费用控制能否达到预期的目标。

（一）费用计划编制的依据

1. 费用估算

费用估算是编制费用计划的基础。如果没有合理的、科学的费用估算，那么费用控制系统就没有了总体的控制目标，只有对项目费用进行了合理科学的估算，费用计划中设置的目标才具有可靠性和实现的可能性，同时还能在一定程度上激发项目执行者的进取心和充分发挥他们的和能力。

2. WBS

WBS 不仅是编制费用估算的依据，同时也是编制费用计划的重要依据。WBS 不是目的而是手段，它是为费用目标的分解服务的。

3. 项目进度计划

项目费用计划的编制与项目进度计划的编制、进度分目标的确定也是紧密相连的。如果费用计划不依据进度计划制定，往往会导致在项目实施中或由于资金筹措不及时影响进度，或由于资金筹措过早而增加利息支付等情况的发生。

（二）费用计划编制的方法

编制费用计划过程中最重要的方法，就是项目费用目标的分解。根据费用控制目标和要求的不同，费用目标的分解可以分为按费用构成、按子项目、按时间分解三种类型。

1. 按费用构成分解

工程项目的费用主要分为建筑安装工程费用、设备工器具购置费用及工程建设其他费用。由于建筑工程和安装工程在性质上存在着较大差异，费用的计算方法和标准也不尽相同。因此，在实际操作中往往将建筑工程费用和安装工程费用分解开来。这样，工程项目费用的总目标就可以按图 5 - 16 分解。

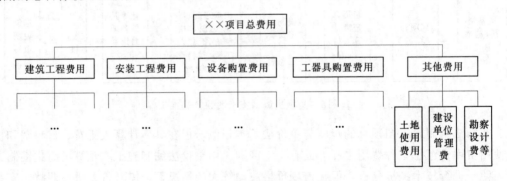

图 5 - 16　按费用构成分解费用目标

在图 5 - 16 中的建筑工程费用、安装工程费用、工器具购置费用可以进一步分解。另外，在按项目费用构成分解时，可以根据以往的经验和建立的数据库来确定适当的比例。必要时也可以作一些适当的调整。例如，如果估计所购置的设备大多包括安装费用，则可以将安装工程费用和设备购置费用作为一个整体来确定它们所占的比例，然后再根据具体情况决定细分或不细分。按费用的构成来分解的方法比较适合于有大量经验数据的工程项目。

2. 按子项目分解

大中型的工程项目通常是由若干单项工程构成的，而每个单项工程包括了多个单位工程，每个单位工程又是由若干个分部分项工程构成，因此，首先要把项目总费用分解到单项工程和单位工程中，如图 5-17 所示。

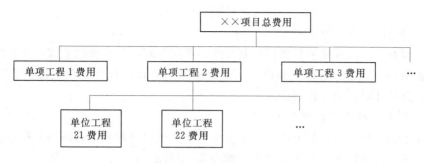

图 5-17 按子项目分解费用目标

一般来说，由于费用估算大都是按照单项工程和单位工程来编制的，所以将项目总费用分解到各单项工程和单位工程是比较容易的。需要注意的是，按照这种方法分解项目总费用，不能只是分解建筑工程费用、安装工程费用和设备工器具购置费用，还应该分解项目的其他费用。但项目其他费用所包含的内容既与具体单项工程或单位工程直接有关，也与整个项目建设有关，因此，必须采取适当的方法将项目其他费用合理分解到各个单项工程和单位工程中。最常用的也是最简单的方法就是按照单项工程的建筑安装工程费用和设备工器具购置费用之和的比例分摊。但其结果可能与实际支出的费用相差甚远。因此实践中一般应对工程项目的其他费用的具体内容进行分析，将其中确实与各单项工程和单位工程有关的费用分离出来，按照一定比例分解到相应的工程内容上。其他与整个工程项目有关的费用则不分解到各单项工程和单位工程上。

此外，对各单位工程的建筑安装工程费用还需要进一步分解，在施工阶段一般可分解到分部分项工程。

3. 按时间进度分解

工程项目的费用总是分阶段、分期支出的，资金应用是否合理与资金的时间安排有密切关系。为了编制项目费用计划，并据此筹措资金，尽可能减少资金占用和利息支出，有必要将项目总费用按其使用时间进行分解。

编制按时间进度的费用计划，通常可利用控制项目进度的网络图进一步扩充而得。即在建立网络图时，一方面确定完成各项工作所需花费的时间，另一方面同时确定完成这一工作的合适的费用支出计划。在实践中，将工程项目分解为既能方便地表示时间，又能方便地表示费用支出计划的工作是不容易的，通常如果项目分解程度对时间控制合适的话，则对费用支出计划可能分解过细，以至于不可能对每项工作确定其费用支出。反之亦然。因此在编制网络计划时应在充分考虑进度控制对项目划分要求的同时，还要考虑确定费用支出计划对项目划分的要求，做到二者兼顾。

以上三种编制费用计划的方法并不是相互独立的。在实践中，往往是将这几种方法结合起来使用，从而达到扬长避短的效果。例如，将按子项目分解项目总费用与按费用构成分解项目总费用两种方法相结合，横向按费用构成分解，纵向按子项目分解，或相反。这种分解方法有助于检查各单项工程和单位工程费用构成是否完整，有无重复计算或缺项；同时还有助于检查各项具体的费用支出的对象是否明确或落实，并且可以从数字上校核分解的结果有无错误。或者还可以将按子项目分解项目总费用与按时间分解项目总费用结合起来，一般是纵向按子项目分解，横向按时间分解。

（三）费用计划编制的成果

费用计划编制的成果是项目费用计划文件。费用计划有多种表达方式，如各个费用对象的计划费用表、费用－时间表和曲线、时间－费用累计曲线等，还包括相关的其他计划，如现金流量计划、融资计划等。

1. 按子项目分解得到的费用计划表

在完成工程项目费用目标分解后，接下来就要具体地分配费用，编制工程分项的费用支出计划，从而得到详细的费用计划表，如表5-4所示。

表5-4　　　　　　　　　　　　分项工程费用计划表

工程分项编码	工程内容	计量单位	工程数量	计划综合单价	分项合计
(1)	(2)	(3)	(4)	(5)	(6)

在编制费用支出计划时，要在项目总的方面考虑总的预备费，也要在主要的工程分项中安排适当的不可预见费，避免在具体编制费用计划时，可能发现个别单位工程或工程量表中某项内容的工程量计算有较大出入，使原来的费用预算失实，并在项目实施过程中对其尽可能地采取一些措施。

将费用目标不同分解方法相结合，会得到更为详尽、有效的综合分解费用计划表。综合分解费用计划表具有两个作用：一方面，有助于检查各单项工程和单位工程的费用构成是否合理，有无缺少或重复计算；另一方面，也可以检查各项具体费用支出的对象是否明确和落实，支出时间是否与融资计划相衔接，并可校核分解的结果是否正确。

2. 时间－费用累计曲线

通过对项目费用目标按时间进行分解，在网络计划基础上，可获得项目进度计划的横道图。并在此基础上编制费用计划。其表示方式有两种：一种是在总体控制网络图上表示；另一种是利用时间－费用曲线（S曲线）表示。

时间－费用累计曲线的绘制步骤如下：

（1）确定工程项目进度计划，编制计划的横道图。

（2）根据每单位时间内完成的实物工程量或投入的人力、物力和财力，计算单位时间（月或旬）的费用，按时间编制费用支出计划。

（3）计算规定时间 t 计划累计完成的费用额。

（4）按各规定时间累计完成的费用额，绘制 S 曲线。

【例5-1】已知某项工程数据资料如表5-5所示，绘制该工程的时间－费用累计曲线。

表 5 - 5　　　　　　　　　工 程 数 据 资 料

编码	项目名称	最早开始时间	工期（月）	费用强度（万元/月）
11	场地平整	1	1	20
12	基础施工	2	3	15
13	主体工程施工	4	5	30
14	砌筑工程施工	8	3	20
15	屋面工程施工	10	2	30
16	楼地面施工	11	2	20
17	室内设施安装	11	1	30
18	室内装饰	12	1	20
19	室外装饰	12	1	10
20	其他工程	12	1	10

解：（1）确定工程进度计划，编制进度计划的横道图如图 5 - 18 所示。

编码	项目名称	时间（月）	费用强度（万元/月）	工程进度（月）											
				1	2	3	4	5	6	7	8	9	10	11	12
11	场地平整	1	20												
12	基础施工	3	15												
13	主体工程施工	5	30												
14	砌筑工程施工	3	20												
15	屋面工程施工	2	30												
16	楼地面施工	2	20												
17	室内设施安装	1	30												
18	室内装饰	1	20												
19	室外装饰	1	10												
20	其他工程	1	10												

图 5 - 18　工程进度计划横道图

（2）按时间编制费用计划直方图，见图 5 - 19。

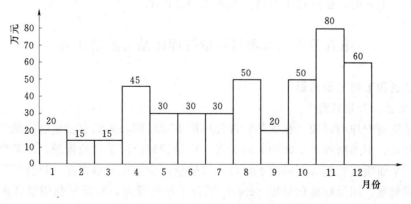

图 5 - 19　按月编制的费用计划直方图

（3）计算每月累计完成的费用额，见表5-6。

表5-6				工程每月累计完成费用额						单位：万元	
月　份	1	2	3	4	5	6	7	8	9	10	11	12
每月完成费用额	20	15	15	45	30	30	30	50	20	50	80	60
累计完成费用额	20	35	50	95	125	155	185	235	255	305	385	445

（4）绘制S曲线，见图5-20。

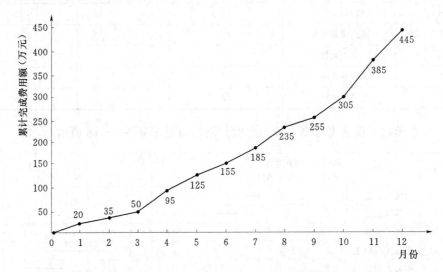

图5-20　时间-费用累计曲线（S曲线）图

　　每一条S曲线（费用计划值曲线）都对应某一特定的工程进度计划。因为在进度计划的非关键线路中存在许多有时差的工序或工作，因而S曲线必然包络在由全部工作都按最早开始时间开始和全部工作都按最迟开始时间开始的曲线所组成的"香蕉图"内。建设单位可根据编制的费用支出预算来合理安排资金，也可以根据筹措的建设资金来调整S曲线，即通过调整非关系线路上工作的最早或最迟开始时间，力争将实际的费用支出控制在计划的范围内。一般而言，所有工作都按最迟时间开始，对节约业主方的建设资金贷款利息是有利的，但同时，也降低了项目按期竣工的保证率。

第五节　工程项目质量管理体系与质量计划

一、质量和工程项目质量

（一）质量和质量管理

　　质量是质量管理的对象。在质量管理发展的不同时期，人们对质量这一概念的理解不断朝着更深入、更透彻和更全面的方向发展。质量管理经历了经验管理、质量检验、统计质量管理、全面质量管理等不同发展阶段，对质量概念的理解也存在"符合性"、"用户满意"等不同角度。国际标准化组织（ISO）综合了相关观点，对质量和质量管理作了比较全面和概括的阐述。

1. 质量

2000 版 GB/T19000 和 ISO9000 族标准对质量的定义是："产品、过程、体系一组固有特性满足要求的程度"。其含义可以从以下几方面来理解：

（1）质量不仅是指产品和服务的质量，也可以指某项活动和过程的工作质量，还可以是质量管理体系运行的质量，质量主体具有广义性。

（2）质量特性是固有的特性，是指事物本来就有的，尤其是那种永久的特性，而不是赋予的特性。例如，水泥的化学成分、细度、凝结时间、强度就是固有特性，而价格就是赋予特性。

（3）质量是满足要求的程度。要求是指明示的、通常隐含的或必须履行的需求或期望。其中，"明示的"可以理解为是规定的要求，"通常隐含的"是指组织、顾客和其他相关方的惯例或一般做法，所考虑的需求或期望是不言而喻的，"必须履行的"是指法律法规的要求及强制性标准的要求。

（4）质量的时效性和相对性。由于组织的顾客和其他相关方的需求是随时间而不断变化的，而且不同顾客可能对同一产品的功能提出不同的需求，需求不同，质量要求也就不同，只要满足需求就应该认为质量好，所以质量具有时效性和相对性。

2. 质量管理

质量管理是指"指导和控制某组织与质量有关的彼此协调的活动"（ISO9000：2000）。与质量有关的活动，通常包括质量方针和质量目标的建立、质量策划、质量控制、质量保证和质量改进。质量策划，致力于制定质量目标并规定必要的运行过程和相关资源以实现质量目标；质量控制，致力于满足质量要求；质量保证，致力于提供质量要求会得到满足的信任；质量改进，致力于增强满足质量要求的能力。质量管理是组织围绕使产品质量不断更新的质量要求而开展的策划、组织、计划、实施、检查和监督审核等所有管理活动的总和，是组织管理的中心环节。

（二）工程项目质量

工程项目质量是工程项目产品、过程等满足要求的程度。项目产生于业主的需求，工程项目质量必须让客户满意，同时还要满足技术规范以及法律法规的要求。对工程项目质量的理解包括如下两个方面。

1. 工程项目的产品质量

工程项目产品质量是工程项目满足业主需要的，符合国家法律、法规、技术规范与标准、设计文件及合同规定的特性的总和。产品质量是指项目的最终可交付成果（工程）的质量，是指工程的使用价值及其属性，是一项综合性的指标，包括以下几个方面：

（1）适用性。即功能，是指工程项目满足使用目的的各种性能。

（2）耐久性。即寿命，是指工程项目在规定的条件下，满足规定的条件下，满足规定功能要求使用的年限，也就是工程竣工后的合理使用寿命期。

（3）安全性。指工程项目建成后在使用过程保证结构安全、保证人身和环境免受危害的程度。

（4）可靠性。指工程项目在规定的时间和规定的条件下完成规定功能的能力。

（5）经济性。指工程项目从规划、勘察、设计、施工到整个产品使用寿命周期内的成本和消耗的费用。

（6）与环境的协调性。指工程项目与其周围生态环境协调，与所在地区经济环境协调以及与周围已建工程相协调，以适应可持续发展的要求。

2. 工程项目工作质量

工作质量是指参与项目的实施者和管理者，为了保证项目质量所从事工作的水平和完善程度。它反映了项目的实施过程对产品质量的保证程度，项目工作质量体现在以下两方面：

（1）项目范围内所有阶段、子项目、项目工作单元的实施质量，包括决策质量、设计质量、施工质量和工程项目回访保修质量；工序质量、分项工程质量、分部工程质量和单位工程质量。

（2）项目过程中的管理工作、决策工作的质量。

（三）工程项目质量的特点

工程项目质量的特点是由工程项目本身特点决定的。由于工程项目产品的固定性、多样性和体形庞大，以及生产的单件性、流动性、露天作业和生产周期长，其建设过程具有程序繁多、涉及面广和协作关系复杂、生产管理方式特殊等技术经济特点，因此工程项目质量具有以下一些特点：

（1）涉及面广，影响因素多。由于工程项目投资大、建设期长，必然有很多人为因素和自然因素影响工程项目质量。如项目决策、设计、材料、机具设备、施工工艺、方法和环境、人员素质、管理制度、技术措施等，都会直接或间接地对工程项目质量造成影响。

（2）工程项目质量波动大、变异大。一般工业产品生产具有固定的流水线、规范的生产工艺和完善的检测技术，以及稳定的生产环境，所以产品质量相对比较稳定。而工程项目生产的单件性和众多的质量影响因素，决定了工程项目质量波动大、变异大。

（3）工程项目质量隐蔽性强。工程项目在施工过程中，由于工序交接较多，中间产品多，隐蔽工程多，若不及时检查并发现其中存在的质量问题，工程隐蔽后很难发现内在的质量问题。因此，只有加强过程控制，严格控制每道工序和中间产品的质量，才能保证最终产品的质量。

（4）工程项目质量终检局限性大。工程项目建成后不可能像一般工业产品那样通过终检来判断产品质量，或将产品拆卸来检查其内在质量。项目完工后再进行检查，只能局限于表面的检验，难以对工程质量作出正确判断，检查结论具有很大的局限性。所以工程项目质量的检查和验收，特别是工序和分部分项工程的检查验收，应贯穿于项目施工的全过程。

二、ISO9000 族质量管理标准

（一）ISO9000 族质量管理标准简介

国际标准化组织（ISO）是由各国标准化团体（ISO 成员团体）组成的世界性的联合会，代表中国参加 ISO 的国家机构是中国国家技术监督局（CSBTS）。ISO9000 族标准是国际标准化组织质量管理和质量保证技术委员会（ISO/TC176）于 1987 年制订，后经不断修改完善而成的系列标准。该系列标准得到了国际社会和国际组织的认可和采用，已经成为世界各国共同遵守的工作规范。我国等同采用 ISO9000 族标准的国家标准是 GB/T

19000 族标准，该标准是国际标准化组织承认的中文标准。

ISO9000 是一套结构严谨、定义明确、内容具体和实用性强的管理标准，它不受具体的行业和经济部门制约，为质量管理提供指南和为质量保证提供通用的质量要求。ISO9000 族标准并不是产品的技术标准，而是针对企业的组织管理结构、人员和技术能力、各项规章制度和技术文件、内部监督机制等一系列体现企业保证产品及服务质量的管理措施的标准。具体地讲，ISO9000 族标准就是在四个方面规范质量管理：

（1）机构：标准明确规定了为保证产品质量而必须建立的管理机构及其职责权限。

（2）程序：企业组织产品生产必须制定规章制度、技术标准、质量手册、质量体系操作检查程序，并使之文件化、档案化。

（3）过程：质量控制是对生产的全部过程加以控制，是面的控制，不是点的控制。从根据市场调研确定产品、设计产品、采购原料，到生产检验、包装、储运，其全过程按程序要求控制质量，并要求过程具有标识性、监督性、可追溯性。

（4）总结和改进：不断地总结、评价质量体系，不断地改进质量体系，使质量管理呈螺旋式上升。

通俗地讲就是把企业的管理标准化，而标准化管理生产的产品及其服务，其质量是可以信赖的。

（二）ISO9000 族质量标准的构成

ISO9000 族标准自 1987 年发布以来，经过多次补充、完善和修订，形成一个庞大的质量管理系列标准，包括核心标准和支持性标准。2000 年底前 ISO 发布了 2000 版 ISO9000 标准，与此对应，我国及时、等同地将其采用为国家标准，发布了 GB/T 19000—2000 版标准。至此，由 ISO/TC176 技术委员会制定并已由 ISO 正式颁布的国际标准有 19 项，还有若干标准正在制定之中。以下仅就其中三个主要标准作简单介绍。

（1）GB/T19000—2000（idt ISO9000：2000）质量管理体系——基础和术语。该标准表述了质量管理体系的基础知识，如标准适用情况、质量管理原则、质量管理体系的基本原理等，并规定了相关术语。标准提出的八项质量管理原则是：以顾客为中心、领导作用、全员参与、过程方法、管理的系统方法、持续改进、基于事实的决策方法和互利的供方关系。

（2）GB/T19001—2000（idt ISO9001：2000）质量管理体系——要求。该标准规定质量管理体系要求，用于组织证实其具有稳定提供满足顾客要求和适用的法规要求的产品的能力。2000 版标准采用了"过程方式模型"以取代 1994 版 ISO9001 标准中的 20 个要素，以适应不同类型的组织要求。

（3）GB/T19004—2000（idt ISO9004：2000）质量管理体系——业绩改进指南。该标准以八项质量管理原则为导向，为组织提高质量管理体系的有效性和效率提供指南，描述了质量管理体系应包括的内容，强调通过改进过程提高组织的业绩，其目的是促进组织业绩改进，增加顾客及其他相关方满意。

三、工程项目质量管理体系的建立与运行

根据 ISO9000 族标准，体系是"相互关联或相互作用的一组要素"，质量管理体系则是"建立质量方针和质量目标并实现这些目标的体系"。质量管理体系包括为实施质量管理所需的组织结构、程序、过程和资源，是组织机构，职责，权限，程序之类的管理能力和资源能力的综合体。质量管理体系又是质量管理的载体，是为实施质量管理而建立和运行，因此，一个组织的质量体系，包含在该组织质量管理范畴之内，但不包括质量方针的制订。任何一个组织都有存在着用于质量管理的组织结构、程序、过程和资源，也就必然客观存在着一个质量体系，组织要做的是使之完善、科学和有效。

按照 ISO9000：2000 标准建立或更新完善质量管理体系的程序，通常包括组织策划与总体设计、质量管理体系的文件编制、质量管理体系的实施运行等三个阶段。

（一）质量管理体系的策划与总体设计

项目质量管理体系的策划是项目组织按照八项质量管理原则，在明确顾客需求的前提下，制定项目组织的质量方针、质量目标、质量手册、程序文件及质量记录等体系文件，确定项目组织在生产（或服务）全过程的作业内容、程序要求和工作标准，并将质量目标分解落实到相关层次、相关岗位的职能和职责中，形成质量管理体系执行系统的一系列工作。

项目质量管理体系应当是项目管理体系的组成部分，是企业质量管理体系在项目上的应用，其许多内容与企业的质量管理体系相同。但在项目质量管理体系策划时，既要使项目各参加者的质量体系有一致性又要有包容性，应尽可能采用业主的或业主所要求的质量体系，并应反映在合同、项目实施计划、项目管理规范中，植根于项目组织中。

项目质量管理体系的策划，应采用过程方法模式，通过规划好一系列相互关联的过程来实施项目，包括项目实施过程和项目管理过程；应识别实现质量目标和持续改进所需要的资源，使项目质量管理体系有自我持续改进的功能；应考虑对组织不同层次员工的培训，使体系工作和执行要求为参加项目的所有人员了解，并贯彻到每个人的工作中，使他们都参与保证项目过程和项目产品的质量工作。

（二）质量管理体系文件的编制

项目质量管理体系文件是指在项目实施过程中，为了达到预期的质量要求所作出的与实施和管理过程有关的各种书面规定。编制时应根据项目实际情况，在满足标准要求、确保控制质量、提高组织全面管理水平的情况下，编制一套高效、简单、实用的质量管理体系文件。质量管理体系文件通常包括以下内容：质量方针和质量目标、质量手册、程序文件、作业指导书、表格、质量计划、规范、外来文件、记录。

1. 质量方针和质量目标

质量方针和质量目标是组织质量管理的方向目标，应反映用户及社会对工程质量的要求及组织相应的质量水平和服务承诺，也是组织质量经营理念的反映。一般都以简明的文字来表述，并应当形成文件，可作为独立的一份文件或质量手册的一部分。

2. 质量手册

质量手册是规定组织建立质量管理体系的文件，质量手册对组织质量体系做系统、完整和概要的描述。每个组织的质量手册都具有唯一性，对于项目组织而言，将对质量管理体系整体的描述（包括按照 GB/T19001 要求建立的所有程序文件）写入一本质量手册中可能是适宜的。

质量手册的内容一般包括以下内容：质量方针和质量目标；组织、职责和权限；引用文件；质量管理体系的描述；质量手册的评审、批准和修订。质量手册作为组织质量管理系统的纲领性文件应具有指令性、系统性、协调性、先进性、可行性和可检查性。

3. 质量体系程序性文件

质量体系程序性文件是质量手册的支持性文件，是组织各职能部门为落实质量手册要求而规定的细则，组织为落实质量管理工作而建立的各项管理标准、规章制度都属程序文件范畴。质量管理体系程序文件一般包括以下内容：文件控制程序、质量记录管理程序、内部审核程序、不合格品控制程序、纠正措施控制程序和预防措施控制程序。

程序文件可引用作业指导书，作业指导书规定了开展活动的方法。程序文件通常描述跨职能的活动，作业指导书则通常适用于某一职能内的活动。

4. 质量计划

质量计划是引用质量管理体系文件，说明其如何应用于特定的情况，明确组织如何完成具体产品、过程、项目或合同所涉及的特定要求而形成的文件。质量计划将项目、产品、过程或合同的特定要求，与通用的质量管理体系程序相连接；规定了由谁及何时、应使用哪些程序和相关资源，在顾客特定要求和原有质量管理体系之间架起一座桥梁，从而大大提高了质量管理体系适应各种环境的能力。

在合同情况下，组织使用质量计划向顾客证明其如何满足特定合同的特殊质量要求，并作为顾客实施质量监督的依据。合同情况下，如果顾客明确提出编制质量计划的要求，则组织编制的质量计划需要取得顾客的认可。一旦得到认可，组织必须严格按计划实施，顾客将用质量计划来评定组织是否能履行合同规定的质量要求。

5. 质量记录

质量记录是"阐明所取得的结果或提供所完成活动的证据文件"，它是产品质量水平和企业质量管理体系中各项质量活动结果的客观反映。对质量体系程序文件所规定的运行过程及控制测量检查的内容如实加以记录，用以证明产品质量达到合同要求及质量保证的满足程度。例如，在控制体系中出现偏差，则质量记录不仅需反映偏差情况，而且应反映出针对不足之处所采取的纠正措施及纠正效果。

质量记录应完整地反映质量活动实施、验证和评审的情况，并记载关键活动的过程参数，具有可追溯性的特点。质量记录以规定的形式和程序进行，并有实施、验证、审核等签署意见。

（三）质量管理体系的实施运行

质量管理体系的实施和运行是在生产及服务的全过程按质量管理文件制定的程序、标准、工作要求及目标分解的岗位职责进行操作运行，并按各类体系文件的要求，监视、测量和分析过程的有效性和效率，做好文件规定的质量记录，持续收集、记录并分析过程的数据和信息，全面体现产品的质量和过程符合要求及可追溯的效果。

为了保证体系的贯彻实施，必须按文件规定的办法进行管理评审和考核，落实质量体系的内部审核程序，有组织有计划开展内部质量审核活动。通过审核，揭露过程中存在的问题，采取必要的改进措施，实现对过程的持续改进。

四、工程项目质量计划

（一）质量策划与质量计划

1. 质量策划

质量策划是"质量管理的一部分，致力于制定质量目标并规定必要的运行过程和相关资源以实现质量目标"(ISO9000：2000)。

项目质量策划是依据合同、项目管理规划大纲、质量管理体系文件等资料，围绕项目所进行的质量目标策划、运行过程策划、确定相关资源等活动的过程。项目质量策划的结果是明确项目质量目标；明确为达到质量目标应采取的措施，包括必要的作业过程；明确应提供的必要的条件，包括人员、设备等资源条件；明确产品所要求的验证、确认、监视、检验和试验活动，以及接收准则；明确项目参与各方、部门或岗位的质量职责。质量策划的这些结果可用质量目标、质量计划、质量技术文件等质量管理文件形式加以表达。

2. 质量计划

质量计划是组织向顾客表明质量方针、目标及其具体实现方法、手段和措施，体现组织对质量责任的承诺和实施具体步骤的文件。质量计划是质量策划的结果之一。

工程项目质量计划是针对具体项目的要求，以及应重点控制的环节所编制的对设计、采购、项目实施、检验等环节的质量控制方案。质量计划是质量管理的依据。制订质量计划，可以使工程项目的质量目标更加明确，使项目的特殊要求能够更好地满足。质量计划可用于组织内部以确保项目或合同的特殊质量要求，也可用于向顾客证明其如何满足特定合同的特殊质量要求。

(二) 工程项目质量目标

项目质量目标是项目在质量方面所追求的目的，是项目三大目标之一，也是项目的最基本目标。项目质量目标包括总目标和具体目标，总目标表达了项目拟达到的总体质量水平，具体目标包括项目的性能目标、可靠性目标、安全性目标、经济性目标、时间性目标和环境适应性目标等。项目的具体目标一般应以定量的方式加以描述。

1. 制定项目质量目标考虑的因素

制定项目质量目标主要考虑的因素包括以下几方面：

(1) 项目本身的功能性要求。每个项目都有其特定的功能，在确定项目质量目标时，必须考虑其功能，满足项目的适用性要求。

(2) 项目的外部条件。项目的外部条件使项目的质量目标受到了制约，质量目标应与外部条件相适应，如工程项目的环境条件、地质条件、水文条件等。

(3) 市场因素。市场因素是项目的一种"隐含需要"，是社会或用户对项目的一种期望。进行项目质量目标策划时，应通过市场调查，探索、研究这种需要，并将其纳入质量目标之中。

(4) 质量经济性。项目的质量是无止境的，要提高项目质量，必然会增加成本。因此，项目所追求的质量不应是最高而是最佳，既能满足项目的功能要求又不至于造成成本的不合理增加。在项目质量目标策划时，应综合考虑项目质量和成本之间的关系，合理确定项目质量目标。

2. 项目质量成本

质量成本是指组织为了保证和提高项目质量而支出的有关费用，以及未达到预先规定的质量水平而造成的一切损失费用的总和。质量成本一般包括以下内容：

(1) 内部损失(故障)成本。交付前因为自身缺陷所造成的损失，如重新加工、返工、事故处理、报废、停工损失等费用。

（2）外部损失（故障）成本。交付后因未能满足质量要求所发生的费用，如维修、担保和退货、回收费、责任赔偿等费用。

（3）鉴定成本。为评定是否符合质量要求而对工程本身以及材料、构件、设备等进行的质量鉴定所支出的费用，如各种材料、工序等的试验、检验和检查费用。

（4）预防成本。为确保项目质量而进行预防工作所耗费的费用，也就是为使故障成本和鉴定成本减到最低限度而需要的费用，如质量工作计划、工序能力控制及研究、质量情报、质量管理教育、质量管理活动等费用。

质量成本的四个方面，其发展趋势具有一定的规律性：在质量水平不高时，一般鉴定成本和预防成本较低；随着质量要求的提高，这两项费用就会逐渐增加；内部损失和外部损失成本的情况刚好相反，当质量水平较低时，内、外损失成本较大，随着质量要求的提高，质量损失的费用会逐步下降。因此，当四项成本之和也即总质量成本为最低时，即为最佳质量成本，如图 5-21 所示。

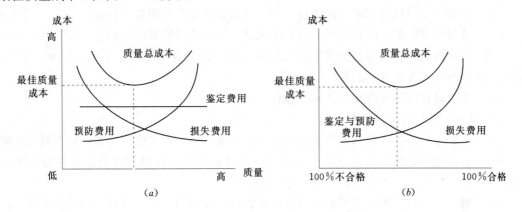

图 5-21　最佳质量成本模型示意图
（*a*）费根鲍姆最佳质量成本模型；（*b*）米兰最佳质量成本模型

工程项目管理不是追求最高的质量和最完美的工程，而是追求符合预定目标、符合合同要求的工程。建立质量成本概念，有助于对质量成本进行分析，合理确定项目质量目标，寻求最佳的质量成本。

3．项目质量目标的要求

项目质量目标由项目经理负责制定，制定时应使项目质量目标符合如下要求：

（1）质量目标应使质量持续改进、使顾客满意。项目组织确定项目质量目标应考虑市场当前和未来的需要，应使项目质量持续改进，并应考虑当前的产品及顾客满意的状况。

（2）质量目标应予以分解和展开。质量目标必须分解到组织中与质量管理体系有关的各职能部门及层次（决策层、执行层和作业层）中，以便增加质量目标的可操作性，有利于质量目标的具体落实和实现。质量目标的分解，应注意各部门之间的配合和协调关系，防止目标和资源分配不合理而影响总质量目标的实现。

（3）质量目标应是可测量的。作为质量管理体系有效性的判定指标，质量目标应具有可测量性，以增加其可评审性。作业层的质量目标应该尽可能定量，即通过检验、计算或其他测量方法可以确定其量值，并与设定值进行比较，以确定实现的程度。

（4）质量目标与质量方针保持一致。质量目标应在质量方针的基础上建立，在质量方针给定的框架内展开，内容应与质量方针保持一致，在管理评审中与质量方针一起进行评审。

（三）工程项目质量计划的编制

1. 项目质量计划编制的原则和要求

质量计划不是一个孤立的文件，它与项目组织现行的各种管理文件、技术文件有密切的联系。在编制质量计划之前，需认真分析现有的质量文件，了解哪些文件可以直接采用或引用，哪些需要补充。编制质量计划遵循以下原则和要求：

（1）编制质量计划时应处理好与质量手册、质量管理体系、质量策划的关系。当一个组织的质量管理体系已经建立并有效运行时，质量计划仅需涉及与项目有关的那些活动，并保证质量计划与现行文件在要求上的一致性。

（2）质量计划应体现从工序、分项工程、分部工程到单位工程的过程控制，且应体现从资源投入到完成工程质量最终检验试验的全过程控制。

（3）质量计划应明确所涉及的质量活动，并对其责任和权限进行分配。

（4）质量计划应成为项目组织对外质量保证和对内质量控制的依据。

（5）质量计划应由项目经理或项目组织技术负责人主持编制，由质量、技术、工艺、设计、采购等有关人员参加编制。

（6）质量计划应尽可能简明并便于操作。

2. 项目质量计划编制的程序

由于工程项目的唯一性和业主需求的特殊性，项目组织在实施项目前，应当根据组织的质量方针、项目合同和范围描述、工程设计文件和说明、标准和规范以及其他影响因素，认真编制工程项目质量计划，并做好以下工作：

（1）启动。项目组织首先明确规定负责编制质量计划的人员。项目实施过程中涉及到的设计、采购和施工等人员应当参与质量计划的编制，这些人员既包括组织内的人员，适当时，也包括外部各方的人员。

（2）将质量计划形成文件。质量计划应当直接说明或通过引用适用的形成文件的程序或其他文件（如项目计划、作业指导书、检查表）说明如何进行所要求的活动。当某项要求与组织的质量管理体系不一致时，应对不一致处进行调整并进行审批。

项目组织所需的许多通用文件，可能已经包含在企业的质量手册和形成文件的程序中。可能需要对这些文件进行选择、改编和/或补充。质量计划应当表明如何应用组织通用的形成文件的程序，或如何对这些程序进行修改或取代。

（3）职责。编制质量计划时，组织应当在组织内，并与业主、企业和其他相关方协商，规定各自的作用、职责和义务。质量计划的管理者应当确保质量计划涉及到的人员都了解质量计划所规定的质量目标和任何具体质量事项或控制方法。

（4）一致性和兼容性。质量计划的内容和格式应当与质量计划的范围、计划的输入和预期使用者的需求相一致。质量计划的详细应当与达成协议的顾客要求、组织的运作方法和所要开展的活动的复杂性相一致。还需要考虑与其他计划的兼容性。

（5）形式和结构。质量计划的形式可以是几种格式中的任何一种，如简单的文字叙述、表格、文件矩阵、过程图、工作流程图或手册。

3. 项目质量计划的内容和结果

（1）质量计划。项目质量计划是说明项目经理部为实现其质量方针，对项目质量管理工作的计划与安排。质量计划应包括以下内容：

1）要实现的质量目标。

2）项目实际运作的过程和步骤，可用流程图或图表表示。

3）项目不同阶段的职责、权限和资源的具体分配。

4）项目实施中采用的程序、方法和指导书。

5）项目不同阶段适用的试验、检验、检查和审核大纲。

6）随着项目进展进行更改和完善质量计划的程序。

7）达到质量目标的测量方法。

8）为达到质量目标必须采取的其他措施。

在已建立质量管理体系的情况下，质量计划的内容必须全面体现和落实企业质量管理体系文件的要求（也可引用质量体系文件中的相关条文），同时结合本工程项目的特点，在质量计划中编写专项管理要求。施工质量计划一般应包括以下内容：

1）工程特点及施工条件分析（合同条件、现场条件和法规条件等）。

2）履行施工承包合同所必须达到的工程质量总目标及其分解目标。

3）质量管理组织机构、人员及资源配置计划。

4）确定施工工艺与操作方法的技术方案和施工任务的流程组织方案。

5）施工材料、设备物资等的质量管理及控制措施。

6）施工质量检测、检验、试验工作的计划安排及其实施方法与接收准则。

7）施工质量控制点及其跟踪控制的方式与要求。

8）记录的要求等。

（2）具体操作说明。对于质量计划中一些特殊的要求，需要附加操作说明，包括对它们的解释、详细的操作程序、质量控制关键点的说明、在质量检查中如何度量等问题。

（3）质量检查表格。检查表格是一种用于对项目实施状况进行记录、分析、评价的工具。检查可根据项目的特点或简单或复杂。一般检查表可采用询问或命令式的短语。现在许多企业和大型项目都有标准表格和质量计划执行体系。

（4）可用于其他管理过程的信息。在制定项目质量计划的过程中，通过分析与识别所获得的有关项目进度、费用、成本管理等所需的信息，有助于其他领域活动的开展。

第六节　工程项目管理规划

一、工程项目管理规划概述

（一）工程项目管理规划的概念

按照管理学的定义，规划是一个综合性的、完整的、全面的总体计划。它包含目标、政策、程序、任务的分配、要采取的步骤、要使用的资源以及为完成既定行动所需要的其他因素。

沿用管理学对规划的上述定义，则项目管理规划是对项目管理的各项工作进行的综合性的、完整的、全面的总体计划。它从总体上应包括以下主要内容：

（1）项目管理目标的研究与目标的细化。

（2）项目的范围管理和项目的结构分解。

（3）项目管理实施组织策略的制定。

（4）项目管理工作程序。

（5）项目管理组织和任务的分配。

（6）项目管理所采用的步骤、方法。

（7）项目管理所需要的资源的安排和其他问题的确定等。

（二）工程项目管理规划的要求

作为对工程项目管理的各项工作进行综合性的、完整的、全面的总体计划，项目管理规划应该符合如下要求。

1. 项目目标是项目管理规划的前提和依据

项目管理规划是为保证实现项目管理总目标而做的各种安排，所以目标是规划的灵魂。编制项目管理规划，应研究项目的目标，并与相关各方面就总目标达成共识，这是工程项目管理的最基本要求。

2. 实用性和科学性要求

项目管理规划要有可行性，不能纸上谈兵。这就要求在项目管理规划的制定和执行的过程中，应进行充分的调查研究，大量地占有资料，以保证规划的科学性和实用性。项目管理规划符合实际主要体现在以下方面：

（1）符合环境条件。充分进行环境调查研究是制定正确计划的前提条件。

（2）反映项目本身的客观规律性。按工程规模、复杂程度、质量水平、项目自身逻辑性和规律性制订计划，不能过于强调压缩工期和降低费用。

（3）反映项目管理相关利益方的实际情况，主要包括以下内容：

1）业主的支付能力、设备供应能力、管理和协调能力、资金供应能力等。

2）承包商的施工能力、劳动力供应能力、设备装备水平、生产效率和管理水平、以往类似工程经验、正在履行的合同数量、对本工程可投入的资源数量等。

3）设计单位、供应商、分包商等完成相关项目任务的能力和组织能力等。

3. 全面性和系统性要求

（1）应着眼于项目的全过程，包括项目立项决策后的各个实施阶段，特别要考虑项目的设计和运行维护，考虑项目的组织，以及项目管理的各个方面。与过去的工程项目计划和项目的规划不同，项目管理规划更多地考虑项目管理的组织、项目管理系统、技术的定位、功能的策划、运行的准备和维护，以使项目目标能够顺利实现。

（2）由于项目管理对项目实施和运营的重要作用，项目管理规划的内容十分广泛，应包括在项目管理中涉及的各方面问题。通常应包括项目管理的目标分解、环境调查、项目的范围管理和结构分解、项目的实施策略、项目组织和项目管理组织设计，以及对项目相关工作的总体安排。

4. 集成化要求

工程项目管理规划应集成化，是各个不同主体、不同层次以及不同内容的计划的集成。项目管理规划所涉及的各项工作之间应有良好的接口，应反映规划编制的基础工作、规划包括的各项工作，以及规划编制完成后的相关工作之间的系统联系，主要包括以下内容：

（1）各个相关计划的先后次序和工作过程关系。

（2）各相关计划自检的信息流程关系。

（3）计划相关的各个职能部门之间的协调关系。

（4）项目各参加者（如业主、承包商、供应商、设计单位等）之间的协调关系。

5. 弹性要求

弹性要求就是指项目管理规划要留有余地，考虑各种可能的风险因素，对执行过程中可能出现的困难、干扰和问题做出估计，并提出预防措施。项目执行过程中可能遇到的问题包括以下内容：

（1）由于市场变化、环境变化，原目标和规划内容可能不符合实际，需要调整。

（2）投资者的情况发生变化，提出新的想法、新的要求。

（3）其他方面的干扰，如政府部门的干预、新的法律的颁布。

（4）可能存在计划、设计考虑不周、错误或矛盾，造成工程量的增加、减少和方案的变更，以及由于工程质量不合格而引起返工，等等。

（三）工程项目管理规划的作用

按照管理学对规划的定义，规划实质上就是计划，所以规划的作用就是计划的作用。但与传统的计划不同，项目管理规划的范围更大，综合性更强，因而它具有更为特殊的作用：

（1）项目管理规划是对项目构思、项目目标更为详细的论证。在项目总目标确定后，通过项目管理规划可以分析研究总目标能否实现，总目标确定的费用、工期、功能要求是否能得到保证，是否平衡。

（2）项目管理规划既是对项目目标实现方法、措施和过程的安排，又是项目目标分解的过程。规划结果是许多更细、更具体目标的组合，它们将被作为各级组织在各个阶段的责任。

（3）规划是项目管理实际工作的指南和项目实施的依据。以规划作为对项目管理实施规程进行监督、跟踪和诊断的依据；最后它又作为评价和检验项目管理实施成果的尺度，作为对各层次项目管理人员业绩评价和奖励的依据。

（4）业主和项目的其他各方需要了解和利用项目管理规划的信息。

在现代工程项目中，没有周密的项目管理规划，或项目管理规划得不到贯彻和落实是不可能取得项目的成功的。

二、工程项目管理规划的类型

（一）按层次分类

根据我国 2002 年颁布、2006 年修订的《建设工程项目管理规范》（GB/T50326—2006），工程项目管理规划应分为项目管理规划大纲和项目管理实施规划两个层次，分别由企业层面和项目层面编制完成。该规范是国家推荐性标准，主要针对施工项目管理工作进行了规范化、制度化的规定。

1. 项目管理规划大纲

项目管理规划大纲是项目管理工作中具有战略性、全局性和宏观性的指导文件，必须在施工项目投标前由投标人编制，用以指导投标人进行投标和签订施工合同。项目管理规划大纲应由企业管理层或企业委托的项目管理单位编制，可依据可行性研究报告、设计文件、标准、规范与有关规定、招标文件及有关合同文件、相关市场信息与环境信息等进行编制，并遵循以下程序：

（1）明确项目目标。

（2）分析项目环境和条件。

（3）收集项目的有关资料和信息。

（4）确定项目管理组织模式、结构和职责。

（5）明确项目管理内容。

（6）编制项目目标计划和资源计划。

（7）汇总整理，报有关部门审批。

2. 项目管理实施规划

项目管理实施规划是在签订项目施工合同后，由施工项目经理组织项目经理部在工程开工之前编制完成，用以策划施工项目目标、管理措施和实施方案，以保证施工项目合同目标的实现。项目管理实施规划是对项目管理规划大纲进行细化，使其具有可操作性。可依据项目管理规划大纲、项目条件和环境分析资料、工程合同及相关文件、同类项目的相关资料等进行编制，并遵循以下程序：

（1）了解项目相关各方的要求。

（2）分析项目条件和环境。

（3）熟悉相关的法规和文件。

（4）组织编制。

（5）履行报批手续。

（二）按不同主体分类

在一个工程项目中，不同的主体有不同层次、内容、角度的项目管理，但在一个项目的实施中，对工程项目的实施和管理最重要和影响最大的是业主、承包商、监理工程师三个方面，他们都需要做相应的项目管理规划。但他们编制的项目管理规划的内容、角度和要求是不同的。

1. 业主方的项目管理规划

业主的任务是对整个工程项目进行总体的控制，在工程项目被批准立项后业主应根据工程项目的任务书对项目的管理工作进行规划，以保证全面完成工程项目任务书规定的各项任务。

业主的项目管理规划的内容、详细程度、范围，与业主所采用项目管理模式有关。如果业主采用"设计－施工－供应"总模式承包，业主的项目管理规划就比较宏观、粗略的；如果业主采用分专业分阶段平行发包模式，业主必须做比较详细、具体、全面的项目管理规划。但通常业主的项目管理规划是大纲性质的，对整个项目管理有规定性，而监理单位（项目管理公司）和工程承包商的项目管理规划就可以看作是业主的项目管理规划的细化。

业主的项目管理规划可以由咨询公司协助编制。

2. 承包商的项目管理规划

承包商与业主签订工程承包合同，承接业主的工程施工任务，则承包商就必须承担该合同范围内的工程项目管理工作，编制相应的项目管理规划。

实践中，我国承包商习惯编制施工组织设计。施工组织设计是我国学习前苏联经验于20世纪60年代引入的，带有浓厚的计划经济色彩。它主要运用计划管理和行政管理的思想，研究工程建设的统筹安排与系统管理，以工程为对象进行施工规划（或计划），其结果所形成的程序性文件就是施工组织设计文件。长期以来，施工组织设计在施工项目管理工作中发挥了巨大作用，但指导思想的局限使它不能体现施工项目管理的特点与全部内容，因此有必要用施工项目管理规划将其逐步取代。《建设工程项目管理规范》规定：当承包人以编制施工组织设计代替项目管理规划时，施工组织设计应满足项目管理规划的要求。

3. 监理单位（或项目管理公司）的项目管理规划

监理单位（项目管理公司）为业主提供项目的咨询和管理工作。他们经过投标、与业主签订合同，承接业主的监理任务，监理单位在投标文件中必须提出本工程的监理大纲，在中标后必须按照监理大纲和监理合同的要求编制监理规划与监理实施细则。由于监理单位是为业主进行工程项目管理，则它所编制的监理大纲就是相关工程项目的管理规划大纲；监理规划与监理实施细则就是工程项目管理实施规划。

三、工程项目管理规划的内容

由于在一个工程项目中，不同的人（单位）进行不同的内容、范围、层次和对象的项目管理工作，所以他们的项目管理规划的内容会有一定的差别。但是它们都是针对项目管理工作过程的，所以主要内容又具有许多共同点，在性质上具有一致性，都包括相应的项目管理的目标、项目实施策略、管理组织策略、项目管理模式、项目管理组织规划和实施项目范围内的工作涉及的各方面问题等。以下分别从业主和承包商角度介绍项目管理规划的主要内容。

（一）业主方项目管理规划的主要内容

1. 工程项目目标的分析

项目目标分析的目的是为了确定适合工程特点和要求的项目目标体系。项目管理规划是为了保证项目目标的实现，所以目标是项目管理规划的灵魂。

项目立项后，项目总目标已经确定，通过对总目标的研究和分解即可确定阶段性的项目目标。

在这个阶段还应该确定编制项目管理规划的指导思想或策略，使各方面的人员在计划的编制和执行过程中有总的指导方针。

2. 工程项目实施环境分析

项目环境分析是项目管理管理规划的基础性工作。在规划工作中，掌握相应的项目环境信息，将是展开各个工作步骤的前提和重要依据。通过环境调查，确定项目管理规划的环境因素和制约条件，收集对影响项目实施和项目管理规划执行的宏观和微观的环境因素的资料。

3. 工程项目范围的划定和项目结构分解

(1) 根据项目管理的目标分析和划定项目的范围。

(2) 对项目范围内的工作进行研究和分解，即项目系统的结构分解 (WBS)。项目结构分解是对项目前期确定的项目对象系统的细化过程。通过分解，有助于项目管理人员更为精确地把握工程项目的系统组成，并为建立项目组织、进行项目管理目标的分解、安排各种职能管理工作提供依据。

4. 工程项目实施方针和组织策略的制定

工程项目实施方针和组织策略的制定，是指确定项目实施和管理模式总的指导思想和总体安排，包括以下内容：

(1) 如何实施该项目？业主如何管理项目？控制到什么程度？

(2) 采用什么样的发包方式？采取什么样的材料和设备供应方式？

(3) 哪些管理工作由自己组织内部完成？哪些管理工作由承包商或者委托管理公司完成？准备投入多少管理力量？

5. 工程项目实施总计划

工程项目实施总计划包括以下内容：

(1) 项目总体的时间安排，重要的里程碑事件安排。

(2) 项目总体的实施方案，例如，施工工艺、设备、模板方案、给（排）水方案等；各种安全和质量的保证措施；采购方案；现场运输和平面布置方案；各种组织措施等。

6. 工程项目组织设计

项目组织策略分析的主要内容是确定项目的管理模式和项目实施的组织模式，通过项目组织策略的分析，基本上建立了建设期组织的基本架构和责权利关系的基本思路。工程项目组织设计的主要内容包括以下几个方面：

(1) 项目实施组织策略，包括采用的分标方式、采用的工程承包方式、项目可采用的管理模式。

(2) 项目分标策划。即对项目结构分解得到的项目活动进行分类、打包和发包，考虑哪些工作由项目管理组织内部完成，哪些工作需要委托出去。

(3) 招标和合同策划工作。这里包括两方面的工作，包括招标策划和合同策划两部分。

(4) 项目管理模式的确定。即业主所采用的项目管理模式，如设计管理模式、施工管理模式，是否采用监理制度等。

(5) 项目管理组织的设置。包括构建项目组织体系、部门设置、职责分工、管理规范设计以及主要管理工作的流程设计等。

(6) 项目管理信息系统的规划。对新的大型的项目必须对项目管理的信息系统作出总体规划。

(7) 其他。根据需要，项目管理规划还会有许多内容，但它们会因不同的对象而异。

(二) 承包商项目管理规划的主要内容

根据我国《建设工程项目管理规范》，承包商项目管理规划分为项目管理规划大纲和项目管理实施规划，其主要内容分别介绍如下。

1. 工程项目管理规划大纲

工程项目管理规划大纲可包括下列内容，组织应根据需要选定：

（1）项目概况。包括项目的功能、投资、设计、环境、建设要求、实施条件等内容。

（2）项目范围管理规划。对施工项目的过程范围和最终可交付的工程范围进行描述，进行项目工作结构分解（WBS）。

（3）项目管理目标规划。明确施工合同对工程项目质量、成本、进度和职业健康安全的总目标并进行可能的目标分解。

（4）项目管理组织规划。包括组织结构形式、组织架构、确定项目经理和职能部门、主要成员人选以及拟建立的规章制度等。

（5）项目成本管理规划。项目成本管理的总体方案。

（6）项目进度管理规划。项目进度管理的总体方案。

（7）项目质量管理规划。项目质量管理的总体方案。

（8）项目职业健康安全与环境管理规划。防止职业危害和环境污染，保证施工安全和文明施工的总体方案。

（9）项目采购与资源管理规划。项目采购和资源管理的总体方案。

（10）项目信息管理规划。包括信息管理体系的总体思路、内容框架和信息流设计等内容。

（11）项目沟通管理规划。是指项目组织就项目涉及的各有关组织及个人之间信息沟通、关系协调等工作的规划。

（12）项目风险管理规划。对重大风险因素进行识别、预测、评估，并制定总体风险控制方案。

（13）项目收尾管理规划。包括工程收尾、管理收尾、行政收尾等方面的规划。

2. 工程项目管理实施规划

工程项目管理实施规划应包括下列内容：

（1）项目概况。在项目管理规划大纲的基础上根据项目实施的需要进一步细化，包括：①工程特点；②建设地点特征；③施工条件；④施工项目管理特点和总体要求等。

（2）总体工作计划。包括施工项目管理目标；项目实施的总时间和阶段划分；对各种资源的总投入；项目实施的技术路线、组织路线和管理路线。

（3）组织方案。包括项目结构图、组织结构图、合同结构图、编码结构图、重点工作流程图、任务分工表、职能分工表等，以及必要的说明。

（4）技术方案。项目实施的具体技术方案，应辅以构造图、流程图和各种表格。

（5）进度计划。应编制能反映工艺关系和组织关系的计划、反映时间的计划、反映相应进程的资源需用量计划以及相应的说明。

（6）质量计划。包括质量目标和要求；质量管理组织和职责；所需的过程、文件和资源；产品或过程所要求的评审、验证、确认、监督、检验和实验活动；以及接收准则。

（7）职业健康安全与环境管理计划。包括职业健康安全与环境管理的控制目标、控制程序、组织结构、职责权限、规章制度、资源配置、安全措施、检查评价和奖惩制度以及对分包安全管理等内容。

（8）成本计划。包括编制说明；对工程范围、投标竞争过程及合同条件；承包人对项目经理提出的责任成本目标；项目成本计划编制的指导思想和依据作具体说明；成本计划的指标；按工程量清单列出的单位工程计划成本汇总表；按成本性质划分的单位工程成本汇总表。

（9）资源需求计划。包括建立资源管理制度；编制资源使用计划、供应计划和处置计划；规定控制程序和责任体系。

（10）风险管理规划。包括风险管理目标、范围；可使用的风险管理方法、工具以及数据来源；风险分类和风险排序的要求；风险管理的职责和权限；风险跟踪的要求；相应的资源预算。

（11）信息管理计划。包括信息需求分析；信息编码系统；信息流程；信息管理制度以及信息的来源、内容、标准、时间要求、传递途径、反馈的范围、人员以及职责和工作程序等。

（12）项目沟通管理计划。包括信息沟通方式和途径；信息收集归档格式；信息发布和使用权限；沟通管理计划的调整以及约束条件和假设等。

（13）项目收尾管理计划。包括收尾具体内容、质量要求、进度计划安排、文件档案资料的整理等要求。

（14）项目现场平面布置图。按施工总平面图和单位工程施工平面图的设计和布置要求进行编制，需符合国家有关标准。

（15）项目目标控制措施。针对目标需要进行制定，包括组织措施、技术措施、经济措施和合同措施等。

（16）技术经济指标。根据项目的特点选定有代表性的指标，且应突出实施难点和对策，以满足分析评价和持续改进的需要。

项目管理实施规划编制完成后应由项目经理签字后报组织管理层审批。实施过程中应注意与各相关组织的工作协调一致，并进行跟踪检查和必要的调整。项目结束后，形成总结文件。

复 习 思 考 题

1. 简述工程项目计划的作用和原则。工程项目计划包括哪些内容？
2. 什么是工程项目范围和范围管理？
3. 什么是工作分解结构（WBS）？其有何作用？
4. 工程项目结构分解的方法有哪些？要依据哪些基本原则？
5. 简述工程项目进度计划系统的构成。
6. 用横道图和网络图表示进度计划，各有何优缺点？
7. 简述进度计划的编制程序。
8. 简述工程项目资源的各类以及各阶段资源消耗的特点。
9. 什么是工程项目资金计划？承包商的资金计划应包括哪些内容？
10. 简述建设项目总费用的构成。建筑安装工程费用包括哪些内容？
11. 费用估算有哪些过程构成？它们之间有何联系？

12. 费用计划的编制方法有哪些？费用计划的成果是什么？

13. 什么是质量和质量管理？工程项目质量有何特点？

14. 什么是工程项目质量成本？其内容有哪些？

15. 简述质量计划编制的原则和要求。

16. 什么是工程项目管理规划？可以从哪些角度进行分类？

17. 业主方项目管理规划的主要内容有哪些？

18. 承包商的项目管理规划和项目管理实施规划有何联系和区别？

第六章　工程项目实施控制

在项目实施过程中，项目条件和环境会发生变化，各种干扰因素会对项目运行带来影响。为了保证项目按计划执行，最终实现项目目标，必须对项目目标进行有效的控制，使项目的实施处于受控状态。可以说，目标控制是项目管理的核心工作，是能否顺利实现项目目标的关键，项目中的所有工作都是为目标控制服务的。

第一节　工程项目目标控制

一、工程项目目标控制的含义

（一）目标控制的概念

目标控制通常是指管理人员按照事先制定的计划和标准，检查和衡量被控对象在实施过程中所取得的成果，并采取有效措施纠正所发生偏差，以保证计划目标得以实现的管理活动。由此可见，实施控制的前提是确定合理的目标和制定科学的计划，继而进行组织设置和人员配置，并实施有效的领导。计划一旦开始执行，就必须进行控制，以检查计划的实施情况。当发现实施过程有偏离时，应分析偏离计划的原因，确定应采取的纠正措施，并采取纠正行动。在纠正偏差的行动中，继续进行实施情况的检查，如此循环，直至工程项目目标实现为止，从而形成一个反复循环的动态控制过程。

（二）目标控制的基本环节

在控制过程中，都要经过投入、转换、反馈、对比、纠正等基本环节，并构成一个闭合循环回路，如图6-1所示。项目实施控制时，如果缺少这些基本环节中的某一个，动态控制过程就不健全，就会降低控制的有效性。

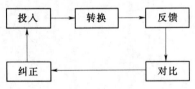

图 6-1　控制的基本环节

1. 投入

控制过程首先从投入开始。一项计划能否顺利地实现，基本条件是能否按计划所要求的人力、材料、设备、机具、方法和信息等进行投入。计划确定的资源数量、质量和投入的时间是保证计划实施的基本条件，也是实现计划的基本保障。因此，要使计划能够正常实施并达到预定目标，就应当保证将质量、数量符合计划要求的资源按照规定时间和地点投入到工程建设中。

2. 转换

工程项目的实现总是要经过由投入到产出的转换过程。正是由于这样的转换，才使投入的人、财、物、方法、信息转变为产出品，如设计图纸、分项工程、分部工程、单位工程，最终输出完整的工程项目。在转换过程中，计划的执行往往受到来自外部环境和内部系统多因素的干扰，造成实际进展进度情况偏离计划轨道，因此，项目管理人员应当做好

"转换"过程的控制工作：跟踪了解工程实际进展情况，掌握工程转换的第一手资料，为今后分析偏差原因，确定纠正措施提供可靠依据。

3. 反馈

反馈是控制的基础工作。对于一项即使认为制定的相当完善的计划，项目管理人员也难以对其运行结果有百分之百的把握。因为在计划的实施过程中，实际情况的变化是绝对的，不变是相对的。每个变化都会对预定目标的实现带来一定的影响。因此，项目管理人员必须在计划与执行之间建立密切的联系，及时捕捉工程进展信息并反馈给控制部门，为控制服务。

4. 对比

对比是将实际目标结果与计划目标相比较，以确定是否有偏离。对比工作的第一步是收集工程实施成果并加以分类、归纳，形成与计划目标相对应的目标值，以便进行比较。对比工作的第二步是对比较结果进行分析，判断实际目标成果是否出现偏离。如果未发生偏离或所发生的偏离属于允许范围之内，则可以就按照原计划实施。如果发生偏离超出允许的范围，就需要采取措施予以纠正。

5. 纠正

当出现实际目标成果偏离计划目标的情况时，就需要采取措施加以纠正，如果是轻度偏离，通常可采用较简单的措施进行纠偏。如果目标有较大偏离时，则需要改变局部计划才能使计划目标得以实现。如果已经确定的计划目标不能实现，那就要重新确定目标，然后根据新目标制定新计划，使工程在新的状态下运行。

二、工程项目目标控制的类型

根据划分依据的不同，可将控制分为不同的类型。例如，按照控制措施作用于控制对象的时间，可分为事前控制、事中控制和事后控制；按照控制信息的来源，可分为前馈控制和反馈控制；按照控制过程是否形成闭合回路，可分为开环控制和闭环控制；按照控制措施制定的出发点，可分为主动控制和被动控制。控制类型的划分是人为的，是根据不同的分析目的而选择的，而控制措施本身是客观。因此，同一控制措施可以表述为不同的控制类型，或者说，不同划分依据的不同控制类型之间存在内在的同一性。

（一）主动控制

所谓主动控制，是在预先分析各种风险因素及其导致目标偏离的可能性和程度的基础上，拟订和采取有针对性的预防措施，从而减少乃至避免目标偏离。主动控制是一种面对未来的控制，是一种事前控制、前馈控制，并且通常表现为开环控制。它必须在计划实施之前就采取控制措施，根据已经掌握的信息，分析、预见可能发生的问题，防止不利事件的发生，起到防患于未然的作用。它可以解决传统控制过程中存在的时滞影响，尽可能避免偏差已经成为现实的被动局面，降低目标偏离的可能性或其后果的严重程度，从而使目标得到有效控制。用科学的方法制订计划、高质量地做好组织工作、进行人员培训、风险分析和评估、制定必要的备用方案等属于主动控制。

（二）被动控制

所谓被动控制，是从计划的实际输出中发现偏差，通过对产生偏差原因的分析，研究制定纠偏措施，以使偏差得以纠正，工程实施恢复到原来的计划状态，或虽然不能恢复到计划状态但可以减少偏差的严重程度。被动控制是一种面对现实的控制，是一种事中控制和事后控制，表现为反馈控制、闭环控制。它是根据工程实施情况（即反馈信息），在计划实施过程中对已经出现的偏差采取控制措施。被动控制是由于未能或者根本无法预见项目实施过程中会发生什么问题，只有在问题出现后，分析原因，采取措施纠正偏差。通过被动控制，管理人员可以跟踪项目的实施过程，及时发现偏差，使计划执行时一旦出现偏差就能及时得到纠正。因此，被动控制仍然是一种有效的控制，也是十分重要而且经常运用的控制方式。

（三）主动控制与被动控制的关系

在工程项目实施过程中，如果仅仅采取被动控制措施，出现偏差是不可避免的，而且偏差可能有累积效应，即虽然采取了纠偏措施，但偏差可能越来越大，从而难以实现预定的目标。另一方面，主动控制的效果虽然比被动控制好，但是，仅仅采取主动控制措施却是不现实的，或者说是不可能的。因为项目实施过程中有相当多的风险因素是不可预见甚至是无法防范的，如政治、社会、自然等因素。而且，采取主动控制措施往往要付出一定的代价，即耗费一定的资金和时间，对于那些发生概率小且发生后损失亦较小的风险因素，采取主动控制措施有时可能是不经济的。这表明，是否采取主动控制措施以及究竟采取什么样的主动控制措施，应在对风险因素进行定量分析的基础上，通过技术经济分析和比较来决定。在某些情况下，被动控制倒可能是较佳的选择。因此，对于工程项目目标控制来说，主动控制和被动控制二者缺一不可，都是实现项目目标所必须采取的控制方式，应将主动控制与被动控制紧密结合起来，如图 6-2 所示。

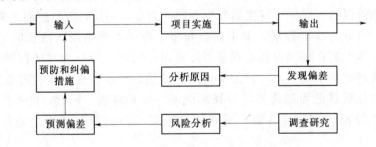

图 6-2　主动控制与被动控制相结合

要做到主动控制与被动控制相结合，关键在于处理好以下两方面问题：一是要扩大信息来源，不仅要从本工程项目获得实施情况的信息，而且要从外部环境获得如已建同类工程的有关信息，这样才能对风险因素进行定量分析，使纠偏措施有针对性；二是要把握好输入这个环节，即要输入两类纠偏措施，不仅有纠正已经发生的偏差的措施，而且有纠正可能发生偏差的措施，这样才能取得较好的控制效果。

需要说明的是，虽然在工程项目实施过程中仅仅采取主动控制是不可能的，有时是不经济的，但不能因此而否定主动控制的重要性。实际上，牢固确立主动控制的思想，认真研究并制定多种主动控制措施，尤其要重视那些基本上不需要耗费资金和时间的主动控制措施，如组织、经济、合同方面的措施，并力求加大主动控制在控制过程中的比例，对于提高工程项目目标控制的效果，具有十分重要而现实的意义。

三、工程项目目标控制的措施

为了取得目标控制的理想成果，应当从多方面采取措施实施控制，通常可以将这些措施归纳为组织措施、技术措施、经济措施和合同措施等四个方面。这四个方面的措施在工程项目实施的各个阶段的具体运用不完全相同，以下分别对这四个方面的措施作简单的阐述。

（1）组织措施，是从目标控制的组织管理方面采取的措施，如落实目标控制的组织机构和人员，明确各级目标控制人员的任务和职能分工、权力和责任、制订目标控制的工作流程等。组织措施是其他各类措施的前提和保障，而且一般不需要增加什么费用，运用得当可以收到良好的效果。

（2）技术措施，不仅对解决项目实施过程中的技术问题是不可缺少的，而且对纠正目标偏差亦有相当重要的作用。任何一个技术方案都有基本确定的经济效果，不同的技术方案就有着不同的经济效果。因此，运用技术措施纠偏的关键：一是要能提出多个不同的技术方案，二是要对不同的技术方案进行技术经济分析。在实践中，要避免仅从技术角度选定技术方案而忽视对其经济效果的分析认证。

（3）经济措施，是最易为人接受和采用的措施。需要注意的是，经济措施绝不仅仅是审核工程及相应的付款和结算报告，还需要从一些全局性、总体性的问题上加以考虑，往往可以取得事半功倍的效果。另外，不要仅仅局限在已发生的费用上，通过偏差原因分析和未完工程投资预测，可发现一些现有和潜在的问题将引起未完工程的投资增加，对这些问题应以主动控制为出发点，及时采取预防措施。由此可见，经济措施的运用绝不仅仅是财务人员的事情。

（4）合同措施，是进行投资控制、进度控制和质量控制的依据，因此，合同措施就显得尤为重要。对于合同措施要从广义上理解，除了拟订合同条款、参加合同谈判、处理合同执行过程中的问题、防止和处理索赔等措施外，还要考虑确定对目标控制有利的项目组织模式和合同结构，分析不同合同之间的相互联系和影响，对每一个合同作总体具体分析等。这些合同措施对目标控制更具有全局性的影响，其作用也就更大。

第二节　工程项目进度控制

一、工程项目进度控制概述

（一）进度控制的概念

工程项目进度控制是指对项目各建设阶段的工作内容、工作程序、持续时间和衔接关系编制计划，对实际进度与计划进度出现的偏差时进行纠正，并控制整个计划的实施。进度控制在工程项目建设中与质量控制、投资控制之间具有相互影响、相互依赖、相互制约的关系。从经济角度看，并非所有工程项目的工期越短越好，如果盲目地缩短工期，会造成工程项目财政上的极大浪费。工程项目的工期确定下来后，就要根据具体的工程项目及其影响因素对工程项目的施工进度进行控制，以保证工程项目在预定的工期内完成工程项目的建设任务。

（二）影响进度的因素分析

由于建设工程规模庞大，工程结构与工艺技术复杂、建设周期长及相关单位多等特点，决定了建设工程进度将受到许多因素的影响。

影响工程项目进度的因素很多，有人为因素，技术因素、材料设备因素、技术因素、资金因素、水文、地质与气象因素，以及其他自然与社会环境等方面的因素。归纳起来，在工程项目上有如下的具体表现：

（1）业主因素。如业主使用要求改变而进行设计变更；应提供的施工场地条件不能及时提供或者所提供的场地不能满足工程施工的正常需要；不能及时向施工承包单位或者材料供应商付款等。

（2）勘察设计因素。如勘察资料不准确，特别是地质资料错误和遗漏；设计内容不完善、规范应用不恰当、设计有缺陷或者错误；设计对施工的可能性未考虑或者考虑不周全；施工图纸供应不及时、不配套，或出现重大差错等。

（3）施工技术因素。如施工工艺错误；不合理的施工方案；施工安全措施不当；不可靠技术的应用等。

（4）自然环境因素。如复杂的工程地质条件；不明的水文气象条件；地下埋藏文物的保护、处理；洪水、地震、台风等不可抗力等。

（5）社会环境因素。如外单位临近工程施工干扰；节假日交通、市容整顿的限制；临时停水、停电、断路；以及在国外常见的法律和制度变化、经济制裁、战争、骚乱、罢工、企业倒闭等。

（6）组织管理因素。如向有关部门提出各种申请审批手续的延误；合同签订时遗漏条款，表达失当；计划安排不周密，组织协调不力，领导不利，指挥失当等。

（7）材料设备因素。如材料、构配件、机具，设备供应环节的差错，品种、规格、质量、数量、时间不能满足工程的需要；特殊材料及新材料的不合理使用等；施工设备不配套，选型失当，安装失误，有故障等。

（8）资金因素。如有关方拖欠资金，资金不到位，资金短缺；汇率浮动和通货膨胀等。

（三）工程项目进度控制的控制原理

由于工程项目是在动态条件下实施的，因此进度控制也就必须是一个动态的管理过程，它包括进度目标的分析和论证，在收集资料和调查研究的基础上编制进度计划和进度计划的跟踪检查与调整。

工程项目的进度受许多因素的影响，项目管理者需事先对影响进度的各种因素进行调查，预测他们对进度可能产生的影响，编制可行的进度计划，指导工程项目按计划实施。在计划的实施过程中，必然会出现新的情况，难以按照原原定的计划执行。这就要求项目管理者在计划的执行过程中，掌握动态控制原理，不断进行检查，将实际情况与计划安排进行对比，找出偏离计划的原因，然后采取相应的措施。措施的确定有两个前提：一是通过采取措施，维持原计划，使之正常实施；二是采取措施后不能维持原计划，要对进度进行调整或者修正，再按新的计划实施。这样不断地计划、执行、检查、分析、调整计划的动态循环过程，就是进度控制。

二、工程项目实际进度与计划进度的比较方法

工程项目实际进度与计划进度的比较是工程项目进度控制的主要环节，常用的比较方法有横道图法、前锋线法、S 曲线法、香蕉曲线法和列表法。

（一）横道图比较法

横道图比较法是在项目实施过程实施中，收集检查实际进度的信息，经整理后直接用横道线平行绘于原计划的横道线处，进行实际进度与计划进度的比较方法。采用横道图比较法可以形象、直观地反映实际进度与计划进度的比较情况。

例如，某工程项目基础工程计划进度截止到第 9 周末的实际进度如图 6-3 所示，其中细线条表示该工程的计划进度，粗实线表示实际进度。从图中实际进度和计划进度的比较可以看出，到第 9 周末进行实际进度检查时，挖土方和做垫层两项工作已经全部完成；支模板按计划也应该完成，但实际只完成 75%，任务量拖欠 25%；绑扎钢筋按计划应完成 60%，而实际只完成 20%，任务量拖欠 40%。

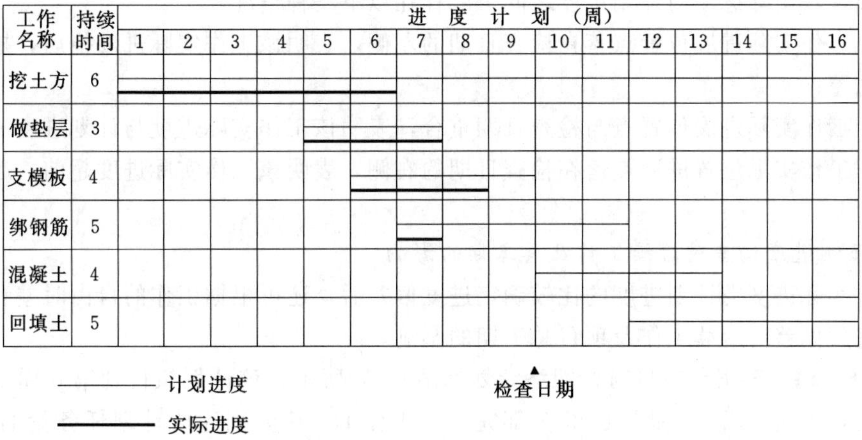

图 6-3 工程项目进度控制的横道图比较法

根据各项工作的进度偏差，进度控制者可以采取相应的纠偏措施对进度计划进行调整，以确保该工程按期完工。

（二）前锋线比较法

前锋线比较法是通过绘制某检查时刻工程项目实际进度前锋线，进行工程实际进度与计划进度比较的方法，它主要适用于时标网络计划。

所谓前锋线，是指在原时标网络计划上，从检查时刻的时标点出发，用点划线依次将各项工作中各工作实际进展点连接而成的折线。前锋线比较法就是通过实际进度前锋线与原进度计划中各工作箭线交点的位置来判断工作实际进度与计划进度的偏差，进而判定该偏差对后续工作及总工期影响程度的一种方法。

采用前锋线比较法进行实际进度与计划进度的比较，其步骤如下。

1. 绘制时标网络计划图

工程项目实际进度前锋线是在时标网络计划图上标示，为清楚起见，可在时标网络计划图的上方和下方各设一时间坐标。

2. 绘制实际进度前锋线

一般从时标网络计划图上方时间坐标的检查日期开始绘制，依次连接相邻工作的实际进展位置点，最后与时标网络计划图下方坐标的检查日期相连接。工作实际位置进展点的标定方法主要有以下两种：

（1）按该工作已完任务量比例进行标定。假设工程项目中各项工作均为匀速进展，根据实际进度检查时刻该工作已完任务量占其计划完成总任务量的比例，在工作箭线上从左至右按相同的比例标定其实际进展位置点。

（2）按尚需作业时间进行标定。当某些工作的持续时间难以按实物工程量来计算而只能凭经验估算时，可以先估算出检查时刻到该工作全部完成尚需作业时间，然后在该工作箭线上从右向左逆向标定其实际进展位置点。

3. 进行实际进度与计划进度的比较

前锋线可以直接地反映出检查日期有关工作实际进度与计划进度之间的关系。对某项工作来说，其实际进度与计划进度之间可能存在以下三种情况：

（1）工作实际进展位置点落在检查日期的左侧，表明该工作实际进度拖后，拖后时间为两者之差；

（2）工作实际进展位置点与检查日期重合，表明该工作实际进度与计划进度一致；

（3）工作实际位置进展点落在检查日期的右侧，表明该工作实际进度超前，超前时间为两者之差。

4. 预测进度偏差对后续工作及总工期的影响

通过实际进度与计划进度的比较确定进度偏差后，还可根据工作的自由时差和总时差预测该进度偏差对后续工作及项目总工期的影响。

【例 6-1】　某工程项目时标网络计划如图 6-4 所示，该计划执行到第 6 周末检查实际进度时，发现工作 A 和 B 已经全部完成，工作 D、E 分别完成计划任务量的 20% 和 50%，工作 C 尚需 3 周完成，试用前锋线法进行实际进度和计划进度的比较。

解：根据第 6 周末实际进度的检查结果绘制前锋线，如图中点划线所示。

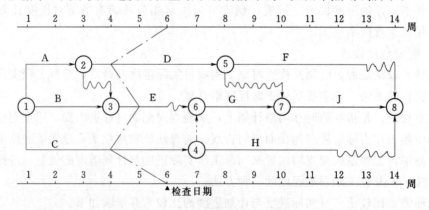

图 6-4　某工程前锋线比较图

通过比较可以看出：

（1）工作 D 实际进度拖后 2 周，将其后续工作 F 的最早开始时间推迟 2 周，并使总工期延长 1 周。

（2）工作 E 实际进度拖后 1 周，既不影响总工期，也不影响其后续工作的正常进行。

（3）工作 C 实际进度拖后 2 周，将使其后续工作 G、H、J 的最早开始时间推迟 2 周。由于工作 G、J 开始时间的推迟，从而使总工期延长 2 周。

综上所述，如果不采取措施加快进度，该工程总工期将延长 2 周。

（三）S 曲线比较法

S 曲线是以横坐标表示进度时间，纵坐标表示累计工作任务完成量或累计完成成本量，而绘制出一条按照计划时间累计完成任务量或累计完成成本量的曲线，然后将工程项目实施过程中各检查时间实际累计完成任务量的 S 曲线也绘制在同一坐标系中，进行实际进度与计划进度比较的一种方法。

从整个工程项目的实施过程看，开始和结尾阶段，单位时间投入的资源量较少，中间阶段单位时间投入的资源量较多，则单位时间完成的任务量或者成本量也是同样的变化，所以随时间累计完成的任务量，应该呈 S 形变化，如图 6-5 所示。

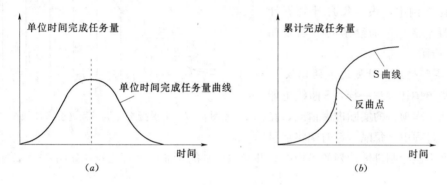

图 6-5 时间与完成任务量关系曲线

1. S 曲线的绘制步骤

（1）根据单位时间内完成的实物工程量、投入的劳动力或费用，计算出计划单位时间内的完成值 q_i。

（2）计算规定时间 j 的累计完成任务量，其计算方法是将各单位时间完成的任务量累计求和，可以按下列公式计算：

$$Q_j = \sum_{j=1}^{j} q_j$$

式中 Q_j——j 时刻的计划累计完成任务量；

q_j——单位时间计划完成任务量。

（3）绘制 S 曲线。按照规定的时间 j 及其对应的累计完成任务量 Q_j 绘制 S 曲线。

【例 6-2】 某混凝土工程总浇筑总量为 2000m³，按照施工方案，计划 9 个月完成，每月计划完成的混凝土浇筑量如图 6-6 所示，试绘制该混凝土工程的计划 S 曲线。

解： 根据已知条件：

（1）确定单位时间计划完成任务量，将

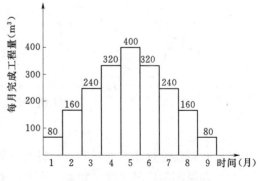

图 6-6 每月完成工程量图

每月计划完成混凝土浇筑量列于表 6 - 1。

表 6 - 1   **完 成 工 程 量 汇 总 表**

时间（月）	1	2	3	4	5	6	7	8	9
每月完成量（m³）	80	160	240	320	400	320	240	160	80
累计完成量（m³）	80	240	480	800	1200	1520	1760	1920	2000

（2）计算不同时间累计完成任务量，在本例中，依次计算每月计划累计完成的混凝土浇筑量，结果列于表 6 - 1 中。

（3）根据累计完成任务量绘制 S 曲线，在本例中，根据每月计划累计完成混凝土浇筑量而绘制的 S 曲线如图 6 - 7 所示。

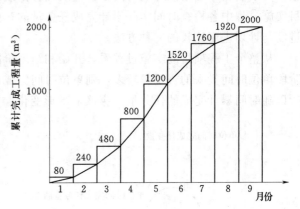

图 6 - 7   某混凝土浇筑工程进度 S 曲线图

2. 实际进度与计划进度的比较

像横道图比较法一样，S 曲线也能直观反映工程项目的实际进展情况，在项目施工过程中，每隔一定时间将项目实际进度情况绘制进度计划的 S 曲线，并与原计划的 S 曲线进行比较，如图 6 - 8 所示。

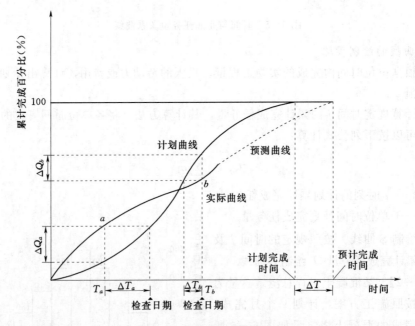

图 6 - 8   进度控制的 S 曲线比较法

通过比较实际进度 S 曲线和计划进度 S 曲线，可以获得以下信息：

（1）项目实际进展进度。如果项目实际进展的累计完成量在原计划的 S 曲线的左侧，则表示此时的实际进度比计划进度超前，如图中的 a 点，反之，如果项目的实际进展的累计完成量在原计划的 S 曲线的右侧，则表示实际进度比计划进度拖后，如图中的 b 点。如果工程实际进展点正好落在计划 S 曲线上，则表示此时实际进度与计划进度一致。

（2）进度超前或者拖延时间。在 S 曲线比较图中可以直接读出实际进度比计划进度超前和拖后的时间，如图所示，ΔT_a 表示 T_a 时刻实际进度超前的时间；ΔT_b 表示 T_b 时刻实际进度拖后的时间。

（3）工程量完成情况。在 S 曲线比较图中也可直接读出实际进度比计划进度超额或拖欠的任务量。如图所示，ΔQ_a 表示 T_a 时刻超额完成的任务量，ΔQ_b 表示 T_b 时刻拖欠的任务量。

（4）项目后续进度的预测。如果后期工程按原计划进度进行，则可做出后期工程计划 S 曲线如图中虚线所示，从而可以确定工期拖延预测值 ΔT。

（四）香蕉曲线比较法

香蕉曲线是两种 S 曲线组合成的闭合曲线，其一是以网络计划中各工作任务的最早开始时间安排进度而绘制的 S 曲线，称为 ES 曲线；其二是以各项工作的计划最迟开始时间安排进度而绘制的 S 曲线，称为 LS 曲线。由于两条 S 曲线都是同一个项目的，其计划开始时刻和完成时间相同，因此，ES 曲线与 LS 曲线是闭合的，如图 6-9 所示。

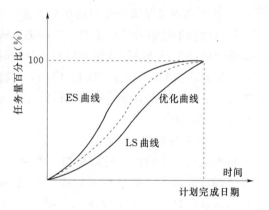

图 6-9　香蕉曲线比较图图

在项目实施过程中进度管理的理想状况是在任一时刻按实际进度描出的点均落在香蕉曲线区域内，呈正常状态，而一旦按照实际进度描出的点落在 ES 曲线的上方（左侧）或者 LS 曲线的下方（右侧），则说明与计划要求相比实际进度超前或者滞后，已产生进度偏差。进度超前或者拖欠的工作任务量可直接从图中量测或计算得到。香蕉形曲线的作用还可用于对工程实际进度进行合理的调整和安排，或确定在计划执行情况检查状态下后期工程的 ES 曲线和 LS 曲线的变化趋势。

三、进度计划实施中的调整方法

（一）分析进度偏差对后续工作及总工期的影响

当进度计划出现偏差时，需要分析偏差对后续工作产生的影响。分析的方法主要是利用网络计划工作的总时差和自由时差来判断。工作的总时差是指不影响项目工期，该工作拥有的最大机动时间；而工作的自由时差是指在不影响后续工作按最早开始时间的条件下，工作拥有的最大机动时间。利用时差分析进度计划出现偏差，可以了解进度偏差对进度计划的局部影响和对进度计划的总体影响。具体分析步骤如下。

1. 分析出现进度偏差的工作是否为关键工作

如果出现进度偏差的工作位于关键线路上，即该工作为关键工作，则无论其偏差有多大，都将对后续工作和总工期产生影响，必须采取相应调整措施；如果出现偏差的工作是非关键工作，则需要根据进度偏差值与总时差和自由时差的关系做进一步分析。

2. 分析进度偏差是否超过总时差

如果工作的进度偏差大于该工作的总时差，则此进度偏差必将影响其后续工作和总工期，必须采取相应的调整措施；如果工作的进度偏差未超过该工作的总时差，则此进度偏差不影响总工期。至于对后续工作的影响程度，还需要根据偏差值与其自由时差的关系进一步分析。

3. 分析进度偏差是否超过自由时差

如果工作的进度偏差大于该工作的自由时差，则此进度偏差将其后续工作产生影响，此时应根据后续工作的限制条件确定调整方法；如果工作的进度偏差未超过该工作的自由时差，则此进度偏差不影响后续工作，因此，原计划进度可以不作调整。

（二）进度计划实施中的调整

当实际进度偏差影响到后续工作、总工期而需要调整进度计划时，其调整方法主要有两种。

1. 改变某些后续工作之间的逻辑关系

若进度偏差已影响计划工期，且有关后续工作之间逻辑关系允许改变，此时可变更位于关键线路或位于非关键线路的但有关延误时间已经超出其总时差的有关工作之间的逻辑关系，从而达到缩短工期的目的。例如，可将按原计划安排依次进行的工作关系改变为平行进行、搭接进行或者分段流水进行的工作关系。通过变更工作逻辑关系缩短工期往往简便易行且效果显著。

2. 缩短某些工作的持续时间

缩短某些工作的持续时间是指不改变工程项目中各项工作之间的逻辑关系，而通过采取增加资源投入、提高劳动效率等措施来缩短某些工作的持续时间，使工程进度加快，以保证按计划工期完成该工程项目。这些被压缩持续时间的工作是位于关键线路和超过计划工期的非关键线路上的工作。同时，这些工作又是其持续时间可被压缩的工作。调整方法视限制条件及对其后续工作的影响程度的不同而有所区别，一般可以分为以下三种情况：

（1）在网络图中，某项工作进度拖延，但是拖延时间在该工作的总时差范围内，自由时差以外。若用 Δ 表示此项工作拖延的时间，则：$FF < \Delta < TF$。根据前面分析的方法，这种情况不会对工期产生影响，只对后续工作产生影响。因此，在进行调整前，要确定后续工作允许拖延时间限制，并作为进度调整的限制条件。确定这个限制条件有时很复杂，特别是当后续工作由多个平行的分包单位负责实施时，更是如此。后续工作在时间上产生的任何变化都可能使合同不能正常履行，受损失的一方可能向业主提出索赔。

（2）在网络图中，某项工作进度的拖延时间大于该项工作的总时差，即：$\Delta > TF$。这种情况可能是该项工作在关键线路上（$TF = 0$）；工作在非关键线路上，但是拖延的时间超过了总时差（$\Delta > TF$）。无论哪种情况都会对后续工作及工期产生影响，只有采取缩短关键线路上后续工作的持续时间，以保证工期目标的实现。

（3）网络计划中某项工作进度提前。在计划阶段所确定的工期目标，往往是综合考虑了各方面因素优选的合理工期。正因如此,网络计划中工作进度的任何变化,无论是拖延还是超前,都可能造成其他目标的失控,如造成费用增加等。例如,在一个项目工程总进度计划中,由于某项工作的超前,致使资源的使用发生变化。它不仅影响原计划进度的继续执行,也影响各项资源的合理安排。特别是施工项目采用多个分包单位进行平行承包时,因进度安排发生了变化,会导致协调工作的复杂性。

第三节 工程项目费用控制

一、工程项目费用控制概述

（一）工程项目费用控制的基本概念

工程项目费用对于不同的工程建设参与方来说内涵是不同的。从业主角度来说,工程项目费用就是对工程项目的投资。从施工承包商角度来讲,工程项目费用则是承包商在整个工程中所花费的所有成本和费用。

所谓工程项目费用的有效控制对业主方来讲是指在投资决策阶段、设计阶段、工程项目招标发包阶段和工程施工阶段,把工程项目投资或者费用控制在批准的目标限额以内,随时纠正发生的偏差以确保工程项目目标的实现,使得人力、物力、财力能够得到有效的使用,取得良好的经济效益和社会效益。从施工承包商来讲就是利用各种有效手段把实际施工成本费用控制在目标成本以内,以获得预期利润。

（二）工程项目费用控制的特点

工程项目本身具有建设的一次性、投资额巨大、建设周期长等特点,相应地工程项目费用控制也具有一些重要的特点。

（1）工程项目的费用控制是贯穿于工程建设全过程的、动态的控制。对于工程项目的建设单位来说,费用控制是贯穿于项目投资决策阶段、设计阶段、招标发包阶段、工程施工阶段,一直到竣工验收全过程的。每个工程项目从立项到竣工都必须有一个较长的时期,在此期间会有许多因素对工程项目的费用产生影响,工程项目的费用在整个过程中都是不确定的,直至竣工决算后才能真正形成建设工程投资。

（2）工程项目费用控制的层次性。工程项目是由单项工程组成的,单项工程是由单位工程组成的,单位工程还可以细分到分部工程,分部工程细分到分项工程。同样道理,工程项目费用也存在这样的层次性,在确定项目投资时需先计算分部分项工程投资、单位工程投资、单项工程投资,最后才形成工程项目投资。工程建设费用层次多,工程项目费用控制的时候也反映出层次性的特征。

（3）工程项目费用控制与质量、进度控制是不能够完全分开的。工程项目费用与质量之间、工程项目费用与进度之间有密切的关系。

（三）工程项目费用控制的过程

费用控制是把计划费用作为工程项目费用控制目标值,定期将工程项目实施过程中的实际支出额与项目费用控制目标进行比较,通过比较发现并找出偏差值,在分析偏差产生的原因的基础上,对将来的费用进行预测,并采取措施进行纠正,以确保施工成本控制目标的实现。工程项目费用控制的过程如图6-10所示。

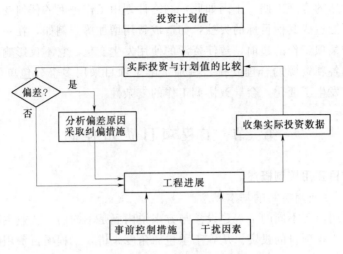

图 6-10 工程项目费用控制动态过程

二、建设单位的投资控制

(一) 工程项目投资控制概念

工程项目的投资控制，就是在投资决策阶段、设计阶段、工程项目发包阶段和施工阶段，把工程项目投资发生控制在批准的投资限额以内，随时纠正发生的偏差，以保证项目投资管理目标的实现。

(二) 投资控制的原则

1. 必须分阶段设置明确的投资控制目标

由于工程项目周期长，涉及因素多、投资大、建设者不可能在工程项目开始就设置一个科学的、一成不变的投资控制目标，只能设置一个大致的投资控制目标，既投资估算。随着工程项目的进展，投资控制目标一步步清晰、明确，从而形成设计概算、施工图预算、承包合同价等，也就是说，工程项目投资控制的目标是随着工程项目实践的不断深入而分阶段设置的。具体来说，投资估算应是设计方案选择和进行初步设计的项目投资控制目标；设计概算应是进行技术设计和施工图设计的项目投资控制目标；施工图预算或建筑安装工程承包合同价则是施工阶段控制建筑安装工程投资的目标。

2. 投资控制贯穿于以设计阶段为重点的建设全过程

项目投资控制贯穿于项目建设全过程，但不同阶段对项目投资的影响不同。图 6-11 表示不同建设阶段对工程项目投资的影响程度。从该图可以看出，在初步设计阶段，影响项目投资的可能性为 75%~95%，在施工图设计阶段，影响项目投资的可能性为 5%~35%。很显然，项目投资控制的关键在于施工以前的投资决策阶段和设计阶段，而在项目作出投资决策以后，投资控制的关键就在设计阶段。

3. 采取主动控制的原则

投资控制应立足于事先主动采取措施，尽可能减少或者避免实际值的偏离。当出现偏离再采取措施时，可能由于偏离或纠正偏离而造成的损失已无法弥补，这种被动控制对减少损失或避免出现更大损失虽然也有实际意义，但投资控制还应该采取积极主动的控制

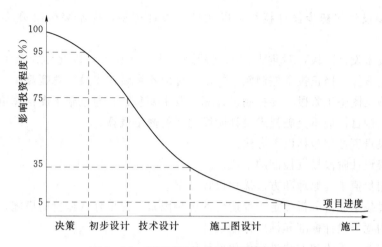

图 6-11　不同建设阶段对投资额的影响

方法。

4. 技术与经济相结合的原则

在我国的工程建设领域中，技术与经济脱节严重。工程技术人员与财会、概算人员往往不熟悉工程进展中的各种关系和问题，单纯地从各自角度出发，难以有效地控制项目投资，要将技术与经济相结合起来，通过技术比较、经济分析和效果评价，正确处理技术先进与经济合理的对立统一关系，力求在技术先进条件下的经济合理，在经济合理基础上的技术先进，把投资控制渗透到各项设计和施工技术措施中。

5. 投资控制要与质量控制、进度控制同时进行的原则

投资控制不是单一的目标控制，不能简单地把投资控制理解为将工程项目实际发生的投资控制在计划投资范围内，而应认识到，投资控制是与质量控制、进度控制同时进行的，在实施投资控制的同时要兼顾质量和进度目标。

(三) 工程项目各阶段投资控制的内容

1. 决策阶段的投资控制

决策阶段是指项目建议书阶段和可行性研究阶段。

在项目建议书阶段，要进行投资估算和资金筹措设想。对打算利用外资的项目，应分析利用外资的可能性，初步测算偿还贷款的能力，同时还要对项目的经济效益和社会效益作初步估计。

在可行性研究阶段，决定了一个工程是否建设和怎么建设，并提出了编制设计文件的依据。要进行项目的财务评价，对大中型项目还要进行国民经济评价，从而考察投资行为的宏观经济合理性。

2. 设计阶段的投资控制

在投资和工程质量之间，投资的大小和质量要求的高低直接相关。在满足现行技术规范标准和业主要求的条件下，设计阶段投资控制应符合投资目标和工程质量的要求。具体要求如下：

(1) 在初步设计阶段，要提出设计要求，进行设计招标，选择设计单位并签订合

同，审查初步设计和初步设计概算，以此进行投资控制，应不突破决策阶段确定的投资估算。

（2）在技术设计阶段，对重大技术问题进一步深化设计，以此作为施工图设计的依据，编制修正概算。修正投资控制额，控制目标应不突破初步设计总概算。

（3）在施工图施工阶段，要控制设计标准及主要参数，通过施工图预算审查，确定项目的造价，控制目标应不突破技术设计阶段确定的修正概算。

设计阶段投资控制包括以下方法：

（1）完善设计阶段投资控制的手段。

（2）应用价值工程原理和方法优化设计方案。

（3）通过技术经济分析确定工程造价的影响因素，提出降低造价的措施。

（4）采用优秀设计标准和推广标准设计。

（5）采用技术手段和方法进行优化设计等。

3. 招投标阶段的投资控制

施工招投标阶段主要是编制与审查标底、编制与审核招标文件、与总承包单位签订发包合同等，以此进行投资控制。

4. 施工阶段的投资控制

施工阶段是投资大量支出的阶段，这个阶段投资控制的任务是按设计要求实施，使实际支出控制在合同价之内，减少设计变更，努力降低造价，竣工后搞好结算和决算。

三、施工单位的成本控制

（一）施工项目成本的概念与成本控制过程

1. 施工项目成本

施工项目成本是指工程项目的施工成本，是在工程施工过程中所发生的全部生产费用的总和，即是建筑施工企业以工程项目作为核算的对象，在施工过程中所耗费的生产资料转移价值和劳动者必要劳动时间所创造价值的货币形式。其包括所消耗的主、辅材料、构配件、周转材料的摊销费或租赁费，施工机械的材料费或者租赁费，支付给生产工人的工资、奖金以及在施工现场进行施工组织与管理所发生的全部费用支出。工程项目施工成本是施工企业的主要产品成本，一般以工程项目的单位工程作为成本核算的对象，通过各单位工程成本核算的综合来反映工程项目的施工成本。

施工企业在工程项目施工过程中所发生的各项费用支出，按照国家规定计入成本费用。按照成本的性质和国家的规定，施工企业项目成本由直接成本和间接成本组成：

（1）直接成本。直接成本是指施工过程中耗费的构成工程实体或有助于工程实体形成的各项费用支出，具体包括：人工费、材料费、机械使用费和其他直接费。

（2）间接成本。间接成本是指企业内的各项目经理部为施工准备、组织和管理施工生产的全部施工费用支出，具体包括：工作人员薪金、劳动保护费、职工福利费、办公费、差旅交通费、固定资产使用费、工具用具使用费，保险费、工程保修费、工程排污费和其他费用。

2. 工程项目成本控制的系统过程

项目成本控制包括成本预测、计划、实施、核算、分析、整理成本资料与编制成本报告。具体而言，项目成本控制应按以下程序进行：企业进行项目成本预测；项目经理部编制成本计划；实施成本计划；进行成本核算、成本分析和成本考核。

（1）施工项目成本预测。施工项目成本预测是通过成本信息和施工项目的具体情况，并运用一定的专门方法，对未来的成本水平及其可能发展趋势做出科学的估计，它是施工企业在工程项目施工以前对成本所进行的估算。

（2）施工项目成本计划。施工项目成本计划是项目经理部对项目成本进行计划管理的工具。它是以货币形式编制施工项目在计划期内的生产费用、成本水平、成本降低率以及为降低成本所采取的主要措施和规划的书面方案，它是建立施工项目成本管理责任制、开展成本控制和核算的基础。

（3）实际施工成本的形成控制。施工成本的形成控制主要指项目经理部对施工项目成本实施控制，包括制度控制、定额或指标控制、合同控制等。

（4）施工项目成本核算。施工项目成本核算是指项目施工过程中所发生的各种费用和形成的施工项目成本，与计划目标成本，在保持统计口径一致的前提下，进行两相对比，找出差异。

（5）施工项目成本分析。施工项目成本分析是在施工成本跟踪核算的基础上，动态分析各成本项目的节超原因，它贯穿于施工项目成本管理的全过程，也就是说施工项目成本分析主要利用施工项目的成本核算资料（成本信息），与目标成本（计划成本）、预算成本以及类似施工项目的实际成本等进行比较，了解成本的变动情况，同时也要分析主要技术经济指标对成本的影响，系统地研究成本变动的因素，检查成本计划的合理性，并通过成本分析，深入揭示成本变动的规律，寻求降低施工项目成本的途径。

（6）施工项目成本考核。所谓成本考核，就是施工项目后，对施工项目成本形成中的各责任者，按照施工项目成本目标责任制的有关规定，将成本的实际指标与计划、定额、预算进行对比和考核，评定施工项目成本计划的完成情况和各责任者的业绩，并据此给予相应的奖励和处罚。

（二）施工项目成本预测

施工成本预测就是根据成本信息和施工项目的具体情况，运用一定的专门方法，对未来的成本水平及其可能的发展趋势作出科学的估计，其是在工程施工以前对成本进行的估算，通过成本预测，可以在满足业主和本企业要求的前提下，选择成本低、效益好的最佳成本方案，并能够在施工项目成本形成的过程中，针对薄弱环节，加强成本控制，克服盲目性，提高预见性。因此，施工成本预测是施工项目成本决策与计划的依据。施工成本预测，通常是对施工项目计划工期内影响其成本变化的各个因素进行分析，比照近期已完工施工项目或将完工项目的成本（单位成本），预测这些因素对工程成本中有关项目（成本项目）的影响程度，预测出工程的单位成本或总成本。

施工项目成本预测的方法很多，可归纳为时间序列预测法、回归预测法和详细预测法。其中，时间序列法和回归预测法属于一种简单预测法，即以过去的类似工程作为参照，预测目前施工项目成本；详细预测法属于一种修正预测法，即以近期内的类似工程成本为基数，通过结构与建筑差异调整，以及人工费、材料费等直接费和间接费的修正来测算目前施工项目成本。

（三）施工项目成本计划

施工项目成本计划是在成本预测的基础上，以货币形式编制施工项目从开工到竣工计划必须支出的施工生产费用，是指导施工项目降低成本的技术经济文件，是施工项目目标成本的具体化形式。施工项目成本计划工作是成本管理和项目管理的一个重要环节，是企业生产经营计划工作的重要组成部分，是施工项目成本进行计划管理的有效工具，是对施工项目成本进行计划管理的有效工具，是对生产耗费进行分析和考核的重要依据，是建立企业成本管理责任制、开展经济核算的基础。

施工项目成本计划所要表达的内容是多方面的：施工项目总成本目标以及各分部分项工程的目标成本、成本降低额，施工项目以及各分部分项工程的直接成本以及间接成本计划值和降低额，直接成本与间接成本中各成本项目计划值及其降低额，同时，为了能将成本控制与进度控制相结合，成本计划应能反映时间进度。但这并不是要求从不同角度作几个独立的计划和核算，而是将一个详细的施工项目成本预算，按不同对象进行信息处理得到不同的成本形式。

（1）施工项目计划成本。计划成本是根据企业过去的技术与管理水平，以企业生产经营目标和生产经营其他有关计划资料为依据确定的，以价值形式预先规定项目计划期内施工成本耗费水平和施工成本，并提出节约费用开支的目标。

（2）施工项目的投标报价与合同价。目前我国投标报价一般采用工程量清单法进行。主要通过清单中各个项目（分项工程）的人工费、材料费、施工机械使用费的汇总计算分项工程直接费，进一步汇总各分项工程直接费计算工程直接费，同时测算间接费、工程利润和税金，将它们与工程直接费相求和即可得到初步工程报价。同时，将间接费、工程利润和税金一起分摊到各分项工程直接费中，形成各分项工程的综合报价。

施工企业在报价时常常根据项目特征，企业技术、经济、管理、信誉等方面的实力，竞争对手与竞争形式，对总报价以及分项工程综合单价进行调整，做出最终报价。

当业主通过评标，在众多投标书的基础上选定某一施工企业中标，并与该企业签订合同，该企业的投标报价就是该工程的合同价。合同价是施工项目目标成本的依据。

（3）施工项目责任目标成本。目标成本是施工项目或者企业对未来时期产品成本所规定的奋斗目标，它比已经达到的实际成本要低，施工项目的成本管理实质上就是一种目标管理。项目管理的最终目标是低成本、高质量、短工期。目标成本有很多形式，可能以计划成本、定额成本或者标准成本作为目标成本，它随成本计划编制方式的不同而表现为不同的形式。

（4）项目经理部的计划目标成本。施工项目经理部在接受企业法定代表人的委托之后，因通过主持编制项目管理实施规划寻求降低成本的途径，组织编制施工预算，确定施工项目计划目标成本。

施工预算是项目经理部根据施工项目责任目标成本，在编制详细的施工项目管理实施规划中不断优化施工方案和合理配置项目资源的基础上，通过工料消耗分析和制定节约成本措施之后确定的计划成本，也称现场目标成本。一般情况下，施工预算总额应控制在责任成本目标的范围内，并留有一定的余地。在特殊情况下，若项目经理部经过反复挖潜措施，仍不能把施工预算总额控制在责任成本目标的范围内，则应与企业进一步协商修订责任成本目标或共同探索降低成本的措施，以使施工预算建立在切实可行的基础上。

（5）计划目标成本的分解与责任体系的建立。施工项目的成本控制，不仅仅是专业成本管理人员的责任，所有的项目管理人员，特别是项目经理，都要按照自己的业务分工各负其责。为了保证项目成本控制的顺利进行，需要把所有参加项目建设的人员组织起来，将计划目标成本进行了了解与交底，使项目经理部的所有成员和各个单位和部门明确自己的成本责任，并按照自己的分工开展工作。

项目经理部进行目标成本分解应符合下列要求：

1）按工程部位进行项目成本分解，为分部分项工程成本核算提供依据。

2）按成本项目进行成本分解，确定项目的人工费、材料费、机械台班费、措施费和间接费的构成，为施工生产要素的成本核算提供依据。

项目经理部应将各分部分项工程成本控制目标和要求，各成本要素的控制目标和要求，落实到成本控制的责任者，并应对确定的成本控制措施、方法和时间进行检查和改善。

项目管理人员的成本责任不同于工作责任。有时工作责任已经完成，甚至还完成得相当出色，但是成本责任却没有完成。因此，应该在原有职责分工的基础上，还要进一步明确成本管理责任者，使每一个项目管理人员都有这样的认识：在完成工作责任的同时还要为降低成本精打细算，为节约成本开支严格把关。这里所说的成本管理责任，是指各项目管理人员（包括合同预算员、工程技术人员、材料人员、机械管理人员、行政管理人员、财务成本员等）在处理日常业务中对成本管理应尽的责任。

（四）施工项目成本控制

施工项目成本控制是指在施工过程中，对影响施工成本的各种因素加强管理，并采取各种有效措施，将施工中实际发生的各种消耗和支出严格控制在成本计划的范围内，随时揭示并及时反馈，严格审查各项费用是否符合标准，计算实际成本与计划成本之间的差异进行分析，进而采取多种措施，消除施工中的损失浪费现象。

1. 施工项目成本控制的原则

（1）全面控制的原则，包括全员控制和全过程控制。全员控制是指施工项目成本控制涉及到成本形成的有关部门，也与每个职工切身利益相关。因此，需要把成本目标责任落实到每个部门乃至个人，真正树立起全员控制的观念。全过程控制是指施工项目成本控制应贯穿在施工项目从招投标阶段开始直至项目竣工验收的全过程。

（2）开源与节流相结合的原则。成本控制的目的是提高经济效益，其途径包括降低成本支出和增加预算收入两个方面。这就需要在成本形成的过程中，一方面，加强费用支出控制；另一方面，加强合同管理，及时办理合同价款的结算。

（3）目标管理的原则。目标管理是进行任何一项管理工作的基本方法和手段，成本控制也应遵循这一原则，仿照这一原则执行以下步骤：目标设定、目标的责任到位和执行、检查目标的执行结果、评价和修正目标，从而形成目标管理的计划、实施、检查、处理循环。只有将成本控制置于这样一个良性循环之中，成本目标才得以实现。

（4）责、权、利相结合的原则。要使成本责任得以落实，责任人应享有一定的权限，这是成本控制得以实现的重要保证。

2. 施工项目成本控制的依据

施工项目成本控制的依据主要有：工程承包合同、施工成本计划、进度报告、工程变更以及有关的施工组织设计、分包合同文本等。

3. 施工项目成本控制的步骤

(1) 跟踪检查。对工程进展情况和成本计划执行情况进行跟踪检查，收集有关费用支出和工程量完成情况的信息。

(2) 实际值与计划值比较。按照确定的方法将施工成本计划值与实际值逐项进行比较，以发现施工成本是否已超支。

(3) 分析偏差原因。在比较的基础上，对比较的结果进行分析，以确定偏差的严重性及偏差产生的原因，从而采取有针对性的措施，减少或避免相同原因的再次发生或减少由此造成的损失。

(4) 预测与估算完工成本。根据项目实施情况估算项目完成时的成本，预测的目的在于施工为纠偏与调整提供依据。

(5) 纠偏与调整。当实际施工成本出现了偏差，应当根据工程的具体情况、偏差分析和预测的结果，采取适当措施，以期达到使施工成本偏差尽可能小的目的，这是施工成本控制中最具实质性的一步。

(6) 重复以上的步骤 (1) ～ (5)。

(五) 施工项目成本核算

1. 工程成本核算的含义

核算意为查对与确定，施工成本核算包括两个基本环节：一是按照规定的成本开支范围对施工费用进行归集和分配，计算出施工费用的实际发生额；二是根据成本核算对象，计算出该施工项目的总成本和单位成本。施工成本管理需要正确及时地核算施工过程中发生的各项费用，计算施工项目的实际成本。施工项目成本核算所提供的各种成本信息，是成本预测、成本计划、成本控制、成本分析和成本考核等各个环节的依据。

2. 工程成本核算的对象

成本核算对象是指在计算工程成本时，确定归集和分配生产费用的具体对象，即生产费用承担的客体。合理地划分施工项目成本核算对象，是正确组织工程项目成本核算的前提条件。一般来说，成本核算对象的划分有以下几种方法：

(1) 一个单位工程由几个施工单位共同施工时，各施工单位都应以同一单位工程为成本核算对象，各自核算自行完成的部分。

(2) 规模大、工期长的单位工程可以将工程划分为若干部位，以分部位的工程作为成本核算对象。

(3) 同一工程项目，由同一施工单位施工，并在同一施工地点、属同一结构类型，开竣工时间相近的若干单位工程，可以合并作为一个成本核算对象。

(4) 改建、扩建的零星工程，可以将开竣工时间相接近，属于同一工程项目的各个单位工程合并为一个成本核算对象

(5) 土石方工程、打桩工程，可以根据实际情况和管理需要，以一个单项工程为成本核

算对象，或将同一施工地点的若干个工程量较少的单项工程合并作为一个成本核算对象。

成本核算对象确定以后，在成本核算过程中不能任意变更，所有原始记录都必须按照确定的成本核算对象，填写清楚，以便于归集和分配施工生产费用。为了集中反映和计算各个成本核算对象本期应负担的施工费用，财会部门应该为每一成本核算对象设置工程成本明细账，并按成本项目分设专栏来组织成本核算。

3. 施工项目成本核算的任务

鉴于施工项目成本核算在施工项目成本管理所处的重要地位，施工项目成本核算应完成以下基本任务：

（1）执行国家有关成本开支范围、费用开支标准、工程预算定额和企业施工预算、成本计划的有关规定，控制费用，促使项目合理、节约地使用人力、物力和财力。这是施工项目成本核算的先决前提和首要任务。

（2）正确及时地核算施工过程中发生的各项费用，计算施工项目的实际成本，这是项目成本核算的主体和中心任务。

（3）反映和监督施工项目成本计划的完成情况，为项目成本预测，为参与项目施工生产、技术和经营决策提供可靠的成本报告和有关资料，促进项目改善经营管理，降低成本，提高经济效益，这是施工项目成本核算的根本目的。

4. 施工项目成本核算的要求

为了圆满完成施工项目成本管理和核算任务，正确及时地核算施工项目成本，提供对决策有用的成本信息，提高施工项目成本管理水平，在施工项目核算中需要遵守以下基本要求：

（1）划清成本、费用支出和非成本、费用支出界限。这是指划清不同性质的支出，即划清资本性支出和收益性支出与其他支出，营业支出与营业外支出的界限。这个界限，也是成本开支范围的界限。施工项目为取得本期收益而在本期内发生的各项支出即为收益性支出，根据配比原则，应全部计入本期的施工项目的成本或费用。营业外支出是指与企业的生产经营没有直接关系的支出，若将之计入营业成本，则会虚增或少计施工项目的成本和费用。

（2）划清施工项目工程成本和期间费用的界限。根据财务制度的规定，为工程施工发生的各项直接成本，包括人工费、材料费、机械使用费和其他直接费，直接计入施工项目的工程成本。为工程施工而发生的各项间接成本，在期末按一定标准分配计入有关成本核算对象的工程成本。根据我国现行的成本核算办法一制造成本法、企业发生的管理费用、财务费用以及销售费用，作为期间费用，直接计入当期损益，并不构成施工项目的工程成本。

（3）划清各个成本核算对象的成本界限。对施工项目组织成本核算，首先应划分若干成本核算对象，施工项目成本核算对象一经确定，就不得变更，各个成本核算对象的工程成本不可"张冠李戴"，否则就失去了成本核算与管理的意义，造成成本不实。财务部门应为每一个成本核算对象设置一个工程成本明细账，并根据工程成本项目核算工程成本。

（4）划清本期工程成本和下期工程成本的界限。划清这两者的界限是会计核算的配比原则和权责发生制原则的要求，对于正确计算本期工程成本是十分重要的。本期工程成本是指应由本期工程负担的生产耗费，无论其收付发生是否在本期，全部计入本期的工程成本，如本期计提的，实际尚未支付的预提费用；下期工程成本是指应由以后若干期工程负担的生产耗费，无论其是否在本期内收付发生，均不得计入本期工程成本，如本期实际发生的，应计入由以后分摊的待摊费用。

（5）划清已完工程成本和未完工程成本的界限。施工项目成本的真实程度取决于未完施工和已完工程成本界限的正确划分，按期结算的工程项目，要求在期末通过实地盘点确认未完施工，并按估量法、估价法等合理的方法计算期末未完工程成本，再根据期初未完工程成本、本期工程成本和期末未完工程成本倒推本期已完工程成本。

上述几个成本费用界限的划分过程，实际上也是成本计算的过程。只有划清各成本的界限，施工项目的成本核算才可能正确。这些成本费用的划分是否正确，是检查评价项目成本核算是否遵循基本核算原则的重要标志。但也应指出，不能将成本费用界限划分的过于绝对化，因为有些成本费用的分配方法具有一定的假定性，成本费用的界限划分只能做到相对正确，片面地花费大量人力、物力以追求成本费用划分的绝对精确是不符合成本－效益原则的。

（六）施工成本分析

施工成本分析是在施工成本跟踪核算的基础上，动态分析各成本项目的节超原因。它贯穿于施工项目成本管理的全过程，也就是说施工项目成本分析主要利用项目的成本核算资料（成本信息），与目标成本（计划成本）、预算成本以及类似的施工项目的实际成本等进行比较，了解成本的变动情况，同时也要分析主要技术经济指标对成本的影响，系统地研究成本变动的因素，检查成本计划的合理性，并通过成本分析，深入揭示成本变动的规律，寻找降低施工项目成本的途径，以便有效地进行成本控制，减少施工中的浪费，促使企业和项目经理部遵守成本开支范围和财务纪律，更好地调动广大职工的积极性，加强施工项目的全员成本管理工作。

成本分析的方法有很多种，主要有对比分析法、连环替代法、比率法、挣值法等。下面对常用的连环替代法和挣值法作一些简单介绍。

1. 连环替代法

连环替代法可以对影响成本节超的各种因素的影响程度进行数量分析，故又称为因素分析法。例如，某工程的材料成本资料见表6-2所示，用因素分析法分析各因素的影响时，分析的顺序是：先实物量指标后货币量指标、先绝对量指标后相对量指标。其过程如表6-3所示。

表6-2　　　　　　　　　　　　材料成本情况表

项目	单位	计划	实际	差异	差异率
工程量	m³	100	110	+10	+10.0
单位材料消耗量	kg	320	310	-10	-3.1
材料单价	元/kg	400	420	+20	+5.0
材料成本	元	12800000	14322000	+1522000	+12.0

表 6-3　　　　　　　　　　　　　　材料成本影响因素分析法

计算顺序	替换因素	影响成本的变动因素			成本 （元）	与前一次 之差异 （元）	差异原因 分析
		工程量 （m³）	材料耗量 （kg）	单价 （元）			
替换基数		100	320	400	12800000		
一次替换	工程量	110	320	400	14080000	1280000	工程量增加
二次替换	单耗量	110	310	400	13640000	-440000	单位耗量节约
三次替换	单价	110	310	420	14322000	682000	单价提高
合计						1522000	

2. 挣值法

（1）挣值的概念及挣值法的三个基本参数。挣值法主要运用三个基本参数进行分析，它们都是时间的函数，这三个参数分别是已完工程预算费用、拟完工程预算费用和已完工程实际费用。

1）已完工程预算费用（BCWP）。已完工程预算费用（budgeted cost for work performed，简称 BCWP）是指在某一时间已经完成的工程，乘以批准认可的预算单价所得的资金总额。由于业主正是根据这个值为承包商完成的工程量支付相应的费用，也就是承包商获得（挣得）的金额，故称赢得值或挣得值（earned value）。

已完工程预算费用＝实际已完成工程量×预算单价

2）拟完工程预算费用（BCWS）。拟完工程预算费用（budgeted cost for work scheduled，简称 BCWS）也称为计划完成工作预算费用，是指在某一时刻计划应当完成的工程，乘以预算单价所得的资金总额。一般来说，除非合同有变更，拟完工程预算费用在工作实施过程中应保持不变。

拟完工程预算费用＝计划完成工程量×预算单价

3）已完工程实际费用（ACWP）。已完工程实际费用（actual cost for work performed，简称 ACWP）是指在某一时刻已经完成的工程实际所花费的资金总额。

已完工程实际费用＝实际已完工程量×实际单价

（2）挣值法的四个评价指标。在这三个费用参数的基础上，可以确定挣值法的四个评价指标，它们也都是时间的函数。

1）费用偏差（cost variance，简称 CV）：

费用偏差＝已完工程预算费用－已完工程实际费用

$$CV = BCWP - ACWP$$

当 $CV<0$ 时，表示项目运行的实际费用超出预算费用；当 $CV>0$ 时，表示项目实际运行费用节约；当 $CV=0$ 时，实际费用与预算费用一致。

2）进度偏差（schedule variance，简称 SV）：

进度偏差＝已完工程预算费用－拟完工程预算费用

$$SV = BCWP - BCWS$$

当 $SV<0$ 时，表示进度延误，即实际进度落后于计划进度；当 $SV>0$ 时，表示实际进度提前；当 $SV=0$ 时，实际进度与计划进度一致。

3）费用绩效指数（cost performed index，CPI）：

$$费用绩效指标＝已完工程预算费用/已完工程实际费用$$

$$CPI＝BCWP/ACWP$$

当 $CPI<1$ 时，表示实际费用高于预算费用；当 $CPI>1$ 时，表示实际费用低于预算费用；当 $CPI＝1$ 时，实际费用与预算费用一致。

4）进度绩效指标（schedule performed index，SPI）：

进度绩效指数＝已完工程预算费用/拟完工程预算费用

$$SPI＝BCWP/BCWS$$

当 $SPI<1$ 时，表示实际进度比计划进度拖后；当 $SPI>1$ 时，表示实际进度比计划进度提前；当 $SPI＝1$ 时，实际进度与计划进度一致。

（七）施工项目成本考核

施工项目成本考核就是施工项目完成后，对施工项目形成的各个责任者，按施工项目成本目标责任制的有关规定，将成本的实际指标与计划指标进行对比考核，评定施工项目成本计划的完成情况和各责任者的业绩，并以此给予相应的奖励和处罚。

施工项目成本考核的目的，在于贯彻落实责权利相结合的原则，促进成本管理工作的健康发展，更好地完成施工项目的成本目标。施工项目的成本考核，可分为月度考核、阶段考核和竣工考核三种。

施工项目成本考核，可以分为两个层次，一个层次是企业对项目经理的考核，另一个层次是项目经理对所属部门、施工队组的考核，每个层次的考核内容，包括责任成本完成情况的考核和成本管理工作业绩的考核。

施工项目成本考核的实施办法：

1. 施工项目成本考核可以采取评分制

具体办法各企业可以根据自己的具体情况确定。例如，可先按考核内容评分，然后按责任成本完成情况和成本管理工作业绩加权平均。

2. 施工项目的成本考核要与相关指标的完成情况相结合

将成本考核的评分作为奖罚的依据，相关指标的完成情况作为奖罚的条件，即在根据评分计奖的同时，还要参考相关指标的完成情况嘉奖或者扣罚。

与成本考核相结合的相关指标，一般有进度、质量、安全和现场标准化管理。

3. 强调项目成本的中间考核

可以从以下两个方面考虑：

（1）月度成本考核。月度成本考核一般是在月度成本报表编制完成以后，根据月度成本报表的内容进行考核，在进行月度成本考核的时候，不能单凭报表数据，还要结合成本分析资料和施工生产、成本管理的实际情况，然后才能做出正确的评价。

（2）阶段成本考核。按照项目的形象进度划分项目的施工阶段，一般可以分为基础、结构、装饰、总体四个阶段，如果是高层建筑，可对结构阶段的成本进行分层考核。

阶段成本考核的优点在于能对施工告一段落的成本进行考核，可与施工阶段其他指标（如工期、质量等）的考核结合的更好，也更能反映施工项目的管理水平。

4．正确考核施工项目的竣工成本

施工项目的竣工成本是在工程竣工和工程款结算的基础上编制的，它是竣工成本考核的依据。施工项目竣工成本是项目经济效益的最终反映。它既是项目上交利税的依据、又是进行职工分配的依据。由于施工项目的竣工成本关系到国家、企业、职工的利益，必须做到核算正确、考核正确。

5．施工项目成本的奖罚

对成本完成情况的经济奖罚，也应分别在月度考核、阶段考核和竣工考核三种成本考核的基础上立即兑现。不能只考核不奖罚，或者考核后拖了很久才奖罚。由于月度成本和阶段成本都是假设性的，正确程度有高有低。因此，在进行月度成本和阶段成本奖罚的时候不妨留有余地，然后再按照竣工成本结算的奖金总额进行调整，多退少补。

施工项目成本奖罚的标准，应通过经济合同的形式明确规定。一方面，经济合同规定的奖罚标准具有法律效力，任何人都无权中途变更，或者拒不执行；另一方面，通过经济合同明确奖罚标准以后，施工人员就有了奋斗目标，因而也会在实现项目成本目标中发挥更积极的作用。

第四节　工程项目质量控制

一、工程项目质量控制的基本原理

（一）PDCA 循环原理

项目质量控制的基本工作方法为 PDCA 循环法，PDCA 即计划（plan）、实施（do）、检查（check）、处理（action）四个阶段，由于这个循环工作法是美国的戴明发明的，故又称为"戴明循环"。

1．计划

质量管理的计划职能，包括确定或明确质量目标和制定实现质量目标的行动方案两方面。建设工程项目的质量计划，是由项目干系人根据其在项目实施中所承担的任务、责任范围和质量目标，分别进行质量计划而形成的质量计划体系，其中，建设单位的工程项目质量计划包括确定和论证项目总体的质量目标，提出项目质量管理的组织、制度、工作程序、方法和要求。项目其他干系人，则根据工程合同规定的质量标准和责任，在明确各自质量目标的基础上，制定实施相应范围质量管理的行动方案，包括技术方法、业务流程、资源配置、检验试验要求、质量记录方式、不合格处理、管理措施等具体内容和做法的质量管理文件，同时亦须对其实现预期目标的可行性、有效性、经济合理性进行分析论证，并按照规定的程序与权限，经过审批后执行。

2．实施

实施职能在于将质量的目标值，通过生产要素的投入、作业技术活动和产出过程，转换为质量的实际值。为保证工程质量的产出或形成过程能达到预期的结果，在各项质量活动实施前，要根据质量管理计划进行行动方案的部署和交底；交底的目的在于使具体的作业者和管理者明确计划的意图和要求，掌握质量标准及其实现的程序和方法。在质量活动的实施过程中，则要求严格执行计划的行动方案，规范行为，把质量管理计划的各项安排落实到具体的资源配置和作业技术活动中。

3. 检查

检查是指对计划实施过程进行各种检查，包括作业者的自检、互检和专职管理者专检。各类检查也都包含两方面：一是检查是否严格执行了计划的行动方案，实际条件是否发生了变化，不执行计划的原因；二是检查计划执行的结果，即产出的质量是否达到标准的要求，对此进行确认和评价。

4. 处理

对于质量检查所发现的质量问题或质量不合格，及时进行原因分析，采取必要的措施，予以纠正，保持工程质量形成过程的受控状态。处理分纠偏和预防改进两个方面。前者是采取应急措施，解决当前的质量偏差、问题或事故；后者是提出目前质量状况信息，并反馈管理部门，反思问题症结或计划时的不周，确定改进目标和措施，为今后类似问题的质量预防提供借鉴。

(二) 工程项目质量控制的三阶段原理

三阶段控制原理就是事前控制、事中控制和事后控制，这三个阶段构成了工程项目质量控制的系统过程。

1. 事前控制

事前控制强调质量目标的计划预控，并按质量计划进行质量活动前的准备工作状态控制。例如，在施工过程中，事前控制重点在于施工准备工作，且贯穿于施工全过程。首先要熟悉和审查工程项目的施工图纸，做好项目建设地点的自然条件、技术经济条件的调查分析，完成项目的施工图预算和项目的组织射进等技术准备工作；其次，做好器材、施工机具、生产设备的物质准备工作；还要组成项目组织机构，进场人员技术资质、施工单位质量管理体系的核查；编制好季节性施工措施，制定施工现场管理制度，组织施工现场准备方案等。

2. 事中控制

事中控制又称为作业活动过程质量控制，是指质量活动主体的自我控制和他人监控的方式，实际上属于一种实时控制。例如，项目生产阶段，对产品线进行在线监测控制，即是对产品质量的一种实时控制。又如，在项目建设的施工过程中，事中控制的重点在工序质量监控上。其他如，施工作业的质量监督、设计变更、隐蔽工程的验收和材料检验都属于事中控制。

3. 事后控制

事后控制一般是指在输出阶段的质量控制。事后控制又称为合格控制，包括对质量活动结果的评价认定和对质量偏差的纠正。例如，工程项目竣工验收进行质量控制，即属于工程项目质量的事后控制。项目生产阶段的产品质量检验也属于产品质量的事后控制。

(三) 全面质量管理 (TQC) 的思想

TQC 即全面质量管理 (Total Quality Control)，是 20 世纪中期在欧美和日本广泛采用的质量管理理念和方法，我国从 20 世纪 80 年代开始引进和推广全面质量管理方法，其基本原理就是强调在企业或组织的最高管理者质量方针的指引下，实行全面/全过程和全员参与的质量管理。

　　TQC 的主要特点是：以顾客满意为宗旨；领导参与质量方针和目标的制定；提倡预防为主、科学管理、用数据说话等。在当今国际标准化组织颁布的 ISO9000：2000 版质量管理体系标准中，都体现了这些重要特点和思想。建设工程项目的质量管理，同样应贯彻如下三全管理的思想和方法。

　　1. 全过程的质量管理

　　全过程指的是项目交付物的质量产生、形成和实现的过程。工程项目质量是勘察设计质量、原材料和成品半成品质量、施工质量、使用维护质量的综合反映。为了保证和提高工程质量，质量管理不能仅限于施工过程，而必须贯穿于从勘察设计直至使用维护的全过程，要把所有影响工程质量的环节和因素控制起来。

　　2. 全员的质量管理

　　项目交付物质量是项目各方面、各部门、各环节工作质量的集中反映。提高工程项目质量依赖于上自项目经理下至一般员工的全体人员的共同努力。因此，质量管理必须把项目全体员工的积极性和创造性充分调动起来，人人关心工程项目质量，人人做好本职工作，全员参与质量管理，这是搞好质量管理的基础。

　　3. 全方位的质量管理

　　工程项目的质量管理工作不仅要放到整个项目的实施过程，而且要对项目各方面的工作质量进行管理。这个任务不仅是由质量管理和质量检验部门来承担，而且必须由项目的其他部门参加，并对项目质量管理做出保证，实现项目全方位的质量管理。

二、工程项目质量控制要点

（一）工程项目质量控制过程

　　工程项目的建设过程是十分复杂的，它的业主、投资者一般都直接介入整个生产过程，参与全过程的各个环节和对各种要素的质量管理。

　　要达到工程项目的目标，建成一个高质量的工程，就必须对整个项目过程实施严格的质量控制，质量控制必须达到微观与宏观的统一、过程与结果的统一。工程项目的质量控制就是为了保证达到工程合同规定的质量标准而采取的一系列措施、手段和方法。质量控制贯穿于质量形成的全过程、各环节，工程项目质量控制过程如图 6-12 所示。

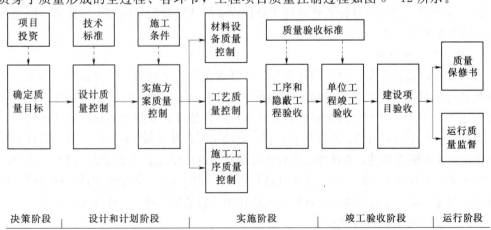

图 6-12　工程项目质量的形成过程

1. 决策阶段的质量控制

项目决策阶段主要是确定项目应达到的质量目标及水平。项目决策阶段的质量控制，就是通过可行性研究和多方案论证，使项目的质量要求和标准符合业主的意图，并与投资相协调；为项目在长期使用过程中创造良好的运行条件和环境，使项目的经济效益和社会效益得到充分发挥。

2. 设计阶段质量控制

设计阶段是根据已确定的质量目标和水平，通过工程设计使其具体化。设计的质量水平如何，将决定项目建成后的使用价值和功能。设计阶段质量控制主要通过设计招标，组织设计方案竞赛，从中选择优秀的设计方案和设计单位；保证各部分设计符合有关技术法规和技术标准的规定，并符合决策阶段确定的质量要求；保证设计文件、图纸符合现场和施工的实际条件，并满足施工的要求。

3. 施工阶段的质量控制

施工阶段是形成工程实体阶段，施工质量直接影响工程项目的最终质量。施工阶段质量控制主要包括：通过施工招标择优选择承包商；严格监督施工单位按设计图进行施工；严格工序检查和隐蔽工程验收等。

4. 竣工验收和质量保修阶段质量控制

工程施工完成以后，要全面检验工程项目是否符合设计文件和质量要求，通过试车运行、检查评定来检验项目最终质量水平。

保修阶段质量控制的主要工作是审核承包商的工程保修书；检查、鉴定工程质量状况和工程使用情况；对出现的质量缺陷，确定责任者，并督促承包商即时修复。

（二）设计阶段工程质量控制要点

1. 工程项目设计阶段的划分

工程设计依据工作进程和深度不同，一般按扩大初步设计、施工图设计两个阶段进行；技术上复杂的工业交通项目可按初步设计、技术设计和施工图设计三个阶段进行。两阶段设计和三阶段设计，是我国工程设计行业长期形成的基本工作模式，各阶段设计质量就是在严格遵守技术标准、法规的基础上，正确处理和协调资金、资源、技术、环境条件的制约，使建设工程项目设计能更好地满足建设单位所需要的功能和使用价值，能充分发挥项目投资的经济效益。

2. 设计单位的选择

设计单位对设计质量负责，设计单位的选择对设计质量有根本性的影响，而业主和项目管理者在项目初期对它没有引起足够的重视，有时为了方便，省钱或者其他原因，将工程委托给不合格的设计单位甚至委托给业余设计者，结果造成很大的麻烦和经济损失。

设计工作属于高智力型、技术与艺术相结合的工作，其成果评价比较困难。设计方案以及整个设计工作的合理性、经济性、新颖性等常常不能从设计文件如图纸、规范、模型的表面反映出来，往往在工程竣工以后甚至在项目运行一段时间后，才能作出适当的评价，所以设计质量很难控制。这就要求对设计单位的选择予以特别的重视，应优先考虑选择：

（1）大的、著名的设计单位。

（2）正规的、管理规范的设计单位。

（3）不仅本项目设计在它的业务范围内，而且具有与项目相符合的资质等级证书。

（4）有同类工作经验，在过去的项目中与业主合作良好、信誉好。

3. 设计工作控制

（1）加强设计标准化工作。标准是对设计中的重复性事物和概念所做的统一规定，是以科学技术和先进经验的综合成果为基础，经有关方面协商一致，由主管机构批准通过，并发布实施，为设计提供共同遵守的技术准则和依据。

按照法律约束力，标准文献可以分为强制性标准和推荐性标准；按级别分为国家标准、行业、地方标准和企业标准。根据国务院《建设工程质量管理条例》，建设部会同有关部门共同编制了《工程建设标准强制性条文》（以下简称《强制性条文》）。《强制性条文》的内容是现行国家和行业标准中直接涉及人民财产安全、人身健康、环境保护和其他公众利益，同时考虑了提高经济效益和社会效益等方面的要求。列入《强制性条文》的所有条文，必须严格执行，否则就给工程带来一定的隐患，给人民生命财产造成一定损失甚至重大损失。

（2）严把设计方案的选择与审核关。设计方案的合理性和先进性是项目设计质量的基础。重要项目的设计方案需认真研究讨论，设计方案包括总体方案和专业设计方案。对生产性工程项目，总体方案特别应注意设计规模、生产工艺及技术水平的审核。专业设计方案的选择与审核，重点是设计参数、设计标准、设备和结构选型、功能和使用价值等方面，是否满足适用、经济、美观、安全、可靠的要求。

设计评审是对设计文件进行综合性、系统性、协调性的检查，以评价设计是否满足了相关质量要求，找出存在的问题，并提出解决的办法。设计评审过程中，设计文件的质量，应主要依据其质量特性的功能性、可信性、安全性、可实施性、适应性、经济性、时间性和美学等方面是否满足要求来衡量。

（3）设计接口控制。设计接口是为了使设计过程中设计部门以及设计各专业之间能做到协调和统一，必须明确规定并切实做好设计部门与采购部门、设计内部各专业间的设计接口。设计的组织接口和技术接口应制定相应的设计接口管理程序。

（4）建立设计成果校审制度。设计文件的校审是对设计所作的逐级检查和验证检查，以保证设计满足规定的质量要求。设计校审应按设计过程中规定的每一个阶段进行。对阶段性成果和最终成果的质量，按规定程序进行严格校审，具体包括对计算依据的可靠性，成果资料的数据和计算结果的准确性，论证证据和结论的合理性，现行标准规范的执行，图纸的清晰与准确进行校审。

（5）设计交底和图纸会审。设计交底是指在施工图完成并经审查合格后，设计单位在设计文件交付施工前，按法律规定的义务就施工图设计文件向施工单位和监理单位做出详细的说明，其目的是使施工单位和监理单位正确贯彻设计意图，加深对设计文件特点、难点、疑点的理解，掌握关键工程部位的质量要求，确保工程质量。

设计交底的主要内容一般包括：施工图设计文件总体介绍，设计的意图说明，特殊的工艺要求，建筑、结构、工艺、设备各专业在施工中的难点、疑点和容易发生的问题说明，对施工单位、监理单位、建设单位等对设计图纸疑问的解释等。

图纸会审是指承担施工阶段监理的监理单位组织施工单位以及建设单位、材料、设备、供货等相关单位，在收到审查合格的施工图设计文件后，在设计交底前进行的全面细致熟悉和审查施工图纸的活动。其目的有两方面：一是使施工单位和各参建单位熟悉设计图纸，了解工程特点和设计意图，找出需要解决的技术难题，并制定解决方案；二是为了解决图纸中存在的问题，减少图纸的差错，将图纸中质量隐患消灭在萌芽之中。

（6）设计变更控制。在施工图设计文件交与建设单位投入使用前或使用后，均会出现由于建设单位要求，或现场施工条件的变化，或国家政策法规的改变等原因而引起设计变更。设计变更可能由设计单位自行提出，也可由建设单位提出，还可能由承包单位提出，无论谁提出都必须征得建设单位同意并且办理书面变更手续，凡涉及施工图审查内容的设计变更还必须报请原审查机构审查后再批准实施。

（三）施工阶段工程质量控制的要点

工程项目是由一系列相互关联、相互制约的作业过程（工序）所构成，控制工程项目施工过程的质量、除施工准备阶段、竣工阶段的质量控制外，重点是必须控制全部作业过程，即各道工序的施工质量。

1. 施工准备工作

工程项目开工前的准备工作是保证建筑施工与安装顺利进行的重要环节，它直接影响工程建设的速度、质量和工程成本，因此必须予以重视。

（1）建设单位的施工准备质量控制。在承发包合同签订后，建设单位、施工单位、监理单位都应对自己责任内的事情努力去做，都要为项目的按时开工积极创造条件，而建设单位的工作更不容忽视。从工程项目的基本程序看，建设单位施工准备工作的主要内容包括：征地拆迁、组织规划设计、完成"三通一平"、组织设备、材料订货、工程工程项目报建、委托工程建设监理、组织施工招标投标、签订工程施工承包合同。

（2）承包商的施工准备质量控制。承包单位的施工准备工作，一般是在接受施工任务后，在土地征购、房屋拆迁、基建物资、水、电、路的连接点以及施工图供应等基本落实的情况下进行的。一般工程的准备工作主要有以下内容：

1）调查研究。调查研究是施工项目规划与准备工作的一个组成部分，在投标前和中标后都要进行。调查研究需按预先拟定的提纲有目的地进行，其主要内容有：调查有关工程项目特征与要求的资料；调查施工场地及附近地区自然条件；调查施工区域的技术经济条件；调查社会生活条件等。

2）技术准备。技术准备是施工准备的核心。工程施工前必须做好技术准备工作，其主要内容有：熟悉、审查施工图和有关的设计资料；编制施工图预算和施工预算；编制施工项目实施规划。

3）物资准备。材料、构（配）件、制品、机具和设备是保证施工顺利进行的物资基础。这些物资的准备工作必须在工程开工前完成。根据各种物资的需要量计划，分别落实货源、安排运输和储备，使其满足连续施工的要求。

4）劳动组织准备。劳动组织准备是承包单位施工准备工作的关键内容，其主要内容有：建立拟建工程项目的领导机构，建立精干的施工队伍，制定出该工程的劳动力需要量计划，建立岗位责任制，建立健全各项管理制度。

5）施工现场准备。施工现场准备工作，主要是为了给拟建工程的施工创造有利的施工条件和物资保证，其主要内容有：做好施工场地的控制网测量；搞好"三通一平"甚至

"七通一平"，做好施工现场的补充勘探；建造临时设施等。

6）施工的场外准备。施工准备除了现场内部的准备工作外，还有施工现场外部的准备工作，其主要内容有：材料的加工和订货；做好分包工作和签订分包合同；向上级提交开工申请报告等。

7）资金准备。其主要内容有：编制资金收入计划；编制资金支出计划；筹集资金；掌握资金贷款、利息、利润、税收等情况。

2．施工过程的质量控制

施工过程的质量控制是施工阶段工程质量控制的重点。施工过程中质量控制的主要工作应当是：以工序质量控制为核心，设置质量控制点，进行预控、严格质量检查和加强成品保护。

（1）施工工序质量的控制。施工过程是由一系列相互联系与制约的工序而构成，工序是人、材料、机械设备、施工方法和环境等因素对工程质量综合起作用的过程，所以对施工过程的质量监控，必须以工序质量控制为基础，落实在各项工序的质量监控上。施工工序的控制程序如下：

1）进行作业技术交底，包括作业技术要领、质量标准、施工依据、与前后工序的关系等。

2）检查施工工序、程序的合理性、科学性，防止工程流程错误，导致工序质量失控。检查内容包括以下方面：施工总体流程和具体施工作业的先后顺序，在正常的情况下，要坚持先准备后施工、先深后浅、先土建后安装，先验收后交工等。

3）检查工序施工条件，即每道工序投入的材料、使用的工具、设备及操作工艺及环境条件是否符合施工组织设计的要求。

4）检查工序施工中人员操作程序、操作质量是否符合质量规程要求。

5）检查工序施工中间产品的质量，即工序质量和分项工程质量。

6）对工序质量符合要求的中间产品（分项工程）及时进行工序验收或隐蔽工程验收。

7）质量合格的工序验收后可进入下道工序施工。未经验收合格的工序，不得进入下道工序施工。

（2）施工工序质量控制点的设置。在施工过程中，为了对施工质量进行有效控制，需要找出对工序的关键或重要质量特性起支配作用的全部活动，对这些支配性要素，要加以重点控制，工序质量控制点就是根据支配性要素进行重点控制的要求而选择的质量控制重点部位、重点工序和重点因素。一般来讲，质量控制点是随不同的工程项目类型和特点而不完全相同的，基本原则是选择施工过程中的关键工序、隐蔽工程、薄弱环节、对后续工序有重大影响，施工条件困难，技术难度大等的环节。选择质量控制点的一般原则：

1）施工过程中的关键工序或环节以及隐蔽工程，例如，预应力结构的张拉工序，钢筋混凝土结构中的钢筋架立。

2）施工中的薄弱环节，或质量不稳定的工序，部位或者对象，例如地下防水层施工。

3）对后续工程施工或对后续工序质量或者安全有重大影响的工序、部位或对象，例如，预应力结构中的预应力钢筋质量、模板的支撑与固定等。

4）采用新技术、新工艺、新材料的部位或环节。

5）施工上无足够把握，施工条件困难或技术难度大的工序或环节，例如复杂曲线模板的放样等。

显然，是否设置为质量控制点，主要是视其对质量特性影响的大小、危害程度以及其质量保证的难度大小而定。

（3）施工工序控制的检验。施工过程中对施工工序的质量控制效果如何，应在施工单位自检的基础上，在现场对工序施工质量进行检验，以判断工序活动的质量效果是否符合质量标准的要求。

1）抽样。对工序抽取规定数量的样品，或者确定规定数量符合的检测点。

2）实测。采用必要的检测设备和手段，对抽取的样品或确定的检测点进行检测，测定其质量性能指标或者质量性能状况。

3）分析。对检验所得的数据，用统计方法进行分析、整理、发现其遵循的变化规律。

4）判断。根据对数据分析的结果，经与质量标准或规定对比，判断该工序施工的质量是否达到规定的质量标准要求。

5）处理。根据对抽样检测的结论，如果符合规定的质量标准的要求，则可对该工序的质量予以确认，如果通过判断，发现该工序的质量不符合规定的质量标准的要求，则应进一步分析产生偏差的原因，并采取相应的措施进行纠正。

（4）成品保护。在施工阶段，由于工序和工程进度的不同，有些分项、分部工程可能已经完成，而其他工程尚在施工，或者有些部位已经完工，其他部位还在施工，因此这一阶段需特别重视对施工成品的质量维护问题。成品保护的一般措施有：

1）防护。是指针对被保护对象的特点采取提前保护的措施，防止损伤及污染，如，对进出口台阶可采取垫砖或者方木搭设防护踏板作为临时通行；对于门口易碰的部位钉上防护条或槽型盖铁保护等。

2）包裹。是指对欲保护的施工成品采取临时外包装进行保护的办法。如对镶面的饰材可用立板包裹或保留好原包装；铝合金门窗采用塑料布包裹等。

3）覆盖。是指采用其他材料覆盖在需要保护的成品表面，起到防堵塞、防损伤的目的。如地漏、落水口排水管等安装后加以覆盖，以防止异物落入造成堵塞；水泥地面、现浇或预制水磨石地面，应铺干锯末保护等。

4）封闭。是指对施工成品采取局部临时性隔离保护的办法。如房间水泥地面或木地板油漆完成后，应将该房间暂时封闭；屋面防水完成后，需封闭进入该屋面的楼梯口或出入口等。

（5）工程验收与移交。实施阶段的质量管理是局部的，主要是针对某些特定的对象，而工程验收的重点则在于工程项目的整体是否达到设计的生产能力和规范的要求，检查系统的完整性及工程运行的可靠性及稳定性。在工程接近完成前就应商讨安排验收和移交问题。

1）工程质量验收依据：

● 国家和相关部门颁发的工程质量评定标准。

● 国家和相关部门颁发的工程项目质量验收规范。

● 相关部门颁发的施工规范、规程和施工操作规程等。

- 工程项目承包合同中有关质量的规定和要求。
- 经批准的勘察设计文件，施工图纸、设计变更文件和图纸。
- 施工组织设计，施工技术措施和施工说明书等施工文件。
- 设备产品说明书、安装说明书和合格证等设备文件。
- 材料、成品、半成品、购配件的说明书和合格证等质量证明文件。
- 工程项目质量控制各阶段的验收记录。

2）施工质量验收的要求。工程项目施工质量的验收应满足以下要求：

- 工程质量验收均应在施工单位自行检查评定的基础上进行。
- 参加工程施工质量验收的各方人员，应该具有规定的资格。
- 工程项目的施工，应符合工程勘察和设计文件的要求。
- 隐蔽工程应在隐蔽前由施工单位通知有关单位进行验收，并形成验收文件。
- 单位工程施工质量应符合相关验收规范的标准。
- 涉及结构安全的材料及施工内容，应有按照规定对材料及施工内容进行见证取样检测资料。
- 对涉及结构安全和使用功能的重要部分工程，专业工程应进行功能性抽样检测。
- 工程外观质量应由验收人员通过现场检查后共同确认。

3）施工质量验收的程序。施工质量验收属于过程验收，其程序包括：

- 施工过程中隐蔽工程在隐蔽前通知建设单位（或工程监理）进行验收，并形成验收文件。
- 分部分项工程施工完成后应在施工单位自行验收合格后，通知建设单位（或工程监理）验收，重要的分部分项工程应请设计单位验收。
- 单位工程完工后，施工单位应自行组织检查、评定、符合验收标准后，向建设单位提交验收申请。
- 建设单位收到验收申请后，应组织施工、勘察、设计、监理单位等各方面人员进行单位工程验收，明确验收结果，并形成验收报告。
- 按国家现行管理制度，房屋建筑工程及市政基础设施工程验收合格后，尚需在规定时间内，将验收文件报政府管理部门备案。

三、工程项目质量控制的统计分析方法

通过对质量数据的收集、整理和统计分析，找出质量的变化规律和存在的质量问题，提出进一步的改进措施，质量控制中常用的主要方法是：分层法、调查表法、排列图法、因果分析图法、相关图法、直方图法和控制图法。这里重点介绍排列图法、因果分析图法、直方图法和控制图法。

（一）排列图法

排列图又称为主次因素分析图或帕累特图，是用来寻找工程（产品累计）质量主要影响因素的一种有效工具。排列图中左侧的纵坐标表示频数，右边的纵坐标表示频率，横坐标表示影响质量的各种因素。若干个直方形分别表示质量影响因素的项目，直方形的高度则表示影响因素的大小程度，按大小由左向右排列，曲线表示各影响因素大小的累计百分数。这条曲线叫帕累特曲线。一般把影响因素分为三类：累计频率在 0～80％ 范围的因素称为 A 类因素，是主要因素；在 80%～90% 范围内的为 B 类因素，是次要因素；在 90%～100% 范围内的为 C 类因素，是一般因素。

例如，某工地现浇混凝土构件尺寸质量检查结果是：在全部检查的 8 个项目中不合格点有 150 个，为改进并保证质量，应对这些不合格点进行分析，以便找出混凝土构件尺寸质量的薄弱环节。用排列图法进行分析的步骤如下。

1. 收集整理数据

首先收集混凝土构件尺寸各项目不合格点的数据资料，见表 6-4。各项目不合格点出现的次数即频数。然后对数据资料进行整理，将不合格点较少的轴线位置、预埋设施中心位置、预留孔洞中心位置三项合并为"其他"项。按不合格点的频数由大到小顺序排列各检查项目，"其他"项排在最后。以全部不合格点数为总数，计算各项的频率和累计频率，结果见表 6-5。

表 6-4　　　　　　　　　　　　不 合 格 点 统 计 表

序　号	检查项目	不合格点数	序　号	检查项目	不合格点数
1	轴线位置	1	5	平面水平度	15
2	垂直度	8	6	表面平整度	75
3	标高	4	7	预埋设施中心位置	1
4	截面尺寸	45	8	预留孔洞中心位置	1

表 6-5　　　　　　　　　　　不合格点项目频数频率统计表

序号	项目	频数	频率（%）	累计频率（%）
1	表面平整度	75	50.0	50.0
2	截面尺寸	45	30.0	80.0
3	平面水平度	15	10.0	90.0
4	垂直度	8	5.3	95.3
5	标高	4	2.7	98.0
6	其他	3	2.0	100.0
合计		150	100	

2. 数据排列

根据表的统计数据画排列图，如图 6-13 所示。

通过排列图可以看出哪一项是最主要的问题。具体就是要看直方形的高矮，哪个高就是影响质量的最主要因素。此外，从排列图可以看出各个因素在全部因素中占有的地位，以及消除某些因素可取得多大的效果。还可以利用排列图找出重点改进的项目，即 A 类因素，以便集中力量加以解决。采用措施后再画出排列图，并与

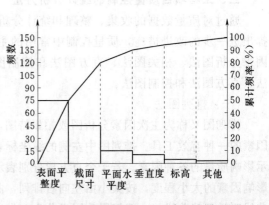

图 6-13　混凝土构件尺寸不合格点排列图

采取措施前的排列图相比较，可以采取措施的效果如何。

（二）因果分析图法

因果分析图又称为特性要因图、树枝图或者鱼刺图，是用来寻找质量问题产生原因的有效工具。

因果分析法的做法是：首先明确质量特性结果，绘出质量特性的主干线，也就是明确制作什么质量的因果图，如图中预制板强度不足，把它写在箭头的右侧，从左向右画上带箭头的框线，然后分析确定可能影响质量特性的大原因，一般有人、材料、机械、方法和环境五个方面。再进一步分析确定影响质量的中、小和更小的原因，即画出中小细枝，如图 6-14 所示。找出原因后便可以有针对性地制定相应的对策加以改进。

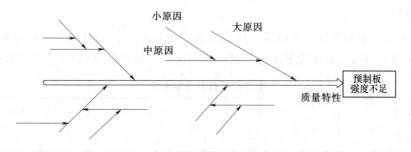

图 6-14　因果分析图

（三）直方图法

直方图又称为质量分布图、矩阵图，它是对数据加工处理、观察分析和掌握质量分布规律、判断生产过程是否正常的有效方法。直方图还可以用来估计工序不合格品率高低、制定质量标准、确定公差范围，评价施工管理水平等。在直方图中，以直方图的高度表示一定范围内数值所发生的频数（频率）。据此可以掌握产品质量的波动情况，了解质量特征的分布规律，以便对质量状况进行分析判断。

1. 直方图的画法

（1）数据的收集与整理。例如，某工地在一个时期内生产 C30 混凝土，共做 50 份试块抗压强度试验报告单，数据见表 6-6。

表 6-6　　　　　　　　　　　混凝土试块强度统计表　　　　　　　　　　单位：N/mm²

序号	数据					最大值	最小值
1	39.8	37.7	33.8	31.5	36.1	39.8	31.5
2	37.2	38.0	33.1	39.0	36.0	39.0	33.1
3	35.8	35.2	31.8	37.1	34.0	37.1	31.8
4	39.9	34.3	33.2	40.4	41.2	41.2	33.2
5	39.2	35.4	34.4	38.1	40.3	40.3	34.4
6	42.3	37.5	35.5	39.3	37.3	42.3	35.5
7	35.9	42.4	41.8	36.3	36.2	42.4	35.9

续表

序号	数据					最大值	最小值
8	46.2	37.6	38.3	39.7	38.0	46.2	37.6
9	36.4	38.3	43.4	38.2	38.0	42.4	36.4
10	44.4	42.0	37.9	38.4	39.5	44.4	37.9

（2）计算极差。极差 R 是样本中最大值和最小值之差，本例中

$$X_{max} = 46.2 \text{ N/mm}^2$$

$$X_{min} = 31.5 \text{ N/mm}^2$$

$$R = X_{max} - X_{min} = 14.7 \text{ N/mm}^2$$

（3）数据分组。

1）组数应根据数据多少来确定，组数过少，会掩盖数据的分布规律；组数过多，会使数据过于零乱分散，也不能显示出质量分布状况，一般可参考表 6-7 的经验值来确定。

表 6-7 直方图数据分组参考值

数据总数 n	50~100	100~250	250 以上
分组数 k	6~10	7~12	10~20

本例中 $k = 8$。

2）确定组距 h，组距是组与组之间的间隔，各组距应相等。由于

$$极差 \approx 组距 \times 组数$$

即

$$R \approx hk$$

因而组数、组距的确定应结合极差综合考虑，适当调整，还要注意数值尽量取整，使分组结果能包括全部变量值，同时也便于以后的计算分析。

本例中，$h \approx R/k = 14.7/8 \approx 2.0$（N/mm²）。

3）确定组限。每组的最大值为上限，最小值为下限，上、下限同称组限。确定组限时应注意使各组之间连续，即较低组上限应为相邻较高组下限。这样才不致使有的数据被遗漏。对恰恰处于组限值上的数据，其解决方法有两种：一是规定每组上（或下）组限不计在该组内，而应计入相邻较高（或较低）组内；二是将组限较原始数据精度提高半个最小测量单位。

本例采取第一种方法划分组限，即每组上限不计入该组内。

第一组下限：$X_{min} - h/2 = 31.5\text{N/mm}^2 - \dfrac{2.0\text{N/mm}^2}{2} = 30.5\text{N/mm}^2$

第一组上限：$30.5\text{N/mm}^2 + h = 30.5\text{N/mm}^2 + 2\text{N/mm}^2 = 32.5\text{N/mm}^2$

第二组下限 = 第一组上限 = 32.5N/mm^2

第二组上限：$32.5\text{N/mm}^2 + h = 32.5\text{N/mm}^2 + 2\text{N/mm}^2 = 34.5\text{N/mm}^2$

以此类推，最高组限为 $44.5 \sim 46.5\text{N/mm}^2$，分组结果覆盖了全部数据。

（4）编制数据频数统计表，本例频数统计结果见表 6-8。

表6-8 频 数 统 计 表

组号	组限（N/mm²）	频数统计	组号	组限（N/mm²）	频数统计
1	30.5～32.5	2	5	38.5～40.5	9
2	32.5～34.5	6	6	40.5～42.5	5
3	34.5～36.5	10	7	42.5～44.5	2
4	36.5～38.5	15	8	44.5～46.5	1

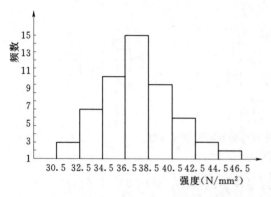

图6-15　混凝土强度的频数分布直方图

（5）绘制频数分布直方图。根据图表画出以组距为底，以频数为高的 k 个直方形，便得到混凝土强度的频数分布直方图如图6-15所示。

2. 直方图的分析

直方图的分析通常从以下两个方面进行：

（1）分布状态分析。对直方图的分布状态进行分析，可以判断生产过程是否正常，一些常见的直方图（图6-15）分析如下：

1）对称分布（正态分布）说明生产过程正常，质量稳定，见图6-16（a）。

2）偏态分布，由于技术上、习惯上的原因出现的偏态分布，属于异常生产情况，见图6-16（b）。

3）锯齿分布，多数原因是由于分组织的组数不当，组距不是测量单位的整倍数，或方法测试时所用方法和读数有问题所至致，见图6-16（c）、（d）。

4）孤岛分布，原因是由于少量材料不合格，短期内工人操作不熟练所造成，见图6-16（e）。

5）陡壁分布，往往是剔除不合格品、等外品或超差返修后造成的，见图6-16（f）。

6）双峰分布，一般是由于在抽样检查以前，数据分类工作不够好，使两个分布混淆在一起所致，见图6-16（g）。

7）平峰分布，生产过程中有缓慢变化的因素起主导作用的结果，见图6-16（h）。

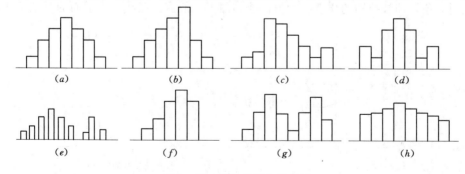

图6-16　常见的直方图式样

（2）同标准规格比较。将正常型直方图与质量标准进行比较，判断实际施工（加工）能力。如图6-17所示，T表示质量标准要求的界限，B代表实际质量特性值分布范围。

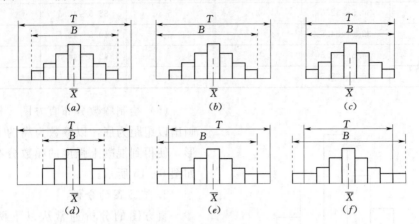

图6-17 实际质量分布与标准质量分布比较

比较结果一般有以下几种情况：

1）B在T中间，两边各有一定余地，这是理想的情况，见图6-17（a）。

2）B虽在T之内，但偏向一边，有超差的可能，要采取纠偏措施，见图6-17（b）。

3）B与T相重合，实际分布太宽，易大量超差，要采取措施减少数据的分散，见图6-17（c）。

4）B过分小于T，说明加工过于精确，不经济，见图6-17（d）。

5）由于B过分偏离T的中心，造成很多废品，需要调整，见图6-17（e）。

6）实际分布范围B过大，产生大量废品，说明工序能力不能满足技术要求，见图6-17（f）。

（四）控制图法

控制图又称为管理图，是能够表达施工过程中质量波动状态的一种图形，使用控制图能够及时地提供施工中质量状态偏离控制目标的信息，提醒人们不失时机地采取措施，使质量处于控制状态。

1．控制图的基本形式

控制图的基本形式如图6-18所示，横坐标为样本（子样）序号或抽样时间，纵坐标为被控制对象，即被控制的质量特性值。控制图上一般有三条线：在上面的一条虚线称为

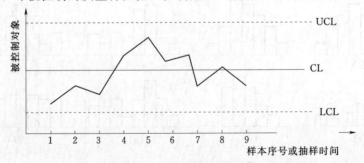

图6-18 质量控制图

上控制界限，用符号 UCL 表示；在下面的一条虚线称为下控制界限，用符号 LCL 表示；中间的一条实线称为中心线，用符号 CL 表示。中心线标志着质量特性值分布的中心位置，上下控制界限标志着质量特性值允许波动范围。

在生产过程中通过抽样取得数据，把样本质量特征值描在图上来分析判断生产过程状态，如果点子随机地落在上、下控制限内，则表明生产过程正常，处于稳定状态，不会产生不合格品；如果点子超出控制界限，或点子排列有缺陷，则表明项目实施过程中存在异常因素，必须查明并予以消除。

2. 控制图的用途

控制图是用样本数据来分析判断生产过程是否处于稳定状态的有效工具，它的用途主要有以下两方面：

（1）过程分析，即分析生产过程是否稳定。为此，要定时抽样取得数据，绘制控制图，观察数据点分布状况并判定生产过程状态。

（2）过程控制，即控制生产过程的质量状态。为此，要定时抽样取得数据，将其变为点子描在图上，发现并及时消除生产过程中的失调现象，预防不合格品的产生。

3. 控制图的分类

控制图分为计量值控制图和计数值控制图两大类。计量值控制图适用于质量管理中的计量数据，如长度、强度、质量、温度等，一般有 X 图（单值管理图），$\overline{X}\text{-}R$ 图（平均值与极差管理图），$X\text{-}R$ 图（中位图与极差管理图），$X\text{-}Rs$ 图（单值与移动和极差管理图）；计数值控制图则适用于计数值数据，如不合格的点数、件数等，可以分为计件值管理图、计点值控制图。

控制图的种类虽然多，但是基本原理是相同的，作图步骤基本相同。如 $\overline{X}\text{-}R$ 图（平均值和极差控制图）作图步骤包括：收集数据，计算样本的平均值，计算样本极差，计算总平均值，计算极差平均值，计算控制界限（包括 X 控制图与 R 控制图控制界限；中心线、上控制界限、下控制界限），绘制 $\overline{X}\text{-}R$ 控制图。

4. 控制图的观察与分析

正常控制图判断规则是：图上的点在控制上下限之间，围绕中心作无规律波动，连续 25 个点中，无超出控制界限线的点；连续 35 个点中，仅有 1 个点超出控制界限；连续 100 个点中，仅有 2 个点超出控制界限线。当点落在控制界限上时，视为超出界限计算。

异常控制图的判断规则：

（1）连续 7 个点在中心线的同侧。

（2）有连续 7 个点上升或下降。

（3）连续 11 个点中，有 10 个点在中心线的同一侧；连续 14 个点中，有 12 个点在中心线的同一侧；连续 17 个点中，有 14 个点在中心线的同一侧；连续 20 个点中，有 16 个点在中心线的同一侧。

（4）点围绕某一中心作周期波动。

在观察控制图发生异常后，要找出问题，分析原因，然后采取措施，使控制图所控制的工序恢复正常。

复 习 思 考 题

1. 什么是工程项目目标控制？其基本环节包括哪些？

2. 什么是主动控制和被动控制？如何理解两者的关系？

3. 工程项目目标控制的措施有哪些？

4. 工程项目实际进度与计划进度的比较方法有哪些？

5. 前锋线比较法有何特点？如何运用前锋线进行实际进度与计划进度的比较？

6. 如何分析进度偏差对总工期以及后续工作的影响？进度计划的调整方法有哪些？

7. 建设单位投资控制的原则有哪些？

8. 施工单位成本控制的过程是什么？它们之间有何联系？

9. 什么是挣值？采用挣值法时需要的三个基本参数是何含义？如何用其表示费用偏差和进度偏差？

10. 质量控制的基本原理有哪些？什么是 PDCA 循环？

11. 简述设计阶段工程项目质量控制的要点有哪些？

12. 施工准备阶段质量控制的主要工作内容是什么？

13. 施工工序质量控制点的设置一般应遵循哪些原则？

14. 工程项目质量控制的统计分析方法有哪些？

第七章　工程项目风险管理

第一节　概　述

工程项目的实现过程是一个存在着很大不确定性的过程，因为这一过程是一个复杂的、一次性的、创新性的并涉及许多关系和充满变数的过程。项目的这些特性造成了在工程项目的实现过程中存在着各种各样的风险。如果不能很好地管理这些风险就会造成各种各样的损失，因此，在项目管理中必须充分识别和控制项目的风险。确切地说，项目管理中最重要的任务是对不确定性和风险性事件的管理。

一、工程项目风险的定义

（一）风险的定义

对风险（Risk）认识的角度不同，风险的定义也不同。风险的概念可以从经济学、保险学、风险管理等不同的角度给出不同的定义，至今尚无统一的定义，但较为通用的解释如下：

（1）风险是损失发生的不确定性。即风险由不确定性和损失两个因素构成。

（2）风险是在一定条件下一定时期内，某一事件的预期结果与实际结果间的变动程度。变动程度越大，风险越大，反之则越小。

风险是一种可能性，一旦成为现实，就称为风险事件。风险事件如果朝有利的方向发展，则称为机会，否则就称为威胁或损失。由上述风险的定义可知，所谓风险要具备两方面条件：一是不确定性，二是产生损失后果，否则就不能称为风险。因此，肯定发生损失后果的事件不是风险，没有损失后果的不确定性事件也不是风险。

（二）工程项目风险的定义

简单地说，工程项目风险是指在工程项目建设过程中，由于各种不确定因素的影响，使工程项目不能达到预期目标的可能性。

工程项目的立项、分析、研究、设计和计划都是基于对未来情况（政治、经济、社会、自然等各方面）预测基础上的，基于正常的、理想的技术、管理和组织之上的。而在实施运行过程中，这些因素都有可能产生变化，使得原定的计划方案受到干扰，目标不能实现。因此，工程项目风险是指由于工程项目所处环境和条件本身的不确定性和项目业主、客户、项目组织或项目的某个当事人主观上不能准确预见或控制因素影响，使项目的最终结果与当事人的期望产生背离，并存在给当事人带来损失的可能性。风险在任何工程项目中都存在。这些风险造成工程项目实施的失控现象，如工期延长、成本增加、计划修改等。

二、工程项目风险的特点

（一）项目风险的客观必然性

一个项目从立项决策、设计，直至最终按预定目标完成，持续的时间长，涉及的风险因素多。而很多风险因素都是不以人们的意志为转移的客观现实，因此工程项目风险具有客观必然性。从这个意义上说，工程项目风险很大，很多风险因素和风险事件发生的概率很大，而且一旦发生造成的损失后果也比较严重。

（二）项目风险的多样性

在一个项目中有许多种类的风险存在，如政治风险、经济风险、法律风险、自然风险、合同风险、合作者风险等。这些风险会不同程度地作用于工程项目，产生错综复杂的影响。

（三）项目风险的相对性

虽然参与工程项目的各方均有风险，但各方的风险不尽相同，即使同样的风险对于不同风险管理主体也会有不同的影响。比如在固定总价合同模式下，通货膨胀对于业主来说不是风险，而对于承包商来说是相当大的风险，而在可调价格合同模式下，则刚好相反。对于项目风险而言，由于人们承受风险的能力不同，人们的认识深度和广度的不同，项目收益的大小不同，投入资源多少的不同，项目主体的地位高低以及拥有资源的多少不同等因素影响，项目风险的大小和后果也会不同。

（四）项目风险的覆盖性

项目的风险不仅在实施阶段，而且隐藏在决策、设计以及所有相关阶段的工作中，如目标设计中可能存在构思的错误，重要边界条件的遗漏；可行性研究中可能有方案的失误；技术设计中存在图纸和规范错误；施工中物价上涨，气候条件变化；运行中市场变化，产品不受欢迎、达不到设计能力，操作失误等。

（五）项目风险的阶段性

项目风险的阶段性是指项目风险的发展是分阶段的，而且这些阶段都有明确的界限和里程碑。通常这种风险有三个阶段：其一是潜在风险阶段，其二是风险发生阶段，其三是造成后果阶段。

（六）项目风险的突变性

项目的内外部条件的变化可能是渐进的，也可能是突变的。一般在项目的外部或内部条件发生突变时，项目风险的性质和后果也将随之发生突变。比如过去被认为是风险的事件现在突然风险消失了；而原来认为不可能发生的、没有风险的事件，却突然发生了。

三、工程项目风险的分类

工程项目风险可根据不同的角度进行分类，常见的工程项目风险分类方式有以下几种。

（一）按风险的后果分类

按风险所造成的不同后果可将风险分为纯风险和投机风险。

纯风险是指只会造成损失而不会带来受益的风险。例如自然灾害，一旦发生，将会导致重大损失，甚至人员伤亡；如果不发生，只是不造成损失而已，但不会带来额外的受益。投机风险则是指即可能造成损失也可能造成额外受益的风险。例如，一项重大投资可能因决策错误或因遇到不测事件而使投资者蒙受灾难性的损失；但如果决策正确，经营有方或赶上大好机遇，则有可能给投资人带来巨额利润。投机风险具有极大的诱惑力，人们常常注意其有利可图的一面，而忽视其带来厄运的可能。

纯风险和投机风险两者往往同时存在。例如，房产所有人就同时面临着纯风险（财产损坏）和投机风险（如经济形势变化所引起的房产价值的升降）。

纯风险和投机风险还有一个重要区别。在相同的条件下，纯风险重复出现的概率较大，表现出某种规律性，因而人们可能较成功地预测其发生概率，从而相对容易采取防范措施。而投机风险则不然，其重复出现的概率较小，所谓"机不可失，时不再来"，因而预测的准确性相对较差，也就较难防范。

（二）按风险产生的原因分类

按风险产生的不同原因可将风险分为政治风险、社会风险、经济风险、自然风险、技术风险等。其中，经济风险的界定可能会有一定的差异，例如，有的学者将金融风险作为独立的一类风险来考虑。另外，需要注意的是，除了自然风险和技术风险是相对独立的之外，政治风险、社会风险和经济风险之间存在一定的联系，有时表现为相互影响，有时表现为因果关系，难以截然分开。

（三）按风险管理的主体分类

工程项目风险具有相对性，不同的风险管理主体往往面临着不同的风险。按风险管理主体的不同风险可划分为业主或投资者的风险、承包商的风险、项目管理者的风险和其他主体风险等。

（1）业主或投资者风险。业主或投资者除了会遇到工程项目外部的政治、经济、法律和自然风险外，通常还会遇到项目决策和项目组织实施方面的风险。

（2）承包商（包括分包商、供应商）风险。承包商是业主的合作者，但在各自的经济利益上有时又是对立的双方，即双方既有共同利益，双方各自又有风险。承包商的行为对业主构成风险，业主的举动也会对承包人的利益造成威胁。承包人的风险大致包括：决策错误的风险、缔约和履约的风险、责任风险等。

（3）项目管理者的风险。项目管理者在项目实施和管理过程中也面临着各种风险。归纳起来，主要包括来自业主/投资方的风险、来自承包商的风险和职业责任风险等。

（4）其他主体风险。例如，中介人的资信风险，项目周边或涉及的居民单位的干预或苛刻的要求等风险。

（四）按工程项目风险管理的目标分类

风险管理是一项有目的的管理活动，风险管理目标与风险管理主体（如业主或承包商）的总体目标具有一致性。从风险管理目标角度分类，工程项目风险可分为进度风险、质量风险、费用风险和安全风险。

（1）工程项目进度风险。它是指工程项目进度不能按计划目标实现的可能性。根据工程进度计划的类型，可将其分为分部工程进度风险、单位工程进度风险和项目总进度风险。

（2）工程项目技术性能或质量风险。它是指工程项目技术性能或质量目标不能实现的可能性。一些轻微的质量缺陷出现，一般还不认为是发生了质量风险。质量风险通常是指较严重的质量缺陷，特别是质量事故。质量事故的出现，一般认为是质量风险发生了。

（3）工程项目费用风险。它是指工程项目费用目标不能实现的可能性。此处的费用，对业主而言，是指投资，因而费用风险是指投资风险；对承包商而言，是指成本，故费用风险是指成本风险。

（4）工程项目安全风险。它是指工程项目安全目标不能实现的可能性。安全风险主要蕴藏于施工阶段，根据《建筑法》和《建设工程安全生产管理条例》的规定，"施工单位对施工现场安全负责"，所以施工承包商面临着较大的安全风险。

当然，风险还可以按照其他方式分类，例如，按风险的影响范围可将风险分为基本风险和特殊风险；按风险分析依据可将风险分为客观风险和主观风险；按风险分布情况可将风险分为国别（地区）风险、行业风险；按风险潜在损失形态可将风险分为财产风险、人身风险和责任风险，等等。

四、工程项目风险管理

（一）工程项目风险管理的概念

风险管理就是人们对潜在的意外损失进行风险识别、评价、处理和监控，根据具体情况采取相应的应对措施和管理方法，对项目的风险进行有效控制，减少意外损失和避免不利后果，从而保证项目总体目标实现的管理行为。

工程项目风险管理是指通过风险识别、风险评价认识工程项目存在的风险，并以此为基础合理地使用各种风险应对措施以及管理技术、方法和手段对项目风险实行有效控制，妥善处理风险事件造成的不利后果，以最少的投入保证项目目标实现的管理过程。

项目的一次性特征使其不确定性要比其他一些经济活动大得多。因为重复性的生产和业务活动若出了问题，常常可在以后得到机会补救，而项目一旦出了问题，则很难补救。每个项目都有具体的风险，而每个项目阶段也会有不同的风险。一般来说项目早期的不确定因素较多，风险要高于以后各阶段的风险，而随着项目的实施，项目的风险也会逐步降低。

（二）工程项目风险管理过程

风险管理就是一个识别、确定和度量风险，并制定、选择和实施风险处理方案的过程。工程项目风险管理在这一点上并无特殊性。风险管理应是一个系统的、完整的过程，一般也是一个循环过程。风险管理过程包括风险识别、风险评价、风险对策决策、实施决策、检查五方面内容。

（1）风险识别。风险识别是风险管理中的首要步骤，是指通过一定的方式，系统而全面地识别出影响工程项目目标实现的风险事件并加以归类的过程，必要时，还需对风险事件的后果做出定性的估计。

（2）风险评价。风险评价是将工程项目风险事件发生的可能性和损失后果进行定量化的过程。这个过程在系统地识别工程项目风险与合理地做出风险对策决策之间起着重要的桥梁作用。风险评价的结果主要在于确定各种风险事件发生的概率及其对工程项目目标影响的严重程度，如投资增加的数额、工期延误的天数等。

（3）风险对策决策。风险对策决策是确定工程项目风险事件最佳对策组合的过程。一般来说，风险管理中所运用的对策有风险回避、损失控制、风险自留和风险转移四种。这些风险对策的适用对象各不相同，需要根据风险评价的结果，对不同的风险事件选择最合适的风险对策，从而形成最佳的风险对策组合。

（4）实施决策。对风险对策所做出的决策还需要进一步落实到具体的计划和措施，例如，制定预防计划、灾难计划、应急计划等；又如，在决定购买工程保险时，要选择保险公司，确定恰当的保险范围、免赔额、保险费等。这些都是实施风险对策决策的重要内容。

（5）检查。在工程项目实施过程中，要对各项风险对策的执行情况不断地进行检查，并评价各项风险对策的执行效果；在工程实施条件发生变化时，要确定是否需要提出不同的风险处理方案。除此之外，还需要检查是否有被遗漏的风险或者发现新的风险，也就是进入新一轮的风险识别，开始新一轮的风险管理过程。

（三）工程项目风险管理与项目管理的关系

风险管理是工程项目项目管理的一部分，风险管理的目的是保证项目总目标的实现。

从项目的投资、进度和质量目标来看，项目风险管理与项目管理目标具有一致性。只有通过项目风险管理降低项目目标实现的不确定性，才能保证工程项目顺利进行，在一个正常的和相对稳定的环境中，实现项目的质量、进度和费用目标。

从项目范围管理来看，项目范围管理的主要内容包括界定项目范围和对项目范围变动控制。通过界定项目范围，可以明确项目的范围，将项目的任务细分为更具体、更便于管理的部分，避免遗漏而产生风险。在项目进行过程中，各种变更是不可避免的，变更会带来某些不确定性，风险管理可以通过对风险的识别、分析来评价这些不确定性，从而完成项目范围管理所提出的任务。

从项目的计划职能来看，项目风险管理为项目计划的制定提供了依据。项目计划考虑项目风险管理的职能可减少项目整个过程中的不确定性，这有利于计划的准确执行。

从项目沟通控制的职能来看，项目沟通控制主要对沟通体系进行控制，特别要注意经常出现误解和矛盾的职能和组织间的接口，这些可以为项目风险管理提供信息。反过来，项目风险管理中的信息又可以通过沟通体系传输给相应的部门和人员。

从项目实施过程来看，不少风险都是在项目实施过程中由潜在变为现实的。风险管理就是在风险分析的基础上，拟订出具体应对措施以消除、缓和、转移风险，利用有利机会避免产生新的风险。风险存在于项目的整个过程中，项目的过程涵盖风险管理的内容，并且蕴含在项目管理的人、管理机制以及管理制度之中，因此，项目管理的过程也可以说是风险管理的过程。

第二节　工程项目风险识别和评价

一、工程项目风险识别

（一）风险识别的特点和原则

1. 风险识别的特点

（1）个别性。任何风险都有与其他风险不同之处，没有两个风险是完全一致的。不同类型工程项目的风险不同自不必说，而同一类型的工程项目如果建造地点不同，其风险也不同；即使是建造地点确定的工程项目，如果由不同的承包商承建，其风险也不同。因此，虽然不同工程项目风险有不少共同之处，但一定存在不同之处，在风险识别时尤其要注意这些不同之处，突出风险识别的个别性。

（2）主观性。风险识别都是由人来完成的，由于个人的专业知识水平（包括风险管理方面的知识）、实践经验等方面的差异，同一风险由不同的人识别的结果就会有较大的差异。风险本身是客观存在，但风险识别是主观行为。在风险识别时，要尽可能减少主观性对风险识别结果的影响。要做到这一点，关键在于提高风险识别的水平。

（3）复杂性。工程项目所涉及的风险因素和风险事件均很多，而且相互联系、相互影响，这给风险识别带来很强的复杂性。因此，工程项目风险识别对风险管理人员要求很高，并且需要准确、详细的依据，尤其是定量的资料和数据。

（4）不确定性。这一特点可以说是主观性和复杂性的结果。在实践中，可能因为风险识别的结果与实际不符而造成损失，这往往是由于风险识别结论错误导致风险对策决策错误而造成的。由风险的定义可知，风险识别本身也是风险。因而避免和减少风险识别的风险也是风险管理的内容。

2. 风险识别的原则

（1）由粗及细，由细及粗。由粗及细是指对风险因素的进行全面分析，并通过多种途径对工程风险进行分解，逐渐细化，以获得对工程风险的广泛认识，从而得到工程初始风险清单。而由细及粗是指从工程初始风险清单的众多风险中，根据同类工程项目的经验以及对拟建工程项目具体情况的分析和风险调查，确定那些对工程项目目标实现有较大影响的工程风险，作为主要风险，即作为风险评价以及风险对策决策的主要对象。

（2）严格界定风险内涵并考虑风险因素之间的相关性。对各种风险的内涵要严格加以界定，不要出现重复和交叉现象。另外，还要尽可能考虑各种风险因素之间的相关性，如主次关系、因果关系、互斥关系、正相关关系、负相关关系等。应当说，在风险识别阶段考虑风险因素之间的相关性有一定的难度，但至少要做到严格界定风险内涵。

（3）先怀疑，后排除。对于所遇到的问题都要考虑其是否存在不确定性，不要轻易否定或排除某些风险，要通过认真的分析进行确认或排除。

（4）排除与确认并重。对于肯定可以排除和肯定可以确认的风险应尽早予以排除和确认。对于一时既不能排除又不能确认的风险再作进一步的分析，予以排除或确认。最后，对于肯定不能排除但又不能肯定予以确认的风险按确认考虑。

（5）必要时，可做实验论证。对于某些按常规方式难以判定其是否存在，也难以确定其对工程项目目标影响程度的风险，尤其是技术方面的风险，必要时可做实验论证，如抗震实验、风洞实验等。这样做出的结论可靠，但要以付出一定费用为代价。

（二）风险识别的过程

工程项目自身及其外部环境的复杂性，给人们全面地、系统地识别工程风险带来了许多具体的困难，同时也要求明确工程项目风险识别的过程。

由于工程项目风险识别的方法与风险管理理论中提出的一般的风险识别方法有所不同，因而其风险识别的过程也有所不同。工程项目的风险识别往往是通过对经验数据的解析、风险调查、专家咨询以及实验论证等方式，在对工程项目风险进行多维分解的过程中，认识项目风险，建立工程项目风险清单。工程项目风险识别的过程可用图7-1表示。

由图7-1可知，风险识别的结果是建立工程项目风险清单。在工程项目风险识别过程中，核心工作是"工程项目风险分解"和"识别工程项目风险因素、风险事件及后果"。

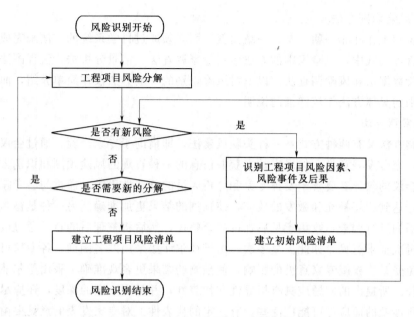

图 7-1 工程项目风险识别过程

工程项目风险分解是根据工程风险的相互关系将其分解成若干个子系统，其分解的程度要足以使人们较容易地识别出项目的风险，使风险识别具有较好的准确性、完整性和系统性。工程项目风险分解通常可以按目标维、时间维和因素维来进行，如图 7-2 所示，这样可以从不同的方面来总体把握工程项目的风险。

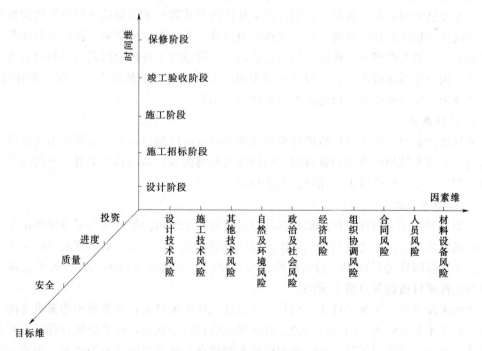

图 7-2 工程项目风险分解的三维结构

（三）风险识别方法

风险识别工作并非一朝一夕、一蹴而就，而必须通过科学系统的方法来完成。在工程项目风险管理实践中，风险识别的方法包括专家调查法、情景分析法、流程图法、初始清单法、经验数据法和风险调查法。以下对风险识别的一般方法仅作简单介绍，而对工程项目风险识别的具体方法作较详细的说明。

1. 专家调查法

专家调查法又有两种方式：一种头脑风暴法，即借助于专家经验，通过会议，让专家各抒己见，充分发表意见，集思广益来获取信息的一种直观的风险预测和识别方法。这种方法要求会议的领导者要善于发挥专家和分析人员的创造性思维，通过与会专家的相互交流和启发，达到相互补充和激发的效应，使预测的结果更加准确。另一种是德尔菲法，即通过问卷函询进行调查，收集意见后加以综合整理，然后将整理后的意见通过匿名的方式返回专家再次征求意见，如此反复多次。由于德尔菲法采用匿名函询，各专家可独立表达观点，避免受某些权威专家意见的影响，使预测的结果更客观准确。采用德尔菲法时，时间不宜过长，所提出的问题应具有指导性和代表性，并具有一定的深度，还应尽可能具体些。专家所涉及的面应尽可能广泛些，有一定的代表性。对专家发表的意见要由风险管理人员加以归纳分类、整理分析，有时可能要排除个别专家的主观意见。

2. 情景分析法

情景分析法实际上就是一种假设分析方法，首先总结整个项目系统内外的经验和教训，根据项目发展的趋势，预先设计出多种未来的情景，对其整个过程作出自始至终的情景描述；与此同时，结合各种技术、经济和社会因素的影响，对项目的风险进行预测和识别。这种方法特别适合于提醒决策者注意某种措施和政策可能引起的风险或不确定性的后果；建议进行风险监视的范围；确定某些关键因素对未来进程的影响；提醒人们注意某种技术的发展会给人们带来的风险。情景分析法是一种适用于对可变因素较多的项目进行风险预测和识别的系统技术，它在假定关键影响因素有可能发生的基础上，构造多种情景、提出多种未来的可能结果，以便采取措施防患于未然。

3. 流程图法

流程图法是将一个工程项目的经营活动按步骤或阶段顺序以若干个模块形式组成一个流程图，在每个模块中都标出各种潜在的风险或利弊因素，从而给决策者一个清晰具体的印象。图7-3是工程项目承包风险识别流程图。

4. 初始清单法

初始清单法就是根据以往类似项目的经历，将可能的风险事件及其来源罗列出来，形成初始风险清单。该方法利用人们考虑问题的联想习惯，在过去经验的启示下，对未来可能发生的风险因素进行预测。初始风险清单的建立通常通过适当的风险分解来完成，表7-1为工程项目初始风险清单示例。

初始风险清单只是为了便于人们较全面地认识风险地存在，而不至于遗漏重要的工程风险，但并不是风险识别的最终结论。在初始风险清单建立后，还需要结合特定工程项目的具体情况进一步识别风险，从而对初始风险清单做一些必要的补充和修正。为此，需要参照同类工程项目风险的经验数据或针对具体工程项目的特点进行风险调查。

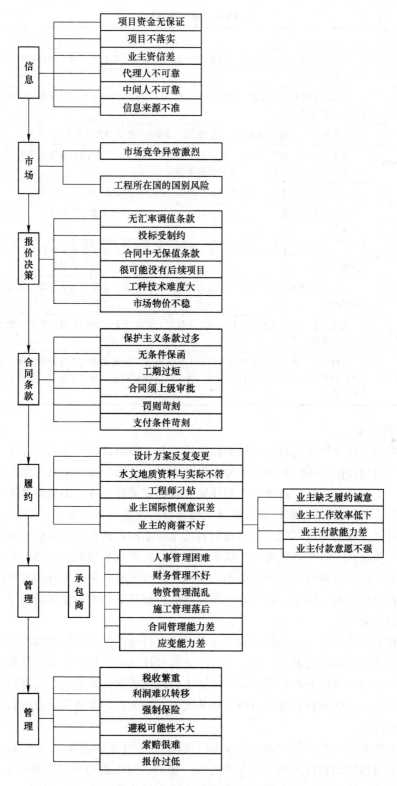

图 7-3　工程项目承包风险识别流程图

表 7 - 1 　　　　　　　　　　　　　　　工程项目初始风险清单

风险因素		典 型 风 险 事 件
技术风险	设计	设计内容不全、设计缺陷、错误和遗漏，应用规范不恰当，未考虑地质条件，未考虑施工可能性等
	施工	施工工艺落后，施工技术和方案不合理，施工安全措施不当，应用新技术新方案失败，未考虑场地情况等
	其他	工艺设计未达到先进指标，工艺流程不合理，未考虑操作安全性等
非技术风险	自然与环境	洪水、地震、火灾、台风、雷电等不可抗拒自然力，不明的水文气象条件，复杂的工程地质条件，恶劣的气候，施工对环境的影响等
	政治法律	法律及规章的变化，战争和骚乱、罢工、经济制裁或禁运等
	经济	通货膨胀或紧缩，汇率变动，市场动荡，社会各种摊派和征费的变化，资金不到位，资金短缺等
	组织协调	业主和上级主管部门的协调，业主和设计方、施工方以及监理方的协调，业主内部的组织协调等
	合同	合同条款遗漏、表达有误、合同类型选择不当，承发包模式选择不当，索赔管理不力，合同纠纷等
	人员	业主人员、设计人员、监理人员、一般工人、技术员、管理人员的素质（能力、效率、责任心、品德）不高
	材料设备	原材料、半成品、成品或设备供货不足或拖延，数量差错或质量规格问题，特殊材料和新材料的使用问题，过度损耗和浪费，施工设备供应不足、类型不配套、故障、安装失误、选型不当等

5. 经验数据法

经验数据法又称为统计资料法，即根据已建各类工程项目与风险有关的统计资料来识别拟建工程项目的风险。不同的风险管理主体都应有自己关于工程项目风险的经验数据或统计资料。在工程建设领域，可能有工程风险经验数据或统计资料的风险管理主体包括咨询公司（含设计单位）、承包商以及长期有工程项目的业主（如房地产开发商）。由于这些不同的风险管理主体的角度不同、数据或资料的来源不同，其各自的初始风险清单一般多少有些差异。但是，工程项目风险本身是客观事实，有客观的规律性，当经验数据或统计资料足够多时，这种差异性就会大大减小。何况，风险识别只是对工程项目风险的初步认识，属于一种定性分析，因此，这种基于经验数据或统计资料的初始风险清单可以满足对工程项目识别的需要。

例如，根据建设工程的经验数据或统计资料可以得知，减少投资风险的关键在设计阶段，尤其是初步设计阶段以前的阶段，因此，方案设计和初步设计阶段的投资风险应当作为重点需进行详细的风险分析；设计阶段和施工阶段的质量风险最大，需要对这两个阶段的质量风险作进一步的分析；施工阶段存在较大的进度风险，需要作重点分析。

6. 风险调查法

由风险识别的个别性可知，两个不同的工程项目不可能有完全一致的工程风险。因此，在工程项目风险识别的过程中，花费人力、物力、财力进行风险调查是必不可少的，这既是一项非常重要的工作，也是工程项目风险识别的重要方法。

风险调查应当从分析具体工程项目的特点入手，一方面通过对用其他方法已识别出的风险（如初始风险清单所列出的风险）进行风险鉴别和确认，另一方面通过风险调查有可能发现此前尚未识别出的重要的工程风险。

通常，风险调查可以从组织、技术、自然及环境、经济、合同等方面分析拟建工程项目的特点以及相应的潜在风险。

对于工程项目的风险识别来说，仅仅采用一种风险识别方法是远远不够的，一般都应综合采用两种或多种风险识别方法，才能取得较为满意的结果。而且，不论采用何种风险识别的方法组合，都必须包含风险调查法。从某种意义上讲，前五种风险识别方法的主要作用在于建立初始风险清单，而风险调查法的作用则在于建立最终的风险清单。

此外，风险识别的方法还有财务报表分析法、因果分析图法、事故树法等。

（四）风险识别的结果

风险识别的结果就是通过风险识别环节后项目风险管理者应该掌握的风险信息，主要包括对风险来源、潜在风险事件及风险征兆的描述及发现其他工作程序的问题等。

1. 项目风险来源

项目风险来源是根据可能发生的风险事件分类的，如项目干系人的行为、不可信估计、成员流动等，这些都可能对项目产生正面或负面的影响。因此，风险识别的内容之一就是要识别项目风险的来源，并能够对风险来源进行详细的描述。一般项目风险来源包括需求变化、设计错误及误解、对项目组织中角色和责任的不当定义或理解、估计不当及员工技能不足等，特定项目风险的来源可能是几种来源的综合。在描述项目风险来源仅知道其来源的范围是不够的，还需要从以下几个方面对项目风险的来源进行估计及描述：

（1）该来源引起风险的可能性。

（2）该来源引起的风险后果可能的范围。

（3）风险预计发生的时间。

（4）预计此来源引起风险事件的频率。

2. 潜在风险事件

风险识别的另一个主要任务就是要能够识别出潜在风险事件。潜在风险事件是指直接导致损失的偶发事件（即随机事件）。通常对项目产生影响的潜在风险事件是离散发生的，如政治风险、经济风险、法律风险、自然风险、合同风险、合作者风险等。因此，对项目潜在风险的描述应针对项目所处环境及其实际条件，从以下方面进行估计和描述：

（1）风险事件发生的可能性。

（2）风险事件可能引发后果的多样性。

（3）风险事件预计发生的时间。

（4）风险事件预计发生的频率。

需要注意的是，对风险事件可能性及后果的估计范围在项目早期阶段比在项目后期阶段可能要宽得多。

3. 风险征兆

风险征兆又称为风险预警信号、风险触发器，它表示风险即将发生。例如，高层建筑中的电梯不能按期到货，就是一种工期风险的征兆；由于通货膨胀发生，可能会使项目所需要资源的价格上涨，从而出现突破项目预算的费用风险，价格上涨就是费用风险的征兆。

一般来说，施工项目的风险可能有费用超支风险、工期拖延风险、质量风险、技术风险、资源风险、自然灾害的意外事故风险、财务风险等。各种风险都会有相应的风险征兆，对此管理者必须充分重视，尽量采取控制措施，避免或减小风险可能带来的不利影响。

4. 其他工作程序的改进

风险识别的过程同时也是一个检验其他相关工作程序是否完善的过程。因为要进行充分的风险识别必须以相关工作的完成为条件。如果在风险识别过程中发现难以进展，项目管理人员应该认识到其他工作环节应进一步加强。例如，项目组织中工作分解结构如果不细致，则不能进行充分的风险识别。

二、工程项目风险评价

项目风险评价是在项目风险识别的基础上，对项目中可能发生的各类风险进行度量和估计。通过项目风险评价，可以更准确地认识项目风险，包括各种风险因素和风险事件发生的概率大小或概率分布，以及发生后损失的严重程度，从而保证项目目标规划的合理性和计划的可行性。同时，风险评价是合理选择风险应对策略，确定最佳风险对策组合的基础。

(一) 风险评价的内容

1. 风险发生概率的度量

风险是指损失发生的不确定性，要正确估计风险的大小，首要工作是确定风险事件发生的概率或概率分布。一般而言风险事件的概率分布应由历史资料确定，这样得到的即为客观概率，有助于风险的正确估计。

由于项目的独特性，不同项目的风险来源可能有很大差异，或者由于缺乏历史数据，风险发生概率还经常采用主观概率，即根据风险管理人员的经验预测风险因素及风险事件发生的概率或概率分布。实际工作中还可以根据理论上的某些概率分布来补充或修正，从而建立风险的概率分布图或概率分布表。

2. 风险事件后果的度量

风险事件发生的后果，即项目风险可能带来的影响和损失大小，可以从以下三个方面来衡量：

(1) 风险性质和大小。风险性质是指风险造成的损失性质，如政治性的、经济性或者技术性的；投资风险、进度风险、质量风险或者安全风险等。风险大小是指风险的严重程度和变化幅度，可分别用损失的数学期望和方差表示。

(2) 风险影响范围。风险影响范围是指项目风险可能影响到项目的哪些方面和工作。如果某个风险发生概率和后果严重程度都不大，但它一旦发生会影响到项目各个方面的许多工作，也需要对它进行严格的控制，防止因这种风险发生而产生连锁反应，影响整个工作和其他活动。

(3) 风险发生的时间。风险发生的时间是指风险可能在项目的哪个阶段、哪个环节上发生。有多数风险有明显的阶段性，有的风险是直接与具体的工程活动相联系的。这种分析有利于根据风险发生的时间和性质采取不同的应对措施，如事前控制、事中控制和事后控制等措施。

（二）风险量函数和风险等级

1. 风险量函数

所谓风险量是指各种风险的量化结果，其数值大小取决于各种风险的发生概率及发生后的损失。如果以 R 表示风险量，p 表示风险发生的概率，q 表示潜在损失，则 R 可以表示为 p 和 q 的函数，即

$$R = f(p, q) \tag{7-1}$$

式（7-1）反映的是风险量的基本原理，具有一定的通用性，但建立关于 p 和 q 的连续性函数往往比较困难。因此，实践中通常是以离散形式来定量表示风险的发生概率及其损失，因此风险量 R 相应地表示为

$$R = \sum p_i q_i \quad (i = 1, 2, \cdots, n) \tag{7-2}$$

式中 i——风险事件的数量。

与风险量有关的另一个概念是等风险量曲线，就是由风险量相同的风险事件所形成的曲线，如图 7-4 所示。在图 7-4 中，R_1、R_2、R_3 为 3 条不同的等风险量曲线，表示的风险量大小与坐标原点的距成正比，即距离越近，风险量越小；反之，则风险量越大，$R_1 < R_2 < R$。

2. 风险等级

从图 7-4 所示的等风险量曲线，可以根据风险量的不同将风险分为不同等级。如可以将风险发生概率（p）和潜在损失（q）分别分为 L（小）、M（中）、H（大）3 个区间，从而得到 9 个区域。在这 9 个区域中，有些区域的风险量是大致相等的，例如，如图 7-5 所示，可以将风险的大小分成 5 个等级：①VL（很小）；②L（小）；③M（中等）；④H（大）；⑤VH（很大）。

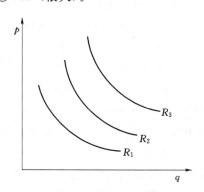

图 7-4 等风险量曲线

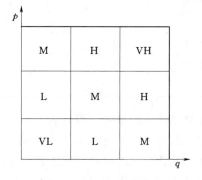

图 7-5 风险等级示意图

（三）风险评价的方法

以上介绍了工程项目单个风险的估计和量化方法，在实际风险管理工作中还需要对项目中存在的各种风险综合总体影响进行评价和分析。风险评价可以采用很多方法，如专家评分法、决策树法、蒙特卡罗（MC）法、层次分析法（AHP）、模糊数学法、统计概率法、敏感性分析、盈亏平衡分析、随机网络法等等。以下仅对前三种方法做一些简单介绍。

1. 专家评分法

专家评分法又称为综合评估法或调查打分法，是一种最简单且易于应用的风险评价方法。采用专家评分进行风险评价的步骤如下：

（1）列出主要风险因素。

（2）根据已掌握的资料确定风险因素的权重，以表征其对项目的影响程度。

（3）规定风险因素发生概率的等级值，可按可能性很大、比较大、中等、不大、较小分为五个等级。

（4）根据专家的评议确定项目的每种风险因素发生的概率等级，标注在表中的相应栏内。

（5）将每项风险因素的权重与相应的等级值相乘，计算该项风险因素的得分，得分越高对项目影响越大，汇总各风险因素的得分而得出工程项目风险因素的总分。

承包商在投标前通常使用专家评分法对项目风险进行决策分析。若计算的风险度大于某一经验数值，则放弃投标机会。例如某承包商进行投标决策时面临的风险情况如表7-2所示。

表 7-2　　　　　　　　　　　　投 标 风 险 评 估 表

风险因素	权重 q	风险因素发生的概率 p					风险度 pq
		1.0	0.8	0.6	0.4	0.2	
预测水平	0.10				√		0.04
组织设计	0.15			√			0.09
物价上涨	0.15		√				0.12
投标书质量	0.20				√		0.08
竞争对手	0.15		√				0.12
业主信誉	0.10			√			0.06
工程难度	0.10					√	0.02
合同条款	0.05			√			0.03
							$\sum pq = 0.56$

经计算该项目的总风险得分为 0.56，属中等风险，故宜参加投标。如果计算得到的总风险得分超过 0.70，则可认为风险偏大，不宜参加投标。

应用专家评分法时可考虑安排多位专家进行评分，并根据专家的经验以及其对所评估项目的了解程度、知识领域等，对专家评分的权威性设置相应权重，以保证评价结果的合理性。

2. 决策树法

根据项目风险问题的基本特点，项目风险的评价既要能反映项目风险背景环境，同时又要能描述项目风险发生的概率、后果以及项目风险的发展动态。决策树法既简明又符合上述两项要求。

（1）决策树的结构。树，是图论中的一种图的形式，因而决策树又称为决策图。它是以方框和圆圈为结点，由直线连接而成的一种树枝形状的结构，图 7-6 是一个典型的决策树

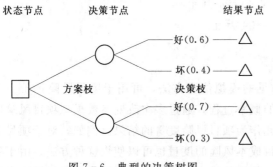

图。决策树图一般包括以下几个部分：

1）决策节点。从这里引出的分枝叫方案分枝，分枝数量与方案数量相同。决策节点表明从它引出的方案要进行分析和决策，在分枝上注明方案名称。决策节点一般用□表示。

2）状态节点。也称之为机会节点，从它引出的分枝叫状态分枝或概率分枝，在每一分枝上注明自然状态名称及其出

状态节点

决策节点

结果节点

方案枝

决策枝

图 7-6　典型的决策树图

现的主观概率，状态数量与自然状态数量相同。状态节点一般用○表示。

3）结果节点。将不同方案在各种自然状态下所取得的结果（如损益值）标注在结果节点的右端。结果节点一般用△表示。

（2）决策树的应用。决策树是利用树枝形状的图像模型来表述项目风险评价问题，项目风险评价可直接在决策树上进行，其评价准则可以是受益期望值、效用期望值或其他指标值。

【例 7-1】　某项目准备投产生产两种产品 A 和 B，分别需要投资 50 万元和 60 万元，两种产品的生产年限是一样的。经过市场调研后，预测新产品上市后，畅销的概率为 70%，滞销的概率为 30%。甲、乙两种产品在不同情况下的收益如表 7-3 所示。

表 7-3　　　　　　　　　　　　产品在不同情况下的收益值

情况 产品	畅销（70%）	滞销（30%）
A 产品	150 万元	−90 万元
B 产品	190 万元	−130 万元

解：根据以上信息，可以运用决策树法进行分析。首先画出该项目的决策树如图7-7所示。

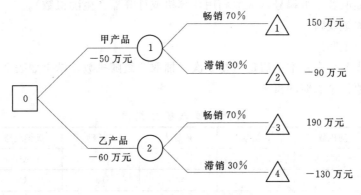

图 7-7　某项目风险的决策树

然后计算各状态节点处的风险后果。结果如下：

状态节点 1：$150 \times 70\% + (-90) \times 30\% = 78$ 万元

状态节点 2：$90 \times 70\% + (-130) \times 30\% = 94$ 万元

决策节点 0：$\max \{78-50, 94-60\} = 34$ 万元

所以，应该选择生产 B 产品。

3. 蒙特卡罗法

蒙特卡罗法（Monte Carlo）是一种常见的模拟仿真方法，可用于项目风险评价。它用数学方法在计算机上模拟实际事物发生的概率过程，通过多次改变参数模拟项目风险以后，得到模拟计算结果的统计分布，并以此作为项目风险度量的结果。例如，对于项目工期风险的度量可以使用这种方法，对于项目成本风险的度量也可以使用这种方法。由于项目时间进度和成本费用的风险都是项目风险管理的重点，所以蒙特卡罗法在项目风险度量中的使用现在已越来越广泛。

【例 7-2】 某项目工作有如下 A、B、C 三个活动，图 7-8 为其局部网络图（活动时间表以周为单位）。每个活动时间取二值的离散型随机变量，发生的概率及随机数如表 7-4 所示。试评价该网络的进度风险。

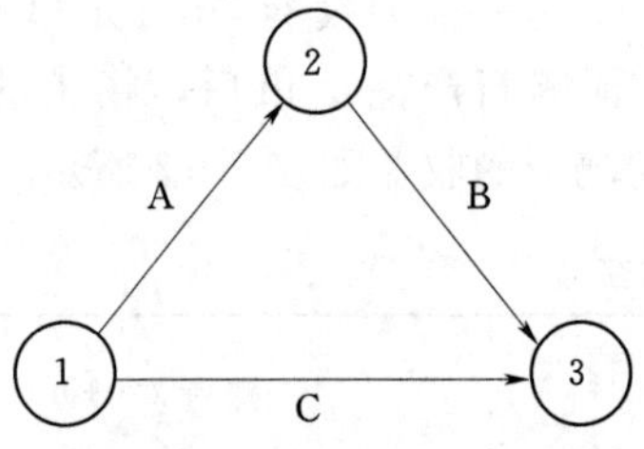

图 7-8 某工作包局部网络

表 7-4 某工作包活动时间、概率和随机数

活动	时间估计	概率	代表活动时间取值随机数
A	4	0.5	01234
	6	0.5	56789
B	3	0.4	0123
	5	0.6	456789
C	8	0.5	01234
	10	0.5	56789

解：分析步骤如下。

（1）确定每个活动的工期及相应概率。

（2）根据概率分布情况对可能的随机数编号。

（3）随机抽取若干组编号（一般利用计算机或计算器产生随机数）。

（4）确定关键线路。

（5）确定总工期。

（6）重复步若干次；本例假定重复 5 次，抽取 5 组随机数，结果如表 7-5 所示。

（7）确定项目总工期的概率。

表 7-5 蒙特卡罗法模拟结果

抽取组号	随机数	A 活动	B 活动	C 活动	关键线路	总工期
1	534	6	3	8	AB	9
2	125	4	3	10	C	10
3	575	6	5	10	AB	11
4	697	6	5	10	AB	11
5	563	6	5	8	AB	11

通过 5 次随机模拟可知，该工作包的工期在第 9 周、第 10 周和第 11 周内完成分别出现了 1 次、1 次和 3 次，对应的概率估计分别为 0.2、0.2 和 0.6，则该工作包的工期在第 9 周、第 10 周和第 11 周内完成的累计概率分别为 0.2、0.4 和 1.0。

这里所举的例子仅抽取 5 组随机数，在实际中要根据项目的具体情况进行多次模拟，从理论上讲，模拟次数越多，随机数分布越均匀，结果越可靠，一般应在 200～500 次之间为宜。

第三节　工程项目风险对策

风险对策又称为风险防范手段或风险管理技术，包括风险回避、风险自留、风险转移、风险控制等。工程项目风险是客观存在的，风险管理可从改变风险后果的性质、风险发生的概率或风险后果大小三个方面，提出多种工程项目风险管理对策。具体采取哪一种或哪几种，取决于工程项目的具体实际情况。

一、风险回避

风险回避是以一定的方式中断风险源，使其不发生或不再发生，从而避免可能产生的潜在损失。例如，某工程项目的可行性研究报告表明，虽然从净现值、内部受益率指标看是可行的，但敏感性分析的结论是对投资额、产品价格、经营成本均很敏感，这意味着该工程项目的不确定性很大，亦即风险很大，因而决定不投资建造该工程项目。

采用风险回避这一对策时，有时需要做出一些牺牲，但较之承担风险，这些牺牲比风险真正发生时可能造成的损失要小得多。例如，某投资人因选址不慎原决定在河谷建造某工厂，而保险公司又不愿为其承担保险责任。当投资人意识到在河谷建厂将不可避免地受到洪水威胁，而又别无防范措施时，只好决定放弃该计划。虽然他在建厂准备阶段耗费了不少投资，但与其厂房建成后被洪水冲毁，不如早改弦易辙，另谋理想的厂址。又如，某承包商参与某工程项目的投标，开标后发现自己的报价远远低于其他承包商地报价，经仔细分析后发现，自己的报价存在严重的误算和漏算，因而拒绝与业主签订施工合同。虽然这样做将被没收投标保证金或投标保函，但比承包后严重亏损的损失要小得多。从以上分析可知，在某种情况下，风险回避可能是最佳对策。

在采用风险回避对策时需要注意以下问题：

（1）回避一种风险可能产生另一种新的风险。在工程项目实施过程中，绝对没有风险的情况几乎不存在。就技术风险而言，即使是相当成熟的技术也存在一定的风险。例如，在地铁工程中，采用明挖施工有支撑失败、顶板坍塌等风险。如果为了回避这种风险而采用逆作法施工方案的话，又会产生地下连续墙失败等其他新的风险。

（2）回避风险的同时也失去了从风险中获益的可能性。由投机风险的特征可知，它具有损失和获益的两重性。例如，在涉外工程中，由于缺乏有关外汇市场的知识和信息，为避免承担由此带来的经济风险，决策者决定选择本国货币作为结算货币，从而也就失去了从汇率变化中获益的可能性。

（3）回避风险可能不实际或不可能。这一点与工程项目风险的定义或分解有关。工程项目定义的范围越广或分解得越粗，回避风险就越不可能。例如，如果将工程项目的风险仅分解到风险因素这个层次，那么任何工程项目都必然会发生经济风险、自然风险和技术风险，根本无法回避。又如，从承包商角度，投标总是有风险的，但决不会为了回避投标风险而不参加任何工程项目的投标。工程项目的每一个活动几乎都存在大小不一的风险，过多地回避风险就等于不采取行动，而这可能是最大的风险所在。由此，可以得出结论：不可能回避所有的风险。正因为如此，才需要其他不同的风险对策。

总之，虽然风险回避是一种必要的、有时甚至是最佳的风险对策，但应该承认这是一种消极的风险对策。如果处处回避，事事回避，其结果只能是停止发展，直至停止生存。因此，应当勇敢地面对风险，这就需要适当地运用风险回避意外地其他风险对策。

二、风险自留

顾名思义，风险自留就是将风险留给自己承担，是从企业内部财务的角度应对风险。风险自留与其他风险对策的根本区别在于，它不改变工程项目风险的客观性质，即既不改变工程风险的发生概率，也不改变工程风险潜在损失的严重性。

风险自留可分为非计划性风险自留和计划性风险自留两种类型。

（一）非计划性风险自留

由于风险管理人员没有意识到工程项目某些风险的存在，或者不曾有意识地采取有效措施，以致风险发生后只好由自己承担。这样的风险自留就是非计划性的和波动的。导致非计划性风险自留的主要原因有：

（1）缺乏风险意识。这往往是由于建设资金来源与工程项目业主的直接利益无关所造成的，这是我国过去和现在许多政府提供建设资金的工程项目不自觉地采用非计划性风险自留的主要原因。此外，也可能是由于缺乏风险管理理论的基本知识而造成的。

（2）风险识别失误。由于所采用的风险识别方法过于简单和一般化，没有针对工程项目风险的特点，或者缺乏工程项目风险的经验数据或者统计资料，或者没有针对特定工程项目进行风险调查等等，都可能导致风险识别失误，从而使风险管理人员未能意识到工程项目某些风险的存在，而这些风险一旦发生就成为自留风险。

（3）风险评价失误。在风险识别正确的情况下，风险评价的方法不当可能导致风险评价结论错误，如仅采用定性风险评价方法。即使采用定量风险评价方法，也可能由于风险衡量的结果出现严重误差而导致风险识别错误，结果将不该忽略的风险忽略了。

（4）风险决策延误。在风险识别和风险评价均正确的情况下，可能由于迟迟没有做出相应的风险对策决策，而某些风险已经发生，使得根据风险评价结果本不会做出风险自留选择的那些风险成为自留风险。

（5）风险决策实施延误。风险决策实施延误包括两种情况：一种是主观原因，即行动迟缓，对已做出的风险对策迟迟不付诸实施或实施工作进展缓慢；另一种是客观原因，某些风险对策的实施需要时间，如损失控制的技术措施需要较长时间才能完成，保险合同的谈判也需要较长时间等等，而在这些风险对策实施尚未完成之前却已发生了相应的风险，成为事实上的自留风险。

事实上，对于大型、复杂的工程项目来说，风险管理人员几乎不可能识别出所有的工程风险。从这个意义上讲，非计划风险自留有时是无可厚非的，因而也是一种适用的风险处理策略。但是，风险管理人员应当尽量减少风险识别和风险评价的失误，要及时做出风险对策决策，并及时实施决策，从而避免被迫承担重大和较大的工程风险。总之，虽然非计划性风险自留不可能不用，但尽可能少用。

（二）计划性风险自留

计划性风险自留是主动的、有意识的、有计划的选择，是风险管理人员经过正确的风险识别和风险评价后作出的风险对策决策，是整个工程项目风险对策计划的一个组成部分。也就是说，风险自留决不能单独运用，而应与其他风险对策组合使用。确定风险自留水平可以从风险量数值大小的角度考虑，一般应选择风险量小或较小的风险事件作为风险自留的对象。计划性风险自留还应从费用、期望损失、机会成本、服务质量和税收等方面与工程保险比较后才能得出结论。

三、风险转移

风险转移是工程项目风险管理中非常重要而且广泛应用的一项对策，分为非保险转移和保险转移两种形式。

（一）非保险转移

非保险转移又称合同转移，因为这种风险转移一般是通过签订合同的方式将工程转移给非保险人的对方当事人。工程项目风险最常见的非保险转移有以下三种情况：

（1）业主将合同责任和风险转移给对方当事人。在这种情况下，被转移者多数是承包商。例如，在合同条款中规定，业主对场地的条件不承担责任；又如，采用固定总价合同将涨价风险转移给承包商，等等。

（2）承包商进行合同转让或工程分包。承包商中标承接某工程时，可能由于资源安排出现困难而将合同转让给其他承包商，以避免由于自己无力按合同规定时间建成工程而遭受违约罚款；或将该工程中专业技术要求很强而自己缺乏相应技术的工程内容分包给专业分包商，从而更好地保证工程质量。

（3）第三方担保。合同当事人的一方要求另一方为其履约行为提供第三方担保。担保方所承担的风险仅限于合同责任，即由于委托方不履行或不适当履行合同以及违约所产生的责任。第三方担保的主要表现是要求承包商提供履约保证（在投标阶段还有投标保证）。从国际承包市场的发展来看，20世纪末出现了要求业主像承包商提供付款保证的新趋向，但尚未得到广泛应用。我国施工合同（示范文本）也有发包人和承包人互相提供履约担保的规定。

与其他的风险对策相比，非保险转移的优点主要体现在两个方面：一是可以转移某些不可保的潜在损失，如物价上涨、法规变化、设计变更等引起的投资增加；二是被转移者往往能较好地进行损失控制，如承包商相对于业主能更好地把握施工技术风险，专业分包商相对于总包商能更好地完成专业性强的工程内容。

但是，非保险转移的媒介是合同，这就可能由于双方当事人对合同条款的理解发生分歧而导致转移失效。此外，在某些情况下，可能因被转移者无力承担实际发生的重大损失而导致仍然由转移者来承担损失。反之，风险转移如果代价很高而实际风险未发生或发生损失很小，也会对转移者不利。例如，在采用固定总价合同的条件下，如果承包商报价中所考虑涨价风险费很高，而实际的通货膨胀率很低，从而对转移者不利。仍以固定总价合同为例，在这种情况下，如果实际涨价所造成的损失小于承包商报价中的涨价风险费，这两者的差额就成为承包商的额外利润，业主则因此遭受损失。

（二）保险转移

保险转移通常直接称为保险，对于工程项目风险来说，则为工程保险。通过购买保险，工程项目业主或承包商作为投保人将本应由自己从承担的工程风险（包括第三方责任）转移给保险公司，从而使自己免受风险损失。保险这种风险转移形式之所以能得到越来越广泛的运用，原因在于其符合风险分担的基本原则，即保险人较投保人更适宜承担有关的风险。对于投保人来说，某些风险的不确定性很大（即风险很大），但是对于保险人来说，这种风险的发生则趋近于客观概率，不确定性降低，即风险降低。

在进行工程保险的情况下，工程项目在发生重大损失后可以从保险公司及时得到赔偿，使工程项目实施能不中断地、稳定地进行，从而最终保证工程项目的进度和质量，也不致因重大损失而增加投资。通过保险还可以使决策者和风险管理人员对工程项目风险的担忧减少，从而可以集中精力研究和处理工程项目实施中的其他问题，提高目标控制的效果。而且，保险公司可向业主和承包商提供较为全面的风险管理服务，从而提高整个工程项目风险管理水平。

保险这一风险对策的缺点：首先表现在机会成本增加；其次，工程保险合同的内容较为复杂，保险费没有统一固定的费率，需要根据特定工程项目类型、建设地点的自然条件（包括气候、地址、水文等条件）、保险范围、免赔、额的大小等加以综合考虑，因而保险合同谈判常常耗费较多的时间和精力。在进行工程保险后，投保人可能产生心理麻痹而疏于损失控制计划，以致增加实际损失和未投保损失。

在作出进行工程保险这一决策之后，还需考虑与保险有关的几个具体问题：一是保险的安排方式，即究竟是由承包商安排保险计划还是由业主安排保险计划；二是选择保险类别和保险人，一般是通过多家比选后确定，也可委托保险经纪人和保险咨询公司代为选择；三是可能要进行保险合同谈判，这项工作最好委托保险经纪人或保险咨询公司完成，但免赔额的数额或比例要由投保人自己确定。

四、风险控制

风险控制是指在损失发生前消除损失可能发生的根源，并减少损失发生的概率，以及在风险发生后减少损失的程度。风险控制应采取以预防为主、防控结合的原则，认真分析研究测定风险的根源，针对工程项目而言，应在计划、执行及实施各个阶段进行风险控制分析。

（一）风险控制主要方式

风险控制主要包括预防风险和减轻风险。

1. 预防风险

预防风险是指在风险发生前为了消除或减少可能引起损失的各种因素而采取的具体措施，也就是设法消除或减少各种风险因素，以降低风险发生的概率。如业主要求承包商出具各种保函就是为了防止承包商不履约或履约不力。预防风险可分为有形的预防手段和无形的预防手段。

（1）有形的预防手段。常以工程措施为主，将风险因素同人、财、物在时间和空间上隔离，或在工程活动开始之间就采取一定的措施，减少风险因素，以达到减少损失和伤亡的目的。如为了防止公路两侧边坡的滑坡采用锚固技术固定边坡，现场用电施工机械增多时加强电气设备管理，做好设备外壳接地，以减少因漏电可能引起的安全事故等。

（2）无形的预防手段。主要采用教育法和程序法。工程项目风险因素中很大一部分是由于项目参与者和其他人员的行为不当而引发的，因此减少不当行为，加强风险教育是预防人为风险因素的重要措施。此外，用规范化、制度化的方式从事工程项目活动，有助于预防和减少可能出现的风险因素。工程实施中按程序规范作业，能降低损失发生概率和损失程度。

2. 减轻风险

减轻风险又称为抑制风险或者缓解风险，是指在风险损失已经不可避免地发生的情况下，为了减小风险所造成的损失而采取的各项措施，即通过种种措施以遏制风险继续恶化或限制其扩展范围使其不再蔓延或扩展，从而达到使风险和损失局部化。减轻风险一般可采取应急措施和挽救措施。

（1）应急措施。应急措施的目的是使风险产生的损失最小化，是在损失发生时起作用的。实际工作中并不需要对每个风险因素采取应急措施，只有那些较大风险或将可能产生重大损失的风险需要采取应急措施，如项目建设中，出现火灾、坍塌及人员伤亡等重大事故时，就需要采取应急措施。在制定工程项目风险管理规划时应事先制定出这类应急措施的方案。

（2）挽救措施。挽救的目的是将风险发生后造成的损失修复到最高的可接受程度。由于风险生生之前一般不可能知道损害的部位和程度，所以在制定工程项目风险管理规划时一般是不能事先制定出风险挽救措施的方案，但应事先确定出风险发生后执行挽救措施工作的程序和责任人员。

（二）风险控制分析

控制风险要识别和分析已经发生或已经引起或将要引起的损害，风险控制分析应从以下两方面着手。

（1）损失分析。通常可采取建立信息人员网络和编制损失报表。分析损失报表时不能只考虑已造成损失的数据，应将侥幸事件或几乎失误或险些造成损失的事件和现象都列入报表并认真研究和分析。

（2）危险分析。危险分析包括对已经造成事故或损失的危险和很可能造成损失或险些造成损失的危险的分析。应对与事故直接相关的各方面因素进行必要的调查，还应调查那些在早期损失中曾给企业造成损失的其他危险重复发生的可能性。此外，还应调查其他同类企业或类似企业项目实施过程中曾经有过的危险和损失。

需要注意的是，在进行损失和风险分析时不能只考虑看得见的直接成本和间接成本，还要充分考虑隐蔽成本。有时隐蔽成本远远高出直接成本和间接成本之和。

五、风险对策决策过程

风险管理人员在选择风险对策时，要根据工程项目的自身特点，从系统的观点出发，从整体上考虑风险管理的思路和步骤，从而制定一个与工程项目总体目标相一致的风险管理原则。这种原则需要指出风险管理各基本对策之间的联系，为风险管理人员进行风险对策决策提供参考。图7-9描述了风险对策决策过程以及这些风险对策之间的选择关系。

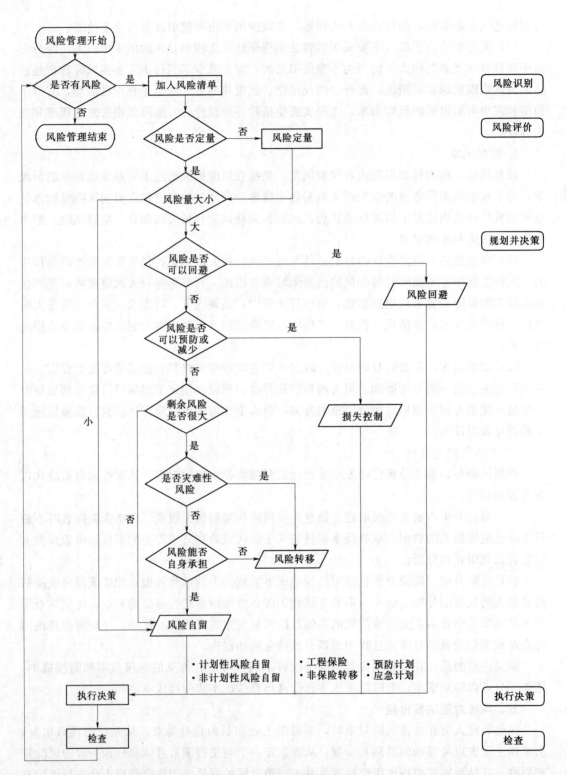

图 7-9　风险对策决策过程

第四节　工程担保和保险

一、工程担保

担保是为了保证债务的履行，确保债权的实现，在债务人的信用或特定的财产之上设定的特殊的民事法律关系。其法律关系的特殊性表现在，一般的民事法律关系的内容（即权利和义务）基本处于一种确定的状态，而担保的内容处于一种不确定的状态，即当债务人不按主合同之约定履行债务导致债权无法实现时，担保的权利和义务才能确定并成为现实。我国《担保法》规定的担保方式有五种：保证、抵押、质押、留置和定金。

工程担保是指担保人（一般为银行、担保公司、保险公司、其他金融机构、商业团体或个人）应工程合同一方（申请人）的要求向另一方（债权人）做出的书面承诺。工程担保是工程风险预防和风险转移的一种重要手段，能有效地保障工程项目的顺利进行，在项目实践中具有广泛的应用。同时，许多国家政府都在法规中规定要求进行工程担保，在标准合同中含有关于工程担保的条款。

工程项目管理中经常采用的工程担保形式有：投标担保、履约担保、支付担保、预付款担保、工程保修担保等。

（一）投标担保

1. 投标担保的含义

投标担保，或投标保证金，是指投标人在投标报价之前或同时，向招标人提交投标保证金或投标保函，保证中标后履行签订合同的义务，否则，招标人将对投标保证金予以没收。

根据《工程建设项目施工招标投标办法》规定，施工投标保证金的数额一般不得超过投标总价的2%，但最高不得超过80万元人民币。投标保证金有效期应当超出投标有效期30天。投标人不按招标文件要求提交投标保证金的，该投标文件将被拒绝，作废标处理。

根据《工程建设项目勘察设计招标投标办法》规定，招标文件要求投标人提交投标保证金的，保证金数额一般不超过勘察设计费报价的2%，最多不超过10万元人民币。国际上常见的投标担保的保证金数额为2%～5%。

2. 投标担保的形式

投标担保可以采用保证担保等形式，其具体的形式有很多种，通常有如下几种：现金、保兑支票、银行汇票、现金支票、不可撤销信用证、银行保函和有保险公司或者担保公司出具投标保证书。

3. 投标担保的作用

投标担保的主要目的是保护招标人不因中标人不签约而蒙受经济损失。投标担保要确保投标人在投标保证有效期内不要撤回投标书，以及投标人在中标后保证与业主签订合同并提供业主所要求的履约担保、预付款担保等。投标担保的另一个作用是，在一定程度上可以起到筛选投标人的作用。

4.《世行采购指南》关于投标保证金的规定

投标保证金应当根据投标人的意愿采用保兑支票、信用证或者由信用好的银行出具保函等形式。应允许投标人提交由其选择的任何合格国家的银行直接出具的银行保函。投标保证金应当在投标有效期满后 28 天内一直有效，其目的是给招标人在需要索取保证金时，有足够的时间采取行动。一旦确定不能对其授予合同，应及时将投标保证金退还给落选的投标人。

（二）履约担保

1. 履约担保的含义

所谓履约担保，是指招标人在招标文件中规定的要求中标人提交的保证履行合同义务和责任的担保。

履约担保的有效期始于工程开工之日，终止日期则可以约定为工程竣工交付之日或者保修期满之日。由于合同履行期限应该包括保修期，履约担保的时间范围也应该覆盖保修期，如果确定履约担保的终止日期为工程竣工交付之日，则需要另外提供工程保修担保。

2. 履约担保的形式

履约担保可以采用银行保函或者履约担保书的形式。在保修期内，工程保修担保可以采用预留保留金的形式。

（1）银行履约保函。

1）银行履约保函是由商业银行开具的担保证明，通常为合同金额的 10％左右。银行保函分为有条件的银行保函和无条件的银行保函。

2）有条件的保函是指下述情形：在承包人没有实施合同或者未履行合同义务时，由发包人或工程师出具证明说明情况，并由担保人对已执行合同部分和未执行部分加以鉴定，确认后才能收兑银行保函，由发包人得到保函中的款项。建筑行业通常倾向于采用有条件的保函。

3）无条件的保函是指下述情形：在承包人没有实施合同或者未履行合同义务时，发包人只要看到承包人违约，不需要出具任何证明和理由就可对银行保函进行收兑。

（2）履约担保书。由担保公司或者保险公司开具履约担保书，当承包人在执行合同过程中违约时，开出担保书的担保公司或者保险公司用该项担保金去完成施工任务或者向发包人支付完成该项目所实际花费的金额，但该金额必须在保证金的担保金额之内。

（3）保留金。保留金是指发包人（工程师）根据合同的约定，在每次支付工程进度款时扣除一定数目的款项，作为承包人完成其修补缺陷义务的保证。保留金一般为每次工程进度款的 10％，但总额一般应限制在合同总价款的 5％（通常最高不得超过 10％）。一般在工程移交时，业主（工程师）将保留金的一半支付给承包人；质量保修期满（或"缺陷责任期满"）时，将剩下的一半支付给承包人。

3. 履约担保的作用

履约担保将在很大程度上促使承包商履行合同约定，完成工程建设任务，从而有利于保护业主的合法权益。一旦承包人违约，担保人要代为履约或者赔偿经济损失。

履约保证金额的大小取决于招标项目的类型与规模，但必须保证承包人违约时，发包人不受损失。在投标须知中，发包人要规定使用哪一种形式的履约担保。中标人应当按照招标文件中的规定提交履约担保。

4.《世行采购指南》对履约担保的规定

工程的招标文件要求承包人提交一定金额的保证金,其金额足以抵偿借款人(发包人)在承包人违约时所遭受的损失。该保证金应当按照借款人在招标文件中的规定以适当的格式和金额采用履约担保书或者银行保函形式提供。担保书或者银行保函的金额将根据提供保证金的类型和工程的性质和规模有所不同。该保证金的一部分应展期至工程竣工日之后,以覆盖截至借款人最终验收的缺陷责任期或维修期;另一种做法是,在合同中规定从每次定期付款中扣留一定百分比作为保留金,直到最终验收为止。可允许承包人在临时验收后用等额保证金来代替保留金。

5. FIDIC《土木工程施工合同条件》对履约担保的规定

如果合同要求承包人为其正确履行合同取得担保时,承包人应在收到中标函后 28 天内,按投标书附件中注明的金额取得担保,并将此保函提交给业主。该保函应与投标书附件中规定的货币种类及其比例相一致。当向业主提交此保函时,承包人应将这一情况通知工程师。该保函采取本条件附件中的格式或由业主和承包人双方同意的格式。提供担保的机构须经业主同意。除非合同另有规定,执行本款时所发生的费用应由承包人负担。

在承包人根据合同完成施工和竣工,并修补了任何缺陷之前,履约担保将一直有效。在发出缺陷责任证书之后,即不应对该担保提出索赔,并应在上述缺陷责任证书发出后14 天内将该保函退还给承包人。

在任何情况下,业主在按照履约担保提出索赔之前,皆应通知承包人,说明导致索赔的违约性质。

(三)预付款担保

1. 预付款担保的含义

建设工程合同签订以后,发包人往往会支付给承包人一定比例的预付款,一般为合同金额的 10%,如果发包人有要求,承包人应该向发包人提供预付款担保。预付款担保是指承包人与发包人签订合同后领取预付款之前,为保证正确、合理使用发包人支付的预付款而提供的担保。

2. 预付款担保的形式

(1)银行保函。预付款担保的主要形式是银行保函。预付款担保的担保金额通常与发包人的预付款是等值的。预付款一般逐月从工程支付款中扣除,预付款担保的担保金额也应逐月减少。承包人在施工期间,应当定期从发包人处取得同意此保函减值的文件,并送交银行确认。承包人还清全部预付款后,发包人应退还预付款担保,承包人将其退回银行注销,解除担保责任。

(2)发包人与承包人约定的其他形式。预付款担保也可由担保公司提供保证担保,或采取抵押等担保形式。

3. 预付款担保的作用

预付款担保的主要作用在于保证承包人能够按合同规定进行施工,偿还发包人已支付的全部预付金额。如果承包人中途毁约,中止工程,使发包人不能在规定期限内从应支付工程款中扣除全部预付款,则发包人作为保函的受益人有权凭预付款担保向银行索赔该保函的担保金额作为补偿。

4. 国际工程承包市场关于预付款担保的规定

在国际工程承包市场，《世行采购指南》、世行贷款项目招标文件范本《土建工程国内竞争性招标文件》、《亚洲开发银行贷款采购准则》和 FIDIC《土木工程施工合同条件应用指南》中均对预付款担保作出相应规定。

（四）支付担保

1. 支付担保的含义

支付担保是中标人要求招标人提供的保证履行合同中约定的工程款支付义务的担保。

在国际上还有一种特殊的担保——付款担保，即在有分包人的情况下，业主要求承包人提供保证向分包人付款的担保，即承包商向业主保证，将把业主支付的用于实施分包工程的工程款及时、足额地支付给分包人。在美国等许多国家的公共投资领域，付款担保是一种法定担保。

2. 支付担保的形式

支付担保通常采用如下的几种形式：银行保函、履约保证金、担保公司担保。

发包人的支付担保应是金额担保。实行履约金分段滚动担保。支付担保的额度为工程合同总额的 20％～25％。本段清算后进入下段。已完成担保额度，发包人未能按时支付，承包人可依据担保合同暂停施工，并要求担保人承担支付责任和相应的经济损失。

3. 支付担保的作用

工程款支付担保的作用在于，通过对业主资信状况进行严格审查并落实各项担保措施，确保工程费用及时支付到位；一旦业主违约，付款担保人将代为履约。

发包人要求承包人提供保证向分包人付款的付款担保，可以保证工程款真正支付给实施工程的单位或个人，如果承包人不能及时、足额地将分包工程款支付给分包人，业主可以向担保人索赔，并可以直接向分包人付款。

上述对工程款支付担保的规定，对解决我国建筑市场工程款拖欠现象具有特殊重要的意义。

4. 支付担保有关规定

《建设工程合同（示范文本）》第四十一条规定了关于发包人工程款支付担保的内容：发包人和承包人为了全面履行合同，应互相提供以下担保：发包人向承包人提供履约担保，按合同约定支付工程价款及履行合同约定的其他义务；承包人向发包人提供履约担保，按合同约定履行自己的各项义务；一方违约后，另一方可要求提供担保的第三人承担相应责任；提供担保的内容、方式和相关责任，发包人和承包人除在专用条款中约定外，被担保方与担保方还应签订担保合同，作为本合同附件。

《房屋建筑和市政基础设施工程施工招标投标管理办法》关于发包人工程款支付担保的内容：招标文件要求中标人提交履约担保的，中标人应当提交。招标人应当同时向中标人提供工程款支付担保。

二、工程项目保险

（一）工程项目保险的概念和种类

工程项目保险是指业主或承包商向专门保险机构（保险公司）缴纳一定的保险费，由保险公司建立保险基金，一旦发生所投保的风险事故造成财产或人身伤亡，即由保险公司用保险基金予以补偿的一种制度。它实质上是一种风险转移，即业主或承包商通过投保，将原应承担的风险责任转移给保险公司承担。

工程保险按是否具有强制性分为两大类：强制保险和自愿保险。强制保险系指工程所在国政府以法规明文规定承包商必须办理的保险。自愿保险是承包商根据自身利益的需要，自愿购买的保险，这种保险非强行规定，但对承包商转移风险很有必要。

目前，我国已开办的工程保险包括建筑工程一切险、安装工程一切险和建筑意外伤害保险；正在逐步推行勘察设计、工程监理及其他工程咨询机构的职业责任险、工程质量保修保险等。

1. 意外伤害保险

意外伤害保险是指被保险人在保险有效期间内，因遭遇非本意的、外来的、突然的意外事故，致使其身体蒙受伤害而残疾或死亡时，保险人依据合同规定给付保险金的保险。《建筑法》规定，建筑施工企业应当依法为职工参加工伤保险缴纳工伤保险费。鼓励企业为从事危险作业的职工办理意外伤害保险，支付保险费。《建设工程安全生产管理条例》规定施工单位应当为施工现场从事危险作业的人员办理意外伤害保险。意外伤害保险费由施工单位支付。实行施工总承包的，由总承包单位支付意外伤害保险费。意外伤害保险期限自建设工程开工之日起至竣工验收合格止。

2. 建筑工程一切险及安装工程一切险

建筑工程一切险及安装工程一切险是以建筑或安装工程中的各种财产和第三者的经济赔偿责任为保险标的保险。这两类保险的特殊性在于保险公司可以在一份保单内对所有参加该项工程的有关各方都给予所需要的保障，即在工程进行期间，对这项工程承担一定风险的有关各方，均可作为被保险人之一。建筑工程一切险同时承包建筑工程第三者责任险，即指在该工程的保险期内，因发生意外事故所造成的依法应由被保险人负责的工地上及邻近地区的第三人的人身伤亡、疾病、财产损失，以及被保险人因此所支出的费用。

3. 职业责任险

职业责任险是指专业技术人员因工作疏忽、过失所造成的合同一方或他人的人身伤害或财产损失的经济赔偿责任的保险。建设工程标的额巨大、风险因素多，建筑事故造成的损害往往数额巨大，而责任主体的偿付能力相对有限，这就有必要借助保险来转移职业责任风险。在工程建设领域，这类保险对勘察、设计、监理单位尤为重要。

4. 信用保险

信用保险是以在商品赊销和信用放贷中的债务人的信用作为保险标的，在债务人未能履行债务而使债权人招致损失时，由保险人向被保险人即债权人提供风险保障的保险。信用保险是随着商业信用、银行信用的普遍化而产生的，在工程建设领域得到越来越广泛的应用。

（二）建筑工程一切险

建筑工程一切险是一种综合性的保险，它对建设工程项目提供全面的保障。

1. 建筑工程一切险的承保范围

（1）工程本身。指由总承包商和分承包商为履行合同而实施的全部工程，还包括预备工程，如土方、水准测量；临时工程，如饮水、保护堤和全部存放于工地的为施工所需的材料等。包括安装工程的建筑项目，如果建筑部分占主导地位，也就是说，如果机器、设施或钢结构的价格及安装费用低于整个工程造价的50％，亦应投保建筑工程一切险。

（2）施工用设施。包括活动房、存料库、配料棚、搅拌站、脚手架、水电供应及其他类似设施。

（3）施工设备。包括大型施工机械、吊车及不能在公路上行驶的工地用车辆，不管这些机具属承包商所有还是其租赁物资。

（4）场地清理费。指在发生灾害事故后场地上产生了大量的残砾，为清理工地现场而必须支付的一笔费用。

（5）工地内现有的建筑物。指不在承保的工程范围内、工地内已有的建筑物或财产。

（6）由被保险人看管或监护的停放于工地的财产。

建筑工程一切险承保的危险与损害涉及面很广。凡保险单中列举的除外情况之外的一切事故损失全在保险范围内，包括下述原因造成的损失：

（1）火灾、爆炸、雷击、飞机坠毁及灭火或其他救助所造成的损失。

（2）海啸、洪水、潮水、水灾、地震、暴雨、风暴、雪崩、地崩、山崩、冻灾、冰雹及其他自然灾害。

（3）一般性盗窃和抢劫。

（4）由于工人和技术人员缺乏经验、疏忽、过失、故意行为或无能力等导致的施工低劣而造成的损失。

（5）其他意外事故。

建筑材料在工地范围内的运输过程中遭受的损失和破坏以及施工设备和机具在装卸时发生的损失等，亦可纳入工程险的承保范围。

2. 建筑工程一切险的除外责任

按照国际惯例，属于除外责任的情况通常有以下几种：

（1）由军事行动、战争或其他类似事件、罢工、骚动或当局命令停工等情况造成的损失。

（2）因被保险人的严重失职或蓄意破坏而造成的损失。

（3）因原子核裂变而造成的损失。

（4）由于罚款及其他非实质性损失。

（5）因施工设备本身原因即无外界原因情况下造成的损失；但因这些损失而导致的建筑事故则不属于除外情况。

（6）因设计错误（结构缺陷）而造成的损失。

（7）因纠纷或修复工程差错而增加的支出。

3. 建筑工程一切险的保险期

建筑工程一切险自工程开工之日或在开工之前工程用料卸放于工地之日开始生效，两者以先发生为准。开工日包括打地基在内（如果地基也在保险范围内）。施工设备保险自其卸放于工地之日起生效。保险终止日应为工程竣工验收之日或保险单上列出的终止日。同样，两者也以先发生者为准。

（1）保险标的工程中有一部分先验收或投入使用。在这种情况下，自该部分验收或投入使用日起自动终止该部分的保险责任，但保险单中应注明这种部分保险责任自动终止条款。

（2）含安装工程项目的建筑工程一切险的保险单通常规定有试运行期（一般为1个月）。

4. 建筑工程一切险的保险金额和免赔额

保险金额是指保险人承担赔偿或者给付保险金责任的最高限额。保险金额不得超过保险标的的保险价值，超过保险价值的，超过的部分无效。建筑工程一切险的保险金额按照不同的保险标的确定。

（1）工程造价，即建成该项工程的总价值，包括设计费、建筑所需材料设备费、施工费、运杂费、保险费、税款以及其他有关费用在内。如有临时工程，还应注明临时工程部分的保险金额。

（2）施工设备及临时工程。这些物资一般是承包商的财产，其价值不包括在承包工程合同的价格中，应另立专项投保。这类物资的投保金额一般按重置价值，即按重新购置同一牌号、型号、规格、性能或类似型号、规格、性能的机器、设备及装置的价格，包括出厂价、运费、关税、安装费及其他必要的费用计算重置价值。

（3）安装工程项目。建筑工程一切险范围内承保的安装工程，一般是附带部分。其保险金额一般不超过整个工程项目保险金额的20%。如果保险金额超过20%，则应按安装工程费率计算保险费。如超过50%，则应按安装工程险另行投保。

（4）场地清理费。按工程的具体情况由保险公司与投保人协商确定。场地残物的处理不仅限于合同标的工程，而且包括工程的邻近地区和业主的原有财产存放区。场地清理的保险金额一般不超过工程总保额的5%（大型工程）或10%（小型工程）。

工程保险还有一个特点，就是保险公司要求投保人根据其不同的损失，自负一定的责任。这笔由被保险人承担的损失额称为免赔额。工程本身的免赔额为保险金额的0.5%～2%；施工机具设备等的免赔额为保险金额的5%；第三者责任险中财产损失的免赔额为每次事故赔偿限额的1%～2%，但人身伤害没有免赔额。

保险人向被保险人支付为修复保险标的遭受的损失所需的费用时，必须扣除免赔额。

5. 建筑工程一切险的保险费率

建筑工程一切险没有固定的费率，其具体费率系根据以下因素结合参考费率制定：

（1）风险性质（气象影响和地质构造数据，如地震、洪水或火灾等）。

（2）工程本身的危险程度，工程性质，工程的技术特征及所用的材料，工程的建造方法等。

（3）工地及邻近地区的自然地理条件，有无特别危险源存在。

（4）巨灾的可能性，最大可能损失程度及工地现场管理和安全条件。

（5）工期（包括试运行期）的长短及施工季节，保证期长短及其责任的大小。

（6）承包人及其他与工程有直接关系的各方的资信、技术水平及经验。

（7）同类工程及以往的损失记录。

（8）免赔额的高低及特种危险的赔偿限额。

6. 建筑工程一切险的投保人与被保险人

（1）建筑工程一切险的投保人。根据《中华人民共和国保险法》，投保人是指与保险人订立保险合同，并按照保险合同负有支付保险费义务的人。《建筑工程施工合同（示范文本）》中规定，除专用合同条款另有约定外，发包人应投保建筑工程一切险或安装工程一切险；发包人委托承包人投保的，因投保产生的保险费和其他相关费用由发包人承担。

（2）建筑工程一切险的被保险人。被保险人是指其财产或者人身受保险合同保障，享有保险金请求权的人，投保人可以为被保险人。在工程保险中，除投保人外，保险公司可以在一张保险单上对所有参加该工程的有关各方都给予所需的保险。即凡在工程进行期间，对这项工程承担一定风险的有关各方均可作为被保险人。

建筑工程一切险的被保险人可以包括：业主；总承包商；分包商；业主聘用的工程师；与工程密切相关的单位或个人，如贷款银行或投资人等。

（三）安装工程一切险

安装工程一切险属于技术险种，其目的在于为各种机器的安装及钢结构工程的实施提供尽可能全面的专门保险。目前，在国际工程承包领域，工程发包人都要求承包人投保安装工程一切险，在很多国家和地区，这种险是强制性的。安装工程一切险主要适用于安装各种工厂用的机器、设备、储油罐、钢结构、起重机、吊车以及包含机械因素的各种建设工程。

安装工程一切险与建筑工程一切险有如下区别：

（1）建筑工程一切险的标的从开工以后逐步增加，保险额也逐步提高，而安装工程一切险的保险标的一开始就存放于工地，保险公司一开始就承担着全部货价的风险，风险比较集中。在机器安装好之后，试车、考核所带来的危险以及在试车过程中发生机器损坏的危险是相当大的，这些风险在建筑工程部分是没有的。

（2）在一般情况下，自然灾害造成建筑工程一切险的保险标的损失的可能性较大，而安装工程一切险的保险标的多数是建筑物内安装及设备（石化、桥梁、钢结构建筑物等除外），受自然灾害损失的可能性较小，受人为事故损失的可能性较大，这就要督促被保险人加强现场安全操作管理，严格执行安全操作规程。

（3）安装工程在交接前必须经过试车考核，而在试车期内，任何潜在的因素都可能造成损失，损失率要占安装期内的总损失的一半以上。由于风险集中，试车期的安装工程一切险的保险费率通常占整个工期的保费的 1/3 左右，而且对旧机器设备不承担赔付责任。

总的来讲，安装工程一切险的风险较大，保险费率也高于建筑工程一切险。

1. 安装工程一切险的责任范围及除外责任

（1）安装工程一切险的保险标的。安装工程一切险的保险标的主要包括：

1）安装的机器及安装费，包括安装工程合同内要安装的机器、设备、装置、物料、基础工程（如地基、座基等）以及为安装工程所需的各种临时设施（如水电、照明、通信设备等）等。

2）安装工程使用的承包人的机器、设备。

3）附带投保的土木建筑工程项目，指厂房、仓库、办公楼、宿舍、码头、桥梁等。这些项目一般不在安装合同以内，但可能在安装险内附带投保：如果土木建筑工程项目不超过总价的 20%，整个项目按安装工程一切险投保；介于 20%~50% 之间，该部分项目按建筑工程一切险投保；若超过 50%，整个项目按建筑工程一切险投保。

（2）安装工程一切险承保的危险和损失。安装工程一切险承保的危险和损失除包括建筑工程一切险中规定的内容外，还包括：

1）短路、过电压、电弧所造成的损失。

2）超压、压力不足和离心力引起的断裂所造成的损失。

3）其他意外事故，如因进入异物或因至安装地点的运输而引起的意外事件等。

（3）安装工程一切险的除外责任。安装工程一切险的除外情况主要有以下几种：

1）由结构、材料或在车间制作方面的错误导致的损失。

2）因被保险人或其派遣人员蓄意破坏或欺诈行为而造成的损失。

3）因效益不足而招致合同罚款或其他非实质性损失。

4）由战争或其他类似事件、民众运动或因当局命令而造成的损失。

5）因罢工和骚乱而造成的损失（但有些国家却不视为除外情况）。

6）由原子核裂变或核辐射造成的损失等。

2. **安装工程一切险的保险期限**

（1）安装工程一切险的保险责任的开始和终止。安装工程一切险的保险责任，自投保工程的动工日（如果包括土建的话）或第一批被保项目卸至施工地点时（以先发生为准），即行开始。其保险责任的终止日可以是安装完毕验收通过之日或保险物所列明的终止日，这两个日期同样以先发生为准。安装工程一切险的保险责任也可以延展至维修期满日。

（2）试车考核期。安装工程一切险的保险期内，一般应包括一个试车考核期。考核期的长短应根据工程合同上的规定来决定。对考核期的保险责任一般不超过 3 个月，若超过 3 个月，应另行加收费用。安装工程一切险对于旧机器不负考核期的保险责任，也不承担其维修期的保险责任。如果同一张保险单同时还承保其他新的项目，则保险单仅对新设备的保险责任有效。

（3）关于安装工程一切险的保险期限的几个问题。

工程实践中，关于安装工程一切险的保险期限应当注意以下几点：

1）部分工程验收移交或实际投入使用。在这种情况下，保险责任自验收移交或投入使用之日即行终止，但保单上须有相应的附加条款或批文。

2）试车考核期的保险责任期，系指连续时间，而不是断续累计时间。

3）维修期应从实际完工验收或投入使用之日起算，不能机械地按合同规定的竣工日起算。

3. **安装工程一切险的保险金额**

安装工程项目是安装工程一切险的主要保险项目，包括被安装的机器设备、装置、物料、基础工程以及工程所需的各种临时设施，如水、电、照明、通信等。安装工程一切险的承保标的大致有三种类型：

（1）新建工厂、矿山或其一车间生产线安装的成套设备。

（2）单独的大型机械装置，如发电机组、锅炉、巨型吊车、传送装置的组装工程。

（3）各种钢结构建筑物，如储油罐、桥梁、电视发射塔之类的安装和管道、电缆敷设等。

安装工程项目的保险金额视承包方式而定：采用总承包方式，保险金额为该项目的合同价；由业主引进设备，承包人负责安装并培训，保险金额为 CIF 价加国内运费和保险费及关税、安装费、可能的专利、人员培训及备品、备件等费用的总和。

4. 安装工程一切险的投保人与被保险人

与建筑工程一切险一样，安装工程一切险应由承包商投保，业主只是在承包商未投保的情况下代其投保，费用由承包商承担。承包商办理了投保手续并交纳了保费以后即成为被保险人。安装一切险的被保险人除承包商外还包括：业主；制造商或供应商；技术咨询顾问；安装工程的信贷机构；待安装构件的买受人等。

(四) 人员伤亡和财产损失的保险

1. 事故责任和赔偿费

(1) 业主的责任。业主应负责赔偿以下各种情况造成的人身伤亡和财产损失：

1) 业主现场机构雇用的全部人员（包括监理人员）工伤事故造成的损失。但由于承包商的过失造成的在承包商责任区内工作的业主人员的伤亡，则应由承包商承担责任。

2) 由于业主责任造成在其管辖区内业主和承包商以及第三方人员的人身伤害和财产损失。

3) 工程或工程的任何部分对土地的占用所造成的第三方财产损失。

4) 工程施工过程中，承包商按合同要求进行工作对第三方造成的不可避免的财产损失。

(2) 承包商的责任。承包商应负责赔偿以下情况造成的人身伤害和财产损失：

1) 承包商为履行本合同所雇用的全部人员（包括分包商人员）工伤事故造成的损失。承包商可以要求其分包商自行承担分包人员的工伤事故责任。

2) 由于承包商的责任造成在其管辖区内业主和承包商以及第三方人员的人身伤害和财产损失。

3) 业主和承包商的共同责任。在承包商管辖区内工作的业主人员或非承包商雇用的其他人员，由于其自身过失造成人身伤害和财产损失，若其中含有承包商的部分责任，如管理上的疏漏时，应由业主和承包商协商合理分担其赔偿费用。

(3) 赔偿费用。不论何种情况，其赔偿费用应包括人身伤害和财产损失的赔偿费、诉讼费和其他有关费用。

2. 人员伤亡和财产损失的保险

(1) 人身事故险。人身事故险是指承包商应对他为工程施工所雇用的职工进行人身事故保险，有分包商的工程项目，分包商应对其雇用的人员进行此项保险。

对于每一职工的人身事故保险金额，应按工程所在国/地区的有关法律来确定，但不得低于这些法律所规定的最低限额。其保险期应为该职工在现场的全部时间。

一般来说，业主和监理单位也应为其在现场人员投保人身事故险。

(2) 第三方责任险。第三方责任险是指在履行合同过程中，因意外事故而引起工地上及附近地区的任何人员（不包括承包商雇用人员）的伤亡及任何财产（不包括工程及施工设备）的损失进行的责任保险。

一般讲，第三方指不属于施工承发包合同双方当事人的人员。但当没有为业主和工程师人员专门投保时，第三方保险也包括对业主和工程师人员由于进行施工而造成的人员伤亡或财产损失的保险。对于领有公共交通和运输用执照的车辆事故造成的第三方的损失，不属于第三方责任险范围。有些国际工程施工合同中，还要求第三方责任险包括施工人员在国内家庭成员的人身伤亡和财产损失。

第三方责任险的保险金额由业主与承包商协商确定。第三方责任险以业主和承包商的共同名义投保，一般可以在投保工程一切险时附带投保。

复 习 思 考 题

1. 什么是风险？工程项目风险有何特点？
2. 工程项目风险有哪些分类方法？
3. 什么是风险管理？其基本过程是什么？
4. 简述风险识别的过程和方法。风险识别的结果是什么？
5. 什么是风险评价？风险评价的方法有哪些？
6. 工程项目风险对策有哪些？
7. 风险转移有几种类型？各有什么优缺点？
8. 简述工程担保的类型及其作用。
9. 什么是建筑工程一切险？其承保范围有哪些？
10. 什么安装工程一切险？与建筑工程一切比较，它有何特点？

第八章 工程项目信息管理

随着信息技术在建筑业中的不断应用，工程手段不断更新和发展，工程手段与工程思想、方法和组织不断互动，产生了许多新的管理理论，并对工程的实践产生了十分深远的影响。项目控制（Project Controlling）、集成化管理（Integrated Management）、虚拟建设（Virtual Construction）都是在此背景下产生和发展的。具体而言，信息技术对工程项目管理的影响主要体现在以下几个方面：

(1) 工程系统的集成化，包括各方工程系统的集成以及工程系统与其他管理系统（项目开发管理、物业管理）在时间上的集成。

(2) 工程组织的虚拟化。在大型项目中，工程组织虽然地理上分散，但在工作上存在协同关系。

(3) 在工程的方法上，由于信息沟通技术的应用，项目实施有效的信息沟通与组织协调使工程建设各方可以更多地采用主动控制，避免了许多不必要的工期延迟和费用损失，目标控制更为有效。

第一节 概　　述

一、信息和信息管理的基本概念

信息是以数据形式表达的客观事实，它是对数据的解释，反映事物的客观状态和规律。数据是人们用来反映客观世界而记录下来的可鉴别的符号，数据本身只是一个符号，只有当它经过处理、解释，对外界产生影响时才成为信息。

信息可以用声音、文字、数字、图像等多种形式来表达。工程项目的实施需要各种资源，而信息是工程项目实施的重要资源之一。

信息管理是指对信息的收集、整理、存储、传播和利用等一系列工作的总称。信息管理的目的就是要通过有效的信息规划和组织，使管理人员能及时、准确地获得相应的信息。为了达到信息管理的目的，要把握好信息管理的各个环节。

二、工程项目信息和信息流

工程项目管理的主要方法是控制，控制的基础是信息，信息管理是建设工程项目管理的主要内容之一。

（一）工程项目信息的构成

工程项目信息涉及多部门、多环节、多专业、多渠道，建设工程的信息量大，来源广泛，形式多样，主要有以下信息形态：

(1) 文字图形信息。文字图形信息包括勘察、测绘、设计图纸、说明书、计算书、合同、工作条例规定、施工组织设计、原始记录、统计报表、报表、信函等。

(2) 语言信息。语言信息包括口头分配任务、工作指示、汇报、工作检查、介绍情况、谈判交涉、建议、批评、工作讨论和研究会议等。

（3）新技术信息。新技术信息包括通过网络、电话、电报、电传、计算机、电视、录像、广播等现代化手段收集及处理的信息。

（二）工程项目信息的分类

工程项目有各种信息，如图 8-1 所示。

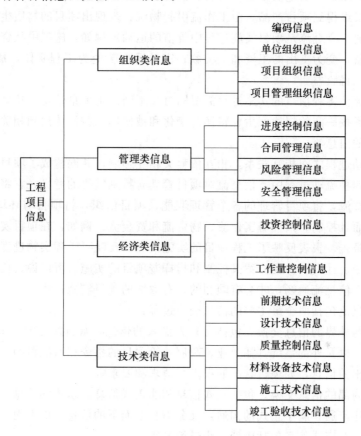

图 8-1 工程项目的信息

工程项目参与各方可根据各子项目管理的需求确定其信息的分类，但为了信息交流的方便和实现部分信息共享，应尽可能做一些统一分类的规定，如项目的分解结构应统一。

可以从不同角度对工程项目的信息进行分类：

（1）按项目管理工作的对象，即按项目的分解结构，如子项目 1、子项目 2 等进行信息分类。

（2）按项目实施的过程，如设计准备、设计、招投标和施工过程等进行信息分类。

（3）按项目管理工作的任务，如投资控制、进度控制、质量控制等进行信息分类。

（4）按信息的内容属性，如组织类信息、管理类信息、经济类信息、技术类信息和法规类信息。

(三) 工程项目的信息流

在工程项目实施过程中产生如下几种重要流动过程:

(1) 工作流。项目的所有工作在一定时间和空间上实施,形成项目工作流。工作流即构成项目的实施过程和管理过程,主体是劳动者和管理者。

(2) 物流。项目的实施需要各种材料、设备和能源,它们由外界输入,经过处理转换成工程实体,最终得到项目产品。由工作流引起物流,表现出项目的物质生产过程。

(3) 资金流。资金流是项目实施过程中价值的运动。例如,施工中从资金变为工程所用的材料和设备,变为支出的工资和工程款;完工后再转变为工程实体,成为固定资产;项目运营后又取得收益。

(4) 信息流。工程项目的实施过程需要同时又不断产生大量信息,这些信息伴随着上述几种流动过程按一定的规律产生、转换、变化和被使用,并被传送到相关部门,形成项目实施过程中的信息流。

这四种流动过程之间相互联系,相互依赖又相互影响,共同构成了项目实施和管理的总过程。在这四种流动过程中,信息流对项目管理有特别重要的意义,它将项目中的工作流、物流和资金流,将项目管理的各个管理职能、项目组织,将项目与环境结合在一起。它不仅反映,而且控制、指挥着工作流、物资流和资金流。例如,在项目实施过程中,各种工程文件、报告、报表反映了工程项目的实施情况,反映了工程实物进度、费用、工期状况;各种指令、计划、协调方案又控制和指挥着项目的实施。可以说,信息流是项目的神经系统,只有信息流通畅,才会有顺利的、有效率的项目实施过程。

项目的信息流包括两个最主要的信息交换过程:

(1) 项目与外界的信息交换。包括由外界输入的信息,如环境信息、物价变动信息、市场状况信息,以及外部系统(如企业、政府)给项目的指令和对项目的干预等;还包括项目向外界输出的信息,如项目状况的报告、请求和要求等。

(2) 项目内部的信息交换。包括正式信息和非正式信息。正式的信息通常在组织机构内部按组织程序流通,属于正式的沟通,又分为自上而下的信息、以下而上的信息和横向或网络状信息。非正式信息包括闲谈、小道消息等。

三、工程项目信息管理

(一) 工程项目信息管理的概念

工程项目信息管理是指在建设工项目的各个阶段,为了正确开发和有效利用工程信息,对工程项目的信息收集、加工整理、传递、储存与应用等一系列工作的总称。或者说,工程项目信息管理的目的就是把工程项目信息作为管理对象进行有效管理,并根据工程项目信息的特点和不同层次管理者对信息的需求,有目的地组织信息沟通,使项目管理者和项目决策层都能及时、准确地获得所需要的信息。

(二) 工程项目信息管理的主要任务

项目参与各方都有各自的信息管理任务。一般来讲工程项目信息管理的任务主要包括:

(1) 组织项目基本情况信息的收集并系统化,编制项目手册。项目管理的任务之一是按照项目的任务及项目的实施要求,设计项目实施和项目管理中的信息和信息流,确定它们的基本要求和特征，并保证在实施过程中信息顺利流通。

（2）项目报告及各种资料的规定，如资料的格式、内容、数据结构要求。

（3）按照项目实施、项目组织、项目管理工作过程建立项目信息管理系统流程，在实际工作中保证这个系统正常运行，并控制信息流。

（4）项目文件档案管理。

（三）工程项目信息管理流程

工程项目是一个由多个单位、多个部门组成的复杂系统，这是由工程的复杂性决定的。参加建设的各方要能实现随时沟通，必须规范相互之间的信息流程，组织合理的信息流。各方需要数据和信息时，能够从相关的部门、相关的人员处及时得到，而且数据和信息是按照规范的形式提供的。相应地，有关各方也必须在规定的时间，提供规定形式的数据和信息给其他需要的部门和使用者，达到信息管理的规范化。

工程信息管理贯穿工程全过程，衔接工程各个阶段、各个参建单位和各个方面，其基本环节有：信息的收集、加工整理、分发、传递、存储、维护和使用。

1. 工程信息的收集

工程参建各方对数据和信息的收集是不同的，有不同的来源，不同的角度，不同的处理方法，但要求各方相同的数据和信息应该规范。

收集信息首先要识别信息，确定信息需求。信息的需求要从工程项目管理的目标出发，从客观情况调查入手，加上主观思路规定数据的范围。

工程项目信息的收集最重要的是必须保证所需信息的准确、完整、可靠和及时。

2. 工程信息的加工

收集的数据经过加工、整理产生信息。信息是指导施工和工程管理的基础，要把管理由定性分析转到定量管理上来，信息是不可或缺的要素。

信息的加工主要是把收集到的数据和信息进行鉴别、选择、核对、合并、排序、更新、计算、汇总、转储，生成不同形式的数据和信息，提供给不同需求的各类管理人员使用。

3. 信息的分发传递

信息在通过对收集的数据进行分类加工处理产生信息后，要及时提供给需要使用数据和信息的部门，信息和数据的分发要根据需要来分发，信息和数据的检索则要建立必要的分级管理制度，一般由使用软件来保证实现数据和信息的分发、检索，关键是要决定分发和检索的原则。

分发传递的原则是：需要的部门和使用者，有权在需要的第一时间，方便地得到所需要的、以规定形式提供的一切信息和数据，而保证不向不该知道的部门（人）提供信息和数据。

4. 信息的存储

存储信息的目的是将信息保存起来以备将来应用，同时也是为了信息的处理。应该按照工程项目管理目标来确定信息分类、信息存储的方式和信息存储的部门等。

5. 信息的维护和使用

工程项目信息维护是保证项目信息处于准确、及时、安全和保密的合理状态，能够为管理决策提供有用的帮助。

第二节　工程项目管理信息系统

一、工程项目管理信息系统的概念和结构

（一）工程项目管理信息系统的概念

工程项目管理信息系统（Project Management Information System，PMIS）是以计算机技术、网络通信技术、数据库技术为支撑，对工程项目内、外部各种信息进行及时、准确和高效管理，并为项目管理人员控制、管理项目总体目标提供高质量信息服务的人机系统。一般管理信息系统（Management Information System，MIS）主要用于企业的人、财、物、产、供、销的管理，而项目管理信息系统主要用于项目的目标控制，它是项目进展的跟踪和控制系统，也是信息流的跟踪系统。

PMIS 的主要工具是计算机，处理内容是项目信息，其主要功能是安全地获取、记录、寻找和查询项目信息，基本任务是辅助项目管理者进行有效的项目管理。

（二）工程项目管理信息系统的结构

工程项目信息管理系统按照管理职能划分为投资管理、进度控制、质量控制、合同管理、人力资源管理和行政事务处理等子系统，其结构如图 8-2 所示。

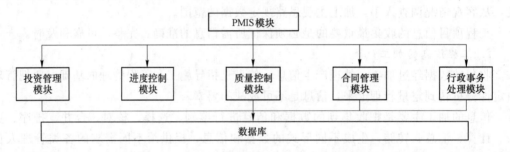

图 8-2　工程项目信息管理系统结构

在整个系统中的各个子系统与公共数据库相联系，与公共数据库进行数据传递和交换，是项目管理的各种职能任务共享相同的数据，减少数据的冗余，保证数据的兼容性和一致性。

工程项目信息管理系统是一个由多个功能子系统的关联而合成的一体化信息系统，具有以下特点：提供统一格式的信息，简化各种项目数据的统计和收集工作，使信息成本降低；及时全面地提供不同需要、不同浓缩度的项目信息，从而可以迅速作出分析解释和正确的控制；完整系统地保存大量的项目信息，能方便、快速地查询和综合，为项目管理决策提供信息支持；利用模型方法处理信息，预测未来，进行科学决策。

工程项目信息管理系统各个子系统的功能包括以下几个方面：

（1）投资管理子系统。主要包括计划投资数据处理；实际投资数据处理；计划—实际投资比较分析；投资分配分析；投资控制以及报告报表生成等功能。

（2）进度控制子系统。主要包括编制项目进度计划，绘制进度计划的网络图、横道

图；项目实际进度的统计分析；计划—实际进度比较分析；进度变化趋势预测；计划进度的调整以及项目进度各类数据查询等功能。

（3）质量控制子系统。主要包括项目建设的质量要求和标准的数据处理；材料、设备验收记录、查询；工程质量验收记录、查询；质量统计分析、评定的数据处理；质量事故处理记录以及质量报告表生成等功能。

（4）合同管理子系统。主要包括合同结构模式的提供和选用；各类标准合同文本的提供和选择；合同文件、资料的登陆、修改、查询和统计；合同执行情况的跟踪和处理过程的管理；合同实施报告报表生成以及建筑法规、经济法规查询等功能。

一个完整、完善、成熟的工程项目信息管理系统具有强大的功能，有效地辅助项目管理者进行项目管理。但是，工程项目信息管理系统同样也是一个人机系统，信息处理的过程是由人和计算机共同进行的。建立充分发挥计算机作用的信息系统，问题往往并不在于计算机，而在于建设工程项目的基础管理工作，在于将什么数据或信息输入计算机，把什么样的信息处理交给计算机更合适。

二、工程项目管理信息系统的建立

信息系统是在项目组织模式、项目管理流程和项目实施流程基础上建立的，它们之间互相联系又互相影响。

（一）项目管理信息系统的策划

建立项目管理信息系统要明确以下几个基本问题：

（1）信息的需要。项目管理者和各职能部门为了决策、计划和控制需要哪些信息？以什么形式，何时，从什么渠道取得信息？管理者的信息需求是按照他在组织系统中的职责、权力、任务、目标设计的，即确定他要完成他的工作，行使他的权力应需要的信息，以及他有责任向其他方面提供的信息。

（2）信息的收集。在项目实施过程中，每天都要产生大量的原始资料，如记工单、领料单、任务单、图纸、报告、指令、信件等。必须确定由谁负责这些原始数据的收集，这些资料、数据的内容、结构、准确程度怎样，以及由什么渠道（从谁处）获得这些原始数据、资料，并具体落实到责任人，由责任人进行原始资料的收集、整理，并对它们的正确性和及时性负责。通常由专业班组的班组长、记工员、核算员、材料管理员、分包商、秘书等承担这个任务。

（3）信息的加工。这些原始资料面广量大，形式丰富多样，必须经过信息加工才能符合不同层次项目管理的要求。信息加工的概念很广，包括：一般的信息处理方法，如排序、分类、合并、插入、删除等；数学处理方法，如数学计算、数值分析、数理统计等；逻辑判断方法，包括评价原始资料的置信度、来源的可靠性、数值的准确性，利用资料进行项目诊断和风险分析等。

（4）编制索引和存储。为了查询、调用的方便，建立项目文档系统，将所有信息分类、编目。许多信息作为工程项目的历史资料和实施情况的证明，必须被妥善保存。一般要保存到项目结束，有些则要作长期保存。按不同的使用和储存要求，数据和资料储存于一定的信息载体上，要做到既安全可靠，又使用方便。

（5）信息的使用和传递渠道。信息的传递（流通）是信息系统活性和效率的表现。信息传递的特点是仅传输信息的信息内容，而保持信息结构不变。在项目管理中，要设计好信息的传递路径，按不同的要求选择快速的、误差小的、成本低的传输方式。

（二）工程项目管理信息系统的建立和实施

工程项目管理信息系统的基本程序包括系统开发、试运行、系统验收到系统运行及维护评价等。建立工程项目管理信息系统的程序如图 8-3 所示。

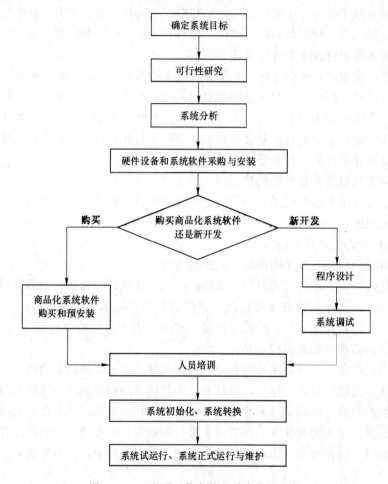

图 8-3　工程项目信息管理系统实施程序

为了确保工程项目信息系统顺利实施和有效利用，工程项目管理者必须采取必要和有效的措施，做好以下工作：

（1）组建工程项目信息化领导小组。为了有效推动项目管理信息化工作，应成立项目经理领导的工程项目信息化领导小组，统一部署工程项目管理信息化工作，建立项目信息收集和存储、加工和处理、传递和利用的程序，在相关的项目管理职能部门设立专职信息员，形成上通下达的信息资源管理组织体系。

（2）建立工程项目信息管理机构。工程项目信息管理系统需要有相应的信息管理机构，负责信息管理工作的规划、协调和管理工作。

（3）组建一支素质过硬的技术队伍。在工程项目信息管理系统建立的过程中，应对项目管理的所有不同层次的相关人员进行培训，保证系统开发和应用的顺利进行。

（4）维护工程项目信息管理系统正常运行。需要建立工程项目信息管理系统开发和利用的相关制度，确保管理信息收集、存储、传递、加工和使用顺利进行。

三、基于网络的工程项目信息系统

现代信息技术正突飞猛进地发展，给项目管理带来很大影响。随着项目信息系统登陆到互联网平台时，项目管理的思想和功能发生了革命性的扩展和演变，项目信息沟通和协作功能得到了前所未有的重视和应用。

（一）基于互联网的工程项目信息系统

1. 基于互联网的工程项目信息系统的含义

基于互联网的工程项目信息系统是国际上工程建设领域基于 Internet 技术标准的项目沟通和远程协作系统的总称。国际上近年出现的项目外联网（Project Extranet）、项目主题网站（Project Specific Web Site）、基于互联网的项目管理（Internet - based Project Management）、项目信息门户（Project Information Portal）、分布项目管理（Distributed Project Management）、项目沟通系统（Project Communication System）、项目信息系统（Project Information System）以及项目协作系统（Project Collaboration System）等，都可以统称为基于互联网的项目信息沟通和协作系统（Project Information Communication & Collaboration System，PICCS）。

基于互联网的工程项目信息系统的主要功能是安全地获取、记录、检索和查询项目信息。它相当于，在项目实施全过程中，对项目参与各方产生的信息和知识进行集中式管理，即项目各参与方有共用的文档系统，同时也有共享的项目数据库。项目参与各方可以在权限内，通过互联网浏览、更新或创建统一存放于中央数据库的各种项目信息。

2. 基于互联网的工程项目信息系统的构成

基于网络的信息处理平台由一系列硬件和软件构成：

（1）数据处理设备，包括计算机、打印机、扫描仪、绘图仪等。

（2）数据通信网络，包括形成网络的有关硬件设备和相应的软件。

（3）软件系统，包括操作系统和服务于信息处理的应用软件。

数据通信网络主要有如下三种类型：

（1）局域网（LAN——由与各网点连接的网线构成网络，各网点对应于装备有实际网络接口的用户工作站）。

（2）城域网（MAN——在大城市范围内两个或多个网络的互联）。

（3）广域网（WAN——在数据通信中，用来连接分散在广阔地域内的大量终端和计算机的一种多态网络）。

互联网是目前最大的全球性网络，它连接覆盖了 100 多个国家的各种网络，如商业性的网络（.com 或 .co）、大学网络（.ac 或 .edu）、研究网络（.org 或 .net）和军事网络（.mil）等，并通过网络连接数以亿计的计算机，以实现连接互联网的计算机之间的数据通信。互联网由若干个学会、委员会和集团负责维护和运行管理。

建设工程项目的业主方和项目参与各方往往分散在不同的地点，不同的城市，或不同的国家，因此其信息处理应考虑充分利用远程数据通信的方式，例如：

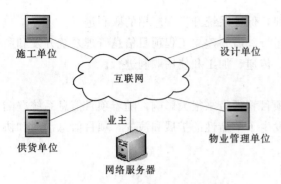

图 8-4　基于互联网的信息处理平台

（1）通过电子邮件收集信息和发布信息。

（2）通过基于互联网的项目信息门户（PIP）（包括 PSWS 模式和 ASP 模式）实现业主方内部、业主方和项目参与各方，以及项目参与各方之间的信息交流、协同工作和文档管理。项目专用网站（PSWS）模式的信息处理方式如图 8-4 所示。

（3）召开网络会议。

（4）基于互联网的远程教育与培训等。

3．基于互联网的工程项目信息系统的基本功能

基于互联网的工程项目信息系统不是一个简单的文档系统，它可以通过信息的集中管理和门户设置为项目参与各方提供一个开放、协同、个性化的信息沟通环境，其功能包括：

（1）文档管理。集中存放项目相关文档，如项目图纸、合同、工程照片、工程资料、成本数据等。允许项目成员集中管理和跟踪文档资料。

（2）工作流程自动化。允许项目成员按照事先定义好的工作流程自动化处理业务流程，如业务联系单、提交单、变更单。

（3）项目通讯录。集中存放项目成员的通讯录，方便项目参与人员查找。

（4）集中登录和修改控制。使用个人用户名和密码集中登录信息门户，跟踪文档的上传、下载和修改。

（5）高级搜索。允许项目成员根据关键字、文件名和作者等查找文件。

（6）在线讨论。为项目成员提供了一个公共的空间，项目参与者可以就某个主题进行讨论。项目成员可以发布问题、回复和发表意见。

（7）进度管理。在线创建工程进度计划，发送给项目相关责任方，并根据项目进展进行实时跟踪、比较和更新。如项目出现延误可以自动报警。

（8）项目视频。通过设在现场的网络摄像机，可以通过互联网远程查看项目现场，及时监控项目进度，远程解决问题。

（9）成本管理。项目预算和成本的分解与跟踪，进行预算与实际费用的比较，控制项目的变更。

（10）在线采购和招投标。在线浏览产品目录和价格，发出询价单和订单，在线比较和分析投标价格。

（11）权限管理。根据项目成员的角色设定访问权限。

（二）工程项目信息门户

1．工程项目信息门户的概念

人们把在互联网上获得某一类信息资源所必须经过的网站称为门户，如雅虎、搜狐、新浪等，任何人都可以访问它们，以获取所需要的信息，这是一般意义上的门户。简单地说，信息门户（Information Portal）就是基于 Internet 技术平台，表现为一个具有框架集

的网站主页，它能通过一个集成化的桌面环境使企业和个人通过单一的入口访问大量的异构信息。根据服务对象的不同，信息门户通常分为公众信息门户、企业信息门户和项目信息门户。

项目信息门户（Project Information Portal，PIP）是在对项目实施全过程中项目参与各方产生的信息和知识进行集中式管理的基础上，为项目参与各方在 Internet 平台上提供的一个获取个性项目信息的单一入口，其目的是为工程项目参与各方提供一个高效率信息交流和协同工作的环境。项目信息门户改变了工程项目传统的点对点信息交流与传递方式，实现了基于 Internet 的信息集中存储与共享，如图 8-5 所示。

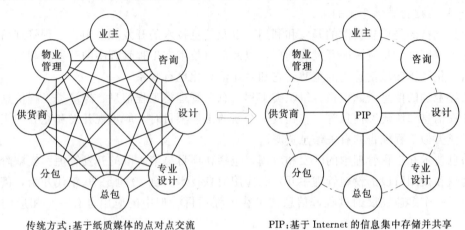

传统方式：基于纸质媒体的点对点交流　　　　PIP：基于 Internet 的信息集中存储并共享

图 8-5　项目信息门户改变项目传统信息交流与传递方式

从广义的概念来看，项目信息门户属于电子商务范畴（电子共同工作，E-Collaboration），它以项目为中心实施全项目生命期、全项目管理职能、全项目利益相关者的信息和知识进行集中式管理的基础上，为项目参与各方提供的一个获取各自项目信息的单一入口，其核心是为项目参与各方提供统一的集中共享式的信息交换与远程协同平台。

2. 项目信息门户的类型

根据运行模式的不同，项目信息门户主要有以下两种类型：

（1）PSWS（Project Specific Web Site）模式，即为一个项目的信息处理服务而专门建立的项目专用门户网站，也就是专用门户。

采用 PSWS 模式，项目的主持单位应购买商品门户的使用许可证，或自行开发门户，并需购置供门户运行的服务器及有关硬件设施和申请门户的网址。一般来说，采用 PSWS 模式的项目信息门户，其开发成本和维护费用较高，适用于规模较大、对信息管理和技术有特定要求的项目。

（2）ASP（Application Service Provider）模式，即由 ASP（应用服务供应商）提供的为众多单位和众多项目服务的公用网站，也就是公用门户。ASP 服务商有庞大的服务器群，一个大的 ASP 服务商可以为数以万计的客户群提供门户的信息处理服务。

采用 ASP 模式，项目的主持单位和项目的各参与方成为 ASP 服务商的客户，不需要购买商品门户产品，也不需要购置供门户运行的服务器及有关硬件设施和申请门户的网址，只是租用 ASP 服务商已完全开发好的信息化系统，通常按租用时间、项目数、用户数、数据占用空间大小收费。国际上项目信息门户应用的主流是 ASP 模式。

四、工程管理信息化

信息化最初是从生产力的角度来描述社会形态演变的综合性概念，信息化和工业化一样，是人类社会生产力发展的新标志。

信息化的出现给人类带来新的资源、财富和社会生产力，形成了以创造型信息劳动者为主体，以电子计算机等新型工具体系为基本劳动手段，以再生性信息为主要劳动对象，以高技术型企业为骨干，以信息产业为主导产业的新一代信息生产力。

（一）工程管理信息化的含义

信息化指的是信息资源的开发和利用，以及信息技术的开发和应用。工程管理信息化指的是工程管理信息资源的开发和利用，以及信息技术在工程管理中的开发和利用。工程管理信息化属于领域信息化的范畴，它和企业信息化也有联系。

工程管理的信息资源包括：组织类工程信息、管理类工程信息、经济类工程信息、技术类工程信息和法规类信息等。在建设一个新的工程项目时，应重视开发和充分利用国内外同类或类似工程项目的有关信息资源。

信息技术在工程管理中的开发和应用，包括在项目决策阶段的开发管理、实施阶段的项目管理和使用阶段的设施管理中开发和应用信息技术。自 20 世纪 70 年代开始，信息技术经历了一个迅速发展的过程，信息技术在工程项目管理中的应用也有一个相应的发展过程：

70 年代，单项程序的应用，如工程网络计划时间参数的计算程序，施工图预算程序等。

80 年代，程序系统的应用，如项目管理信息系统、设施管理信息系统（FMIS）等。

90 年代，程序系统的集成，它是随着项目管理的集成而发展的。

90 年代末期至今，基于网络平台的项目管理。

（二）工程管理信息化的意义

工程管理信息化有利于提高工程项目的经济效益和社会效益，以达到为项目建设增值的目的。工程管理信息化的意义在于：

（1）工程管理信息资源的开发和利用，可吸取类似项目的经验和教训，许多有价值的组织信息、管理信息、经济信息、技术信息和法规信息将有助于项目决策期多种方案的选择，有利于项目实施期的目标控制，降低项目风险，也有利于项目建成后的运行。

（2）信息存储的数字化和存储相对集中，有利于项目信息的检索和查询，有利于数据和文件版本的统一，并有利于项目的文档管理。

（3）信息处理和变换的程序化，有利于提高数据处理的准确性，并可以提高数据处理的效率。

（4）信息传输的数字化和电子化，可以提高数据传输的抗干扰能力，使数据传输不受距离限制并可提高数据传输的保真度和保密性。

（5）信息获取便捷、信息透明度提高以及信息流扁平化，有利于项目参与方之间的信息交流和协同工作。

第三节　工程项目文件资料和档案管理

一、工程项目文件资料管理

工程项目文件资料管理是工程项目信息管理系统的重要组成部分。这里所说的工程项目文件资料管理，主要是指对建设项目实施过程中产生的和与项目实施相关联的各种文件、资料，按照一定的原则进行整理、保存和管理。其主要目的是为了在项目实施能期提供方便的查阅条件，并为今后的档案管理奠定基础。与规范的档案管理相比，项目实施期间的文件资料被查阅的频度更高，因此，在确保文档安全的前提下，文件资料管理要以方便实用为原则，有效地服务于项目的实施。

（一）工程项目文件资料来源和特点

1. 工程项目文件资料来源

工程项目实施期间的文件资料很多。概而言之，任何与项目建设有关的，直接或间接的文件、资料，不管是什么形式、什么载体，都属于工程项目文件资料管理范围。按照文件资料的内容，大致可以分为以下几种：

（1）工程项目实施过程中直接形成的文件资料。如项目决策阶段形成的文件资料，工程勘察设计文件，招标投标文件，各种合同文件（包括合同变更和补充文件），设备材料方面的文件，工程施工过程形成的文件、资料和现场记录，资金来源和财务管理文件资料，工程竣工验收文件，项目审计监督文件，工程项目内部各单位之间各种形式来往文件，各种会议记录、纪要，领导讲话、专家咨询意见等。

（2）对工程项目的实施有直接或间接影响的法律、法规，以及有关政策、政府有关部门和各级地方部门的有关规定或其他类似文件。

（3）国际、国内与工程项目有关的各种社会、经济信息。

（4）各种媒体发表的与项目有关的评论和文章。这一点往往容易被忽略，但有时能起到意想不到的作用。

（5）与工程项目有关的其他资料。

2. 工程项目文件资料的特点

资料是数据或信息的载体。在项目实施过程中资料上的数据有两种：

（1）内容性数据。它为资料的实质性内容，如施工图纸上的图、信件的正文等。它的内容丰富，形式多样，通常有一定的专业意义，其内容在项目过程中可能有变更。

（2）说明性数据。为了方便资料的编目、分解、存档、查询，对各种资料必须作出说明和解释，用一些特征加以区别。它的内容一般在项目管理中不改变，由文件管理者设计。如图标、各种文件说明、文件的索引目录等。

通常，文件资料按内容性数据的性质分类，而具体的文件资料管理，如生成、编目、分解、存档等以说明性数据为基础。

在项目实施过程中，文件资料面广量大，形式丰富多彩。为了便于进行文件资料管理，首先得将它们分类。通常的分类角度和分类方法如下：

（1）重要性：必须建立，值得建立，不必存档。

（2）资料的提供者：外部、内部。

（3）登记责任：必须登记、存档，不必登记。

（4）特征：书信，报告，图纸等。

（5）产生方式：原件，拷贝。

（6）内容范围：单项资料，资料包（综合性资料），如综合索赔报告、招标文件等。

（二）工程项目文件资料管理的任务和要求

在实际工程中，许多信息由文件资料系统给出。文件资料管理指的是对作为信息载体的文件资料进行有序的收集、加工、分解、编码、存档，并为项目各参加者提供专用的和常用的信息的过程。文件资料系统是管理信息系统的基础，是管理信息系统有效率运行的前提条件。

工程项目文件资料管理的任务就是建立项目的文件资料管理系统，并满足如下要求：

（1）系统性，即包括项目相关的，应进入信息系统运行的所有资料，事先要罗列各种资料各类并进行系统化。

（2）各个文件资料要有单一标志，能够互相区别，这通常通过编码实现。

（3）文件资料管理责任的落实，即有专门人员或部门负责资料工作。

（4）内容正确、实用，在文件处理过程中不失真。

（三）工程项目文件资料管理系统的建立

（1）建立合理的文件资料分类体系。文件资料分类是文件资料管理的一项重要工作，在项目建设开始就要制定合理的、系统的、前后一致的分类方法。文件资料分类必须合理，既合乎逻辑，又符合人们的思维习惯。

（2）建立文件资料编码体系。文件资料管理的重要功能之一是检索和查阅。实现方便快捷检索查寻功能的手段是建立一个科学合理的编码体系，而且必须在项目建设初期建立，并确保编码体系的一致性。

（3）建立文件资料收发、登记和处理制度。明确文件资料处理流程，避免造成混乱和延误。当利用计算机系统进行文档登记时，登记内容的规范化、准确性和翔实程度很重要。

（4）用链接原理解决文件资料共享问题。按照文件资料分类原则，一份资料应该存放在两个或几个类别中，否则会给检索和查阅带来困难。采用传统的文件资料管理方法，需要复印多份分别存放。如果运用计算机网络链接原理，即可解决文档共享问题。

（5）要有必要的硬件设施。从文件资料的安全性考虑，文件资料保管场所必须具有防火、防水和防盗的起码条件，同时还应具备文件资料管理的基本条件。

（6）建立完善的文件资料管理制度和处理流程。在项目建设初期，容易出现文件资料"私人占有"情况：一是个人或部门收到外单位发来的文件资料时，不按规定转到文件资料管理部门登记处理，滞留在个人或部门手中；二是在文件资料处理流通周转过程中，没有及时转给有关人员，事情处理完毕后，没有及时退回文件管理部门。这样容易造成因人事变动而带来的文件散失，也不利于文件资料共享。为此，要及早制定完善的文件资料管理制度和处理流程。

文件资料管理，关键在"管理"，有了完善的制度并持之以恒地坚决执行，就能实现良好的管理。

二、工程项目档案管理

工程项目档案是指在工程项目实施活动中直接形成的具有归档保存价值的文字、图表、声像等各种形式的历史记录。对与工程项目实施有关的重要活动、记载工程项目实施主要过程和现状、具有保存价值的各种载体的文件，均应收集齐全，整理立卷后归档。工程文件的具体归档范围按照现行《建设工程文件归档整理规范》（GB/T50328—2001）中"建设工程文件归档范围和保管期限表"共 5 大类执行。

工程档案管理涉及建设单位、监理单位、施工单位等以及地方城建档案管理部门。对于一个工程项目而言，归档有三方面含义：

（1）建设、勘察、设计、施工、监理等单位将本单位在工程项目实施过程中形成的文件向本单位档案管理机构移交。

（2）勘察、设计、施工、监理等单位将本单位在工程项目实施过程中形成的文件向建设单位档案管理机构移交。

（3）建设单位按照现行《建设工程文件归档整理规范》（GB/T50328－2001）要求，将汇总的该工程项目的文件档案向地方城建档案管理部门移交。

（一）工程项目档案管理职责

1. 通用职责

（1）工程项目各参与单位填写的工程项目档案应以实施及验收规范、工程项目合同、设计文件、工程项目施工质量验收统一标准等为依据。

（2）工程档案资料应随工程进度及时收集、整理，并应按专业归类，认真书写，字迹清楚，项目齐全、准确、真实，无未了事项。表格应采用统一表格，特殊要求需增加的表格应统一归类。

（3）工程档案资料进行分级管理，工程项目各单位技术负责人负责本单位工程档案资料的全过程组织工作并负责审核，各相关单位档案管理员负责工程档案资料的收集、整理工作。

（4）对工程档案资料进行涂改、伪造、随意抽撤或损毁、丢失等，应按有关规定予以处罚，情节严重的应依法追究法律责任。

2. 建设单位职责

（1）在工程招标阶段与勘察、设计、监理、施工等单位签订协议、合同时，应对工程文件的套数、费用、质量、移交时间等提出明确的要求。

（2）收集和整理工程准备阶段、竣工验收阶段形成的文件，并应进行立卷归档。

（3）负责组织、监督和检查勘察、设计、监理、施工等单位的工程文件的形成、积累和立卷归档工作；也可委托监理单位监督、检查工程文件的形成、积累和立卷归档工作。

（4）收集和汇总勘察、设计、施工、监理等单位立卷归档的工程档案。

（5）在组织工程竣工验收时前，应提请当地城建档案管理部门对工程档案进行预验收；未取得工程档案验收认可文件，不得组织工程竣工验收。

（6）对列入当地城建档案管理部门接受范围的工程，工程竣工验收 3 个月内，向当地城建档案管理部门移交一套符合规定的工程文件。

(7) 必须向参与工程建设的勘察设计、施工、监理等单位提供与工程建设有关的原始资料，原始资料必须真实、准确、齐全。

(8) 可委托承包单位、监理单位组织工程档案的编制工作；负责组织竣工图的绘制工作，原始资料必须真实、准确、齐全。

3. 监理单位职责

按照《建设工程监理规范》（GB/T50319—2000）中第7章"施工阶段监理资料的管理"和第8章"8.3 设备采购监理与设备监造的监理资料"的要求进行工程文件的管理，但由于对设计监理没有相关的文件规范资料管理工作，可参照各地相关规定、规范执行。

(1) 应设专人负责监理资料的收集、整理和归档工作，在项目监理部，监理资料的管理应由总监理工程师负责，并指定专人具体实施，监理资料应在个阶段监理工作结束后及时整理归档。

(2) 监理资料必须及时整理、真实完整、分类有序。在设计阶段，对勘察、测绘、设计单位的工程文件的形成、积累和立卷归档进行监督、检查；在施工阶段，对施工单位的工程文件的形成、积累、立卷归档进行监督、检查。

(3) 可以按照委托监理合同的约定，接受建设单位的委托，监督、检查工程文件的形成积累和立卷归档工作。

(4) 编制的监理文件的套数、提交内容、提交时间，应按照现行《建设工程文件归档整理规范》（GB/T50328—2001）和各地城建档案管理部门的要求，编制移交清单，双方签字、盖章后，及时移交建设单位，由建设单位收集和汇总。监理公司档案部门需要的监理档案，按照《建设工程监理规范》（GB/T50319—2000）的要求，及时由项目监理部提供。

4. 施工单位职责

(1) 实施技术负责人负责制，逐级建立、健全施工文件管理岗位责任制，配备专职档案管理员，负责施工资料的管理工作。工程项目的施工文件应设专门的部门（专人）负责收集和整理。

(2) 工程项目实行总承包的，总承包单位负责收集、汇总各个分包单位形成的工程档案，各分包单位应将本单位形成的工程文件整理、立卷后及时移交总承包单位。工程项目由几个单位承包的，各承包单位负责收集、整理、立卷其承包项目的工程文件，并应及时向建设单位移交，各承包单位应保证归档文件的完整、准确、系统，能够全面反映工程建设活动的全过程。

(3) 可以按照施工合同的约定，接受建设单位的委托进行工程档案的组织、编制工作。

(4) 按要求在竣工前将施工文件整理汇总完毕，再移交建设单位进行工程竣工验收。

(5) 负责编制的施工文件的套数不得少于地方城建档案管理部门要求，但应有完整施工文件移交建设单位及自动保存，保存期可根据工程性质及地方城建档案管理部门有关要求确定。如建设单位对施工文件的编制套数有特殊要求的，可另行约定。

5. 地方城建档案管理部门职责

(1) 负责接受和保管所辖范围应当永久和长期保存的工程档案和有关资料。

（2）负责对城建档案工作进行业务指导，监督和检查有关城建档案法规的实施。

（3）列入向本部门报送工程档案范围的工程项目，其竣工验收应有本部门参加并负责对移交的工程档案进行验收。

（二）工程项目档案编制质量要求与组卷方法

对工程项目档案编制质量要求与组卷方法，应该按照建设部和国家质量检验检疫总局于 2002 年 1 月 10 日联合发布，2002 年 5 月 1 日实施的《建设工程文件归档整理规范》（GB/T50328—2001）国家标准，此外，尚应执行《科学技术档案案卷构成的一般要求》（GB/T11822—2000）、《技术制图复制图的折叠方法》（GB10609.3—89）、《城市建设档案案卷质量规定》（建办［1995］697 号）等规范或文件的规定及各省、市地方相应的地方规范执行。

1. 归档文件的质量要求

（1）归档的工程文件一般应为原件。

（2）工程文件的内容及其深度必须符合国家有关工程勘察、设计、施工、监理等方面的技术规范、标准和规程。

（3）工程文件的内容必须真实、准确，与工程实际项符合。

（4）工程文件应采用耐久性强的书写材料，如碳素墨水、蓝黑墨水，不得使用易褪色的书面材料，如红色墨水、纯蓝墨水、圆珠笔、复写纸、铅笔等。

（5）工程文件应字迹清楚，图样清晰，图标整洁，签字盖章手续完备。

（6）工程文件中文字材料幅面尺寸规格宜为 A4 幅面（297mm×210mm）。图纸宜采用国家标准图幅。

（7）工程文件的纸张应采用能够长期保存的韧力大、耐久性强的纸张。图纸一般采用蓝晒图，竣工图应是新蓝图。计算机出图必须清晰，不得使用计算机所出图纸的复印件。

（8）所有竣工图均应加盖竣工图章。

（9）利用施工图改绘竣工图，必须表明变更依据；凡施工图结构、工艺平面布置等有重大改变，或变更部分超过图面 1/3 的，应重新绘制竣工图。

（10）不同幅面的工程图纸应按《技术制图复制图的折叠方法》（GB10609.3—89）统一折叠成 A4 幅面，图标栏露在外面。

（11）工程档案资料的缩微制品，必须按国家缩微标准进行制作，主要技术（解像力、密度、海波残留量等）要符合国家标准，保证质量，以适应长期安全保管。

（12）工程档案资料的照片（含底片）及声像档案，要求图像清晰，声音清楚，文字说明或内容准确。

（13）工程文件应采用打印的形式并使用档案规定用笔，手工签字，在不能够使用原件时，应在复印件或抄件上加盖公章并注明原件保存处。

2. 归档工程文件的立卷原则和方法

立卷应遵循工程文件的自然形成规律，保持卷内文件的有机联系，便于档案的保管和利用；一个工程项目由多个单位工程组成时，工程文件应按单位工程组卷。

立卷采用如下方法：

（1）工程文件可按建设程序划分为工程准备阶段的文件、监理文件、施工文件、竣工图、竣工验收文件 5 部分。

(2) 工程准备阶段文件可按单位工程、分部工程、专业、形成单位等组卷。

(3) 监理文件可按单位工程、分部工程、专业、阶段等组卷。

(4) 施工文件可按单位工程、分部工程、专业、阶段等组卷。

(5) 竣工图可按单位工程、专业等组卷。

(6) 竣工验收文件可按单位工程、专业等组卷。

(三) 工程项目档案验收与移交

1. 验收规定

(1) 列入城建档案管理部门档案接收范围的工程，建设单位在组织工程竣工验收前，应提请城建档案管理部门对工程档案进行预验收。建设单位未取得城建档案管理部门出具的认可文件，不得组织工程竣工验收。

(2) 城建档案管理部门在进行工程档案预验收时，应重点验收以下内容：

1) 工程档案分类齐全、系统完整。

2) 工程档案的内容真实、准确地反映工程建设活动和工程实际状况。

3) 工程档案已整理立卷，立卷符合现行《建设工程文件归档整理规范》的规定。

4) 竣工图绘制方法、图式及规格等复合专业技术要求，图面整洁，盖有竣工图章。

5) 文件的形成、来源符合实际，要求单位或个人签章的文件，其签章手续完备。

6) 文件材质、幅面、书写、绘图、用墨、拖裱等符合要求。

工程档案由建设单位进行验收，属于向地方城建档案管理部门报送工程档案的工程项目还应会同地方城建档案管理部门共同验收。

(3) 国家、省市重点工程项目或一些特大型、大型的工程项目的预验收和验收，必须有地方城建档案管理部门参加。

(4) 为确保工程档案的质量，各编写单位、地方城建档案管理部门、建设行政管理部门等要对工程档案进行严格检查、验收。编制单位、制图人、审核人、技术负责人必须进行签字或盖章。对不符合技术要求的，一律退回编制单位进行改正、补齐，问题严重者可令其重做。不符合要求者，不能交工验收。

(5) 凡报送的工程档案，如验收不合格将其退回建设单位，由建设单位责成责任者重新进行编制，待达到要求后重新报送。检查验收人员应对接收的档案负责。

(6) 地方城建档案管理部门负责工程档案的最后验收。并对编制报送工程档案进行业务指导、督促和检查。

2. 移交规定

(1) 列入城建档案管理部门接收范围的工程，建设单位在工程竣工验收后 3 个月内向城建档案管理部门移交一套符合规定的工程档案。

(2) 停建、缓建工程的工程档案，暂由建设单位保管。

(3) 对改建、扩建和维修工程，建设单位应当组织设计单位、监理单位、施工单位据实修改、补充和完善工程档案。对改变的部位，应当重新编写工程档案，并在工程竣工验收后 3 个月内向城建档案管理部门移交。

(4) 建设单位向城建档案管理部门移交工程档案时，应办理移交手续，填写移交目录，双方签字、盖章后交接。

（5）施工单位、监理单位等有关单位应在工程竣工验收前将工程档案按合同或协议规定的时间、套数移交给建设单位，办理移交手续。

第四节 工程项目管理软件简介

自 1982 年第一个基于 PC 的项目管理软件出现至今，项目管理软件已经经历了 20 多年的发展历程。据统计，目前国内外正在使用的项目管理软件已有 2000 多种。大量项目管理软件的不断出现，给项目管理提供了有力的支持，使项目的决策更科学、及时和有效。

一、工程项目管理软件的分类

（一）按项目管理软件的适用阶段划分

1. 适用于某阶段的特殊用途的项目管理软件

这类软件种类繁多，软件定位的使用对象和适用范围被限制在一个比较窄的范围内，所以注重实用性。例如项目评估与经济分析软件、房地产开发评估软件、概预算软件、招投标管理软件、快速报价软件等。

2. 普遍适用于各个阶段的项目管理软件

常用的有进度计划管理软件、费用控制软件、合同与办公事务管理软件等。

3. 对各个阶段进行集成管理的软件

工程建设的各个阶段是紧密联系的，每一个阶段的工作都是对上一个阶段工作的细化和补充，同时要受到上一阶段所确定框架的制约，很多项目管理软件的应用过程都体现了这种相互控制、相互补充的关系。例如，一些高水平的费用管理软件就能够清晰地体现标价的形成、合同价的确定、工程结算、费用分析比较与控制、工程决算等整个过程，并可以自动地将过程的各个阶段联系在一起。

（二）按项目管理软件提供的基本功能划分

1. 进度计划管理软件

基于网络技术的进度计划管理功能是建设工程项目管理中开发最早、应用最普遍、技术上最成熟的功能，也是目前绝大多数面向工程项目管理信息系统的核心部分。该类软件的基本功能如下：定义作业，用一系列的逻辑关系连接作业、计算关键线路、时间进度分析、资源平衡、实际计划的执行状况、输出报告、画出横道图和网络图。

2. 费用管理软件

最简单的费用管理是用于增强时间计划性能的费用跟踪，高水平的费用功能应能够胜任项目寿命周期内所有费用单元的分解、分析和管理工作。包括从项目开始阶段的预算、报价及其分析、管理，到中期的结算与分析、管理，最后的决算和项目完成后的费用分析，这类软件具有独立使用的系统，有些与合同事务管理功能集成在一起。费用管理软件的基本功能包括：投标报价、预算管理、费用预测、费用控制、绩效检查和差异分析。

3．资源管理软件

资源管理是指在项目实施过程中对投入的资源要素的管理，根据使用过程的特点资源可以划分为消耗性资源和非消耗性资源。资源管理软件应包括以下功能：拥有完善的资源库，能自动调配所有可用的资源，能通过其他功能的配合提供资源需求分析，能对资源需求和供给的差异进行分析，能自动或协助用户通过不同途径解决资源冲突问题。

4．风险管理软件

工程管理中的风险包括时间上的风险、费用上的风险、技术上的风险等。项目管理软件风险管理功能中常见的风险管理技术包括：综合权重的三点估计法、因果分析法、多分布形式的概率分布法和基于经验的专家系统等。项目管理软件中的风险管理功能应包括：项目风险文档化管理、进度计划模拟、减少乃至消除风险的计划管理。目前有些风险管理软件是独立使用的，有些是和上述的其他软件功能集成使用的。

5．交流管理软件

交流是任何组织的核心，也是项目管理的核心。大型项目的参与各方，经常分布在跨地域的多个地点上，大多采用矩阵化得结构组织形式，这种组织结构形式对交流管理提出了很高的要求，目前流行的大部分项目管理软件都集成了交流管理的功能，所提供的功能包括：进度报告发布、需求文档编制、项目文档管理、项目组成员间及其与外界的通信与交流、公告板和消息触发式的管理交流机制等。

6．过程管理软件

过程管理功能是每一个项目管理软件所必备的功能，它可以对项目管理工作中的项目启动、计划编制、项目实施、项目控制和项目收尾等过程提供帮助。过程管理的工具能够帮助项目组织的管理方法和管理过程实现电子化和知识化。项目负责人可以为其所管理的项目确定适当的过程，项目管理团队在项目的执行过程中也可以随时对其完成的任务进行了解。

7．多功能集成的项目管理软件套件

套件是指将管理建设项目所需的信息集成在一起进行管理的一组工具。一个套件通常可以拆分为一些功能模块或独立软件，这些功能模块或独立软件大部分可以单独使用，但如果这些模块或独立软件组合在一起使用，可以最大限度地发挥它们的效率。这些模块或独立软件都是同一家软件公司开发，彼此之间有统一的接口，项目内可以调用数据，并且功能上可以相互补充。

(三) 按项目管理软件提供的基本功能划分

1．面向大型、复杂建设工程项目的项目管理软件

这类软件锁定的目标一般是那些规模大、复杂度高的大型建设项目，其典型的特点是专业性强、具有完善的功能，提供了丰富的视图和报表，可以为大型项目的管理提供有力的支持，但购置费用较高，使用方法复杂，使用人员必须经过专门的培训。

2．面向中、小型项目和企业事务所管理的项目管理软件

这类软件的目标是一般的中、小型项目或企业内部的事务管理过程，其典型的特点是提供了项目管理所需的最基本功能，如时间管理、资源管理和费用管理。这类软件内置或附加了二次开发的工具，有很强的易学性，使用人员一般只要具备项目管理的知识，经过

简单的引导，就可以使用，购置费用也较低。

二、常用项目管理软件

（一）综合进度计划管理软件

1. Primavera Project Planner（P3）

P3 是用于项目进度计划、动态控制、资源管理和费用控制的综合进度计划管理软件。它拥有较为完善的管理复杂、大型建设工程项目的手段，拥有完善的编码体系，包括WBS（工作分解结构）编码、作业代码编码、作业分类码编码、资源编码和费用科目编码等。这些编码以及编码所带来的分析、管理手段，给项目管理人员的管理以充分的回旋余地，项目管理人员可以从多个角度对工程进行有效的管理。P3 的具体特点如下：

同时管理多个工程，通过各种视图、表格和其他分析、展示工具，帮助项目管理人员有效控制大型、复杂项目。

可以通过开放数据库互联（ODBC）与其他系统结构进行相关数据的采集、数据存储和风险分析。

提供了上百种标准的报告，同时还内置报告生成器，可以生成各种定义的图形和报告表格。但其在大型工程层次划分上的不足和相对薄弱的工程汇总功能，将其应用限制在了一个比较小的范围内。

某些代码长度上的限制妨碍了该软件与项目其他系统的直接对接，后台的 Btrieve 数据库的性能也明显影响到软件的响应速度和项目信息管理系统集成的便利性，给用户的使用带来不便。

2. Primavera5.0 for Construction

Primavera5.0 for Construction 荟萃了 P3 软件 20 多年的项目管理精髓和经验，采用最新的 IT 技术，在大型关系数据库 Oracle 和 MS SQL Server 上构架起企业级的，包涵现代项目管理知识体系的、具有高度灵活性和开放性的，以计划—协同—跟踪—控制—积累为主线的企业级工程项目管理软件，是项目管理理论演变为实用技术的经典之作。较之以前推出的项目管理软件更广、功能更强大、充分体现了当今项目管理软件的发展趋势。

该软件的主要功能特点如下：

（1）支持多项目、多用户，并且企业项目结构（EPS）使得企业可按多重属性对项目进行随意层次化的组织，使得企业可基于 EPS 层次化结构的任一结点进行项目执行情况分析。

（2）支持 Oracle/SQL Server/MSDE 数据库，并且整个企业资源可集中调配管理；个性化的基于 WEB 的管理模块，适应于项目管理层、项目执行层、项目经理、项目干系人之间良好的协作。

（3）支持跨项目的资源层次化分级体系、图形化资源分配及负荷分析（剖析表与柱状图）、跨项目的资源调配与平衡以及可基于项目角色需求进行项目团队组建。

（4）具有费用科目和费用类别，对项目人力资源费用和非人力资源费用进行分类统计分析。

（5）可利用项目构造功能快速进行项目初始化并能重复利用的企业的项目模板，以及对已完成的项目进行经验总结，实现企业的"Best Practice"（最佳的实践）。

（6）通过工期、费用变化临界值的设置和监控，对项目中出现的问题自动报警，使项目中的各种潜在"问题"及时发现并得到解决。

（7）与原 P3 相比，拥有更为直观易用的操作界面和更为全面的在线帮助。

3. Microsoft Project

Microsoft Project 是目前为止在全世界范围内应用最为广泛的、以进度计划为核心的项目管理软件，Microsoft Project 可以帮助项目管理人员编制进度计划、分配管理资源、生成费用预算，也可以绘制商务图表，形成图文并茂的报告，且操作界面简单。

借助 Microsoft Project 和其他辅助工具，可以满足一般要求不是很高的项目管理的需求，但如果项目比较复杂，或对项目管理的要求很高，那么该软件可能很难让人满意，这主要是该软件在处理复杂项目的管理方面还存在一些不足的地方，例如，资源层次划分上的不足，费用管理方面的功能太弱等，但就其市场定位和低廉的价格来说，Microsoft Project 是一款不错的项目管理软件。

该软件的主要功能特点如下：

（1）进度计划管理。Microsoft Project 为项目的进度计划管理提供了完备的工具，用户可以根据自己的习惯和项目的具体要求采用"自上而下"或"自下而上"的方式安排整个工程项目。

（2）资源管理。Microsoft Project 为项目资源管理提供了适度、灵活的工具，用户可以方便地定义和输入资源，可以采用软件提供各种手段观察资源的基本情况和使用情况，同时还提供了解决资源冲突的手段。

（3）费用管理。Microsoft Project 为项目管理工作提供了简单的费用管理工具，可以帮助用户实现简单的费用管理。

（4）突出的易学易用性和完备的帮助文档。Microsoft Project 是迄今为止易用性最好的项目管理软件之一，其操作性界面和操作风格与大多数人平时使用的 Microsoft Office 软件中的 Word、Excel 完全一致；对中国用户来说，该软件有很大吸引力的一个重要原因是，在所有引进的国外项目管理软件当中，只有该软件实现了"从内到外"的"完全"汉化，包括帮助文档的整体汉化。

（5）强大的扩展能力和与其他相关产品的融合能力。作为 Microsoft Office 的一员，Microsoft Project 也内置了 Visual Basic for Application（VBA）。VBA 是 Microsoft 开发的交互式应用程序宏语言，用户可以利用 VBA 作为工具进行二次开发，一方面，可以帮助用户实现日常工作的自动化，另一方面，还可以开发该软件所没有提供的功能。此外，用户可以依靠 Microsoft Project 与 Office 家族其他软件的紧密联系，将项目数据输出到 Word 中生成项目演示文件，还可以将 Microsoft Project 的项目文件直接存为 Access 数据库文件，实现与项目信息管理系统的直接对接。

4. Welcom Open Plan 项目管理软件

与前面介绍的 Primavera5.0 类似，Welcom 公司的 Open Plan 也是一个企业级的项目管理软件。

该软件的主要功能特点如下：

（1）进度计划管理。Open Plan 采用自上而下的方式分解工程，拥有无限级别的子工程，每个作业都可以分解为子网络、孙网络，无限分解，这一特点为大型、复杂工程项目的多级网络计划的编制和控制提供了便利。此外，其作业数目不限，同时提供了最多256位宽度的作业编码和作业分类码，为工程项目的多层次、多角度管理提供了可能，使得用户可以很方便地实现这些编码与工程信息管理系统中其他子系统地编码地直接对话。

（2）资源管理和资源优化。资源分解结构（RBS）可结构化地定义数目无限的资源，包括资源群、技能资源、驱控资源，以及通常资源、消费品、消耗品。在资源优化方面拥有独特的资源优化算法、四个级别的资源优化程序，与P3一样。Open Plan可以通过对作业的分解、延伸和压缩进行资源优化，可同时优化无限数目的资源。

（3）项目管理模版。Open Plan中的项目专家功能提供了几十种基于PMI（美国项目管理学会）专业标准的管理模板，用户可以使用或自定义管理模板，建立C/SCSC（费用进度控制系统标准）或ISO（国际标准化组织）标准，帮助用户自动应用项目标准和规程进行工作，如每月工程状态报告、变更管理报告等。

（4）风险分析。Open Plan集成了风险分析和模拟工具，可以直接使用进度计划数据计算最早时间、最晚时间和时差的标准差和作业危机程度指标，不需要再另行输入数据。

（5）开放的数据结构。Open Plan全面支持OLE2.0与Excel等Windows应用软件可简单地拷贝和粘贴；工程数据文件可保存为通用的数据库，如Microsoft Access、Oracle、Microsoft SQL Server、Sybase，以及FoxPro的DBF数据库；用户还可以修改库结构增加自己的字段并定义计算公式。

（二）合同事务管理与费用控制管理软件

1. Primavera Expedition合同管理软件

由Primavera公司开发的合同管理软件Expedition以合同为主线，通过对合同执行过程中发生的诸多事务进行分类、处理和登记，并和相应的合同有机关联，使用户可以对合同的签订、预付款、进度款和工程变更进行控制。同时可以对各项工程费用进行分摊和反检索分析，可以有效处理合同各方的事务，跟踪有多个审阅回合和多人审阅的文件审批过程，加快事务的处理过程，可以快速检索合同事务文档。

Expedition可用于建设工程项目管理的全过程。该软件同时具有很强的拓展能力，用户可以利用软件本身的工具进行二次开发，进一步增强该软件的适应性。

该软件主要功能特点如下：

（1）合同与采购订单管理。用户可以创建、跟踪和控制其合同和采购清单的所有细节，提供各类实时信息。Expedition内置了一套符合国际惯例的工程变更管理模式，用户也可以自定义变更管理的流程。还可以根据既定的关联关系帮助用户自动处理项目实施过程中的设计修改审定、修改图分发、工程变更、工程概预算、合同进度款结算。

（2）变更的跟踪管理。Expedition对变更的处理采取变更事项的跟踪形式，将变更文件分为4大类：请示类、建议类、变更类和通知类，可以实现对变更事宜的快速检索。通过可自定义的变更管理，用户可以快速解决变更问题，可以随时评估变更对工程费用和总体进度计划的影响、评估对单个合同的影响和对多个合同的连锁影响，对变更费用提供从估价到确认的全过程管理，通过追踪已解决和未解决的变更对项目未来费用变化趋势进行预测。

(3) 费用管理。Expedition 通过可动态升级的费用工作表，将实际情况自动传递到费用工作表中，各种变更费用也可反映到对应的费用级别中，从而为用户提供分析和预测项目趋势时所需要的实时信息，以便用户做出更好的费用管理决策。通过对所管理的工程的费用趋势分析，用户能够采取适当行动，以避免不必要的损失。

(4) 交流管理。Expedition 通过内置的记录系统来记录各种类型的项目交流情况。通过请示记录功能帮助用户管理整个工程范围内的各种送审件，无论其处于哪一个阶段，在什么人手中，都可以随时评估其对费用和进度的潜在影响。通过会议纪要功能来记录每次会议的各类信息。通过信函和收发文功能，实现往来信函和文档的创建、跟踪和存档。通过电话记录功能记录重要的电话交谈内容。

(5) 记事。可以对送审件、材料到货、问题、日报等进行登录、归类、事件关联、检索、制表等。

(6) 项目概况。可以反映项目各方信息、项目执行状态以及项目的简要说明。

2. Prolog Manager 软件

Prolog Manager 是 Meridian 公司开发的以合同事务管理为主线的项目管理软件。该软件可以处理项目管理中除进度计划管理以外的大部分事务，其主要功能特点如下：

(1) 合同管理。可以管理工程所涉及的所有合同信息，包括相关的单位信息、每个合同的预算费用、已发生的变更、将要发生的变更、进度款的支付和预留等。

(2) 费用管理。可以准确获取最新的预算、实际费用信息，使用户及时了解建设工程项目费用的情况。

(3) 采购管理。可以管理建设工程项目中需要采购的各种材料、设备和相应的规范要求，可以直接和进度作业连接。

(4) 文档管理。提供图纸分发、文件审批、文档传递的功能，可以通过预先设置的有效期发出催办函。

(5) 工程事务管理。可以完成项目管理过程中事务性管理工作，包括对工程中人工、材料、设备、施工机械等进行记录和跟踪，处理施工过程中的日常记事、施工日报、安全通知、质量检查、现场工作记录等。

(6) 标准化管理。可以将项目管理所需的各种信息分门别类的管理起来，各个职能部门按照所制定的标准对自己的工作情况进行输入和维护，管理层可以随时审阅项目各个方面的综合信息，考核各个部门的工作情况，掌握工作的进展，准确及时地做出决策。

(7) 兼容性。可以输入输出相关数据，可以与其他应用软件相互读写信息。既可以将进度作业输出到有关进度软件，又可以将进度软件的作业输入到该软件中。

3. Cobra 成本控制软件

Cobra 是 Welcom 公司开发的成本控制软件，其主要功能特点如下：

(1) 费用分解结构。可以将工程及其费用自上而下地分解，可以在任意层次上修改项目预算，可以设定不限数目的费用科目、会计日历、取费费率、费用级别、工作包。使用户建立完整的项目费用管理结构。

(2) 费用计划。可以和进度计划管理相结合，形成动态的费用计划。预算元素或目标成本的分配可在作业级或工作包级进行，也可以直接从预算软件或进度计划软件中读取。

支持多种预算，可以实现量、价分离，可以合并报告多种预算费用计划。每个预算可按用户指定的时间间隔分布。支持多国货币，允许使用 16 种不同的间接费率，自定义非线性曲线，并提供大量的自定义字段，可以定义计算公式。

（3）实际执行反馈。可以用文本文件或 DBF 数据库递交实际数据，可联系用户自己的工程统计软件和报价软件，自动计算间接费，可修改过去输入错误的数据，可整体重算。

（4）执行情况评价/赢得值。软件内置了标准评测方法和分摊方法，可以按照所使用的货币、资源数量或时间计算完成的进度，可用工作包、费用科目、预算元素或分级结构、部门等评价执行情况。拥有完整的标准报告和图形，内置电子表格。

（5）预测分析。提供无限数量的同步预测分析，可手工干预或自动生成无限数量的假设分析，可使用不同的预算、费率、劳动力费率和外汇汇率，可自定义计算公式，还可用需求金额来反算工时。

（6）进度集成。提供了在工程实施过程中任意阶段的费用和进度集成动态环境，该软件的数据可以完全从软件提供的项目专家或其他项目中读取，不需要重复输入。工程状态数据可以利用进度计划软件自动更新，修改过的预算也可以自动更新到新项目专家进度中去。

（7）开放的数据结构。数据库结构完全开放，可以方便地与用户自己的管理系统连接。

（三）项目管理集成软件

1. 梦龙智能项目集成管理软件

梦龙智能项目管理集成系统是国内软件公司开发的项目管理软件。该系统由智能项目管理动态控制、建设项目投资控制系统、机具设备管理、合同管理与动态控制、材料管理系统、图纸管理系统和安全管理系统组成，可对工程项目进行全方位的管理。

"梦龙 LinkProject 项目管理平台"基于项目管理知识体系（PMBOK）构建，整合了进度控制、费用分析、合同管理、项目文档等主要项目管理内容。各个管理模块通过统一的应用服务实现工作分发、进度汇报和数据共享，帮助管理者对项目进行实时控制、进度预测和风险分析，为项目决策提供科学依据。"梦龙 LinkProject 项目管理平台"具有如下功能特点：

（1）矩阵式项目结构。

（2）多级分模块权限管理。

（3）项目综合管理与风险控制。

（4）项目阶段流程。

（5）以"网络计划技术"为核心的进度控制。

（6）合同管理与成本控制。

（7）项目流程审批与文档管理。

（8）强大的业务模块扩展能力。

2. PowerOn——普华项目管理集成系统

PowerOn 以 PMI 的九大项目管理知识体系为主导思想，以成熟的 IT 技术为手段，将现代项目管理理论、国内项目管理规程与习惯、项目管理专家的智慧、P3 系列软件等集成，通过"专业管理＋平台＋门户"的设计模式，实现"项目管理＋协同工作＋集约经营＋知识管理"的作用。PowerOn 软件以计划为龙头进行项目运筹，通过主进度计划派生出其他配合计划，驱动具体业务的处理过程，使得所有管理业务均可在主体计划下协同进行，实现"有源协同"的崭新理念；此外，PowerOn 以合同为中心全面记录，以费用为重点深度监控，形成项目、多项目的闭环费控机制，极大地提高了项目费用管理能力。

PowerOn 包含众多的业务模块，覆盖单项目管理、企业多项目管理，满足业务操作层、管理层、决策层等多层次需求，将项目管理与企业管理有机融合。PowerOn 产品的整体管理思路如下：

（1）两条主线控制：

1）进度控制线：包括项目主体进度、各种辅助计划的编制、审批、执行跟踪与控制。

2）费用控制线：基于费用控制表的费用跟踪与控制、精细的成本核算、赢得值管理。

（2）五条副线控制：

1）采购控制线：包括请购、招标、采购、领用、租赁、结算、库管等。

2）合同控制线：包括合同的招投标、合同执行、支付、变更、索赔、结算等。

3）设计控制线：包括工作包分解、责任分派、进度与工时统计、数据接口等。

4）质量与 HSE 控制线：包括规划、计划、检查、控制、统计等。

5）OA 控制线：包括沟通、图纸、资料、档案、知识管理等。

（3）门户控制：

1）项目信息中心：包括项目管理仪表盘、统计报表、信息查询等。

2）个人信息中心：包括责任事项、警示告示、启动起草、邮件、即时信息等。

3. PKPM 系列软件

（1）PKPM 造价系列软件。PKPM 造价系列软件是中国建筑科学研究院 PKPM 软件研究所在自主研发的 CFG 图形平台基础上开发的，依托 PKPM 结构设计软件的技术优势，可适用于建筑工程的工程量计算，尤其是对于有 PKPM 结构设计数据的用户，可省去模型建立的工作，快速统计出工程量。

PKPM 造价系列软件具有以下功能：

1）提供 PKPM 成熟的三维图形设计技术，方便快速录入建筑、结构、基础模型。

2）可直接读取 PKPM 结构设计软件的设计数据，省去重新录入模型的工作量。

3）可在自主的平台上直接将 AutoCAD 设计图形转化成概预算模型数据，快速统计工程量。

4）独到的三维模型立体显示，便于审查校核。

5）基础模型可在任意楼层上布置，解决了建筑物底层标高不同的难题。

6）灵活的异型构件处理功能，用户可单独绘制或在楼层中绘出异型构件，提取计算结果并能任意组合工程量表达式。

7）真正的三维扣减计算，准确地计算结果，并同时提供计算式的反查功能。

8）依据构件的属性自动套取定额子目，同时也可以人为给构件套定额，提供构件信息的导入和导出功能。

9）提供装修做法、预制构件等标准图籍。

10）提供 30 多个省市的计算规则库，依据不同地区的计算规则，可实现一模多算。

11）多种的统计方式，可按定额模式或工程量清单模式统计工程量。

（2）PKPM 施工管理软件。PKPM 施工管理软件包括以下模块：PKPM 标书制作系统、PKPM 项目管理系统、PKPM 平面图绘制系统、PKPM 建筑安装工程质量竣工资料管理系统、PKPM 建设工程安全生产资料管理系统、PKPM 施工现场设施安全计算软件、PKPM 深基坑支护软件、PKPM 脚手架设计软件、PKPM 模板设计软件、PKPM 冬季施工及混凝土混合比软件、PKPM 结构计算工具箱、PKPM 施工图集、PKPM 施工形象进度软件、PKPM 施工现场设施安全计算、PKPM 网络计划制作软件等。

除了以上介绍的项目管理软件外，常用的国内外项目管理软件还有 Project Scheduler 软件、Project Management Workbench（PMW）软件、清华斯维尔项目管理软件等。

复 习 思 考 题

1. 什么是信息和信息管理？工程项目的信息流有何特点？

2. 工程项目信息管理的主要任务是什么？信息管理的流程是怎样的？

3. 什么是工程项目管理信息系统（PMIS)？其系统结构和功能如何？

4. 基于互联网的工程项目信息系统由哪些硬件和软件构成？其功能是什么？

5. 什么是项目信息门户（PIP)？其功能是什么？有哪些类型？

6. 简述工程项目文件资料管理的任务和要求。

7. 工程项目档案验收和移交有哪些规定？

参 考 文 献

[1] 成虎 . 工程项目管理 [M] . 第 2 版 . 北京：中国建筑工业出版社，2001.
[2] 中国建设监理协会 . 建设工程监理概论 [M] . 北京：知识产权出版社，2006.
[3] 中国建设监理协会 . 建设工程进度控制 [M] . 北京：知识产权出版社，2006.
[4] 中国建设监理协会 . 建设工程质量控制 [M] . 北京：知识产权出版社，2006.
[5] 中国建设监理协会 . 建设工程投资控制 [M] . 北京：知识产权出版社，2006.
[6] 全国造价工程师执业资格考试培训教材编审组 . 工程造价管理基础理论与相关法规 [M] . 北京：
     中国计划出版社，2009.
[7] 全国一级建造师执业资格考试用书编写委员会 . 建设工程项目管理 [M] . 第 2 版 . 北京：中国
     建筑工业出版社，2007.
[8] 中国工程项目管理知识体系编委会 . 中国工程项目管理知识体系（上册）[M] . 北京：中国建筑
     工业出版社，2003.
[9] 注册咨询工程师（投资）考试教材编写委员会 . 工程项目组织与管理 [M] . 北京：中国计划出
     版社，2003.
[10] 齐宝库 . 工程项目管理 [M] . 大连：大连理工大学出版社，2007.
[11] 周建国 . 工程项目管理 [M] . 北京：中国电力出版社，2007.
[12] 仲景冰，王红兵 . 工程项目管理 [M] . 北京：北京大学出版社，2006.
[13] 李佳升主编 . 工程项目管理 [M] . 北京：人民交通出版社，2007.
[14] 王延树 . 建筑工程项目管理 [M] . 北京：中国建筑工业出版社，2007.
[15] 宣卫红，张本业 . 工程项目管理 [M] . 北京：中国水利水电出版社，知识产权出版社，2006.
[16] 杨晓庄 . 工程项目管理 [M] . 武汉：华中科技大学出版社，2007.
[17] 梁世连，惠恩才 . 工程项目管理学 [M] . 大连：东北财经大学出版社，2008.
[18] 王家远，刘春乐 . 建设项目风险管理 [M] . 北京：中国水利水电出版社，知识产权出版
     社，2004.
[19] 杨兴荣 . 工程项目管理 [M] . 合肥：合肥工业大学出版社，2007.
[20] 蔺石柱，闫文周 . 工程项目管理 [M] . 北京：机械工业出版社，2006.
[21] 周小桥 . 突出重围——项目管理实战 [M] . 北京：清华大学出版社，2003.
[22] 王有志，张滇军，郝红漫 . 现代工程项目管理 [M] . 北京：中国水利水电出版社，2009.
[23] 范秀兰，张东黎 . 建设工程项目管理 [M] . 重庆：重庆大学出版社，2008.
[24] 何俊德 . 工程项目管理 [M] . 武汉：华中科技大学出版社，2008.
[25] 陆惠民，苏振民，王延树 . 工程项目管理 [M] . 南京：东南大学出版社，2002.
[26] 邓铁军 . 工程建设项目管理 [M] . 第 2 版 . 武汉：武汉理工大学出版社，2009.